面向新工科普通高等教育系列教材

机器学习原理及应用

吕云翔　王渌汀　袁　琪

许丽华　王志鹏　唐佳伟　等编著

李红雨　杨云飞　张　凡

机 械 工 业 出 版 社

本书以机器学习及其算法为主题，详细介绍其理论细节与应用方法。全书共 19 章，分别介绍了机器学习概述、线性回归与最大熵模型、k-近邻算法、决策树模型、朴素贝叶斯分类器、支持向量机模型、集成学习、EM 算法、降维算法、聚类算法、神经网络模型等基础模型或算法，以及 8 个综合项目实例。本书重视理论与实践相结合，希望为读者提供全面而细致的学习指导。

本书可作为高等院校计算机科学与技术、软件工程等相关专业的教材，也适合机器学习初学者、相关行业从业人员阅读。

本书配有授课电子课件，需要的教师可登录 www.cmpedu.com 免费注册，审核通过后下载，或联系编辑索取（微信：15910938545，电话：010-88379739）。

图书在版编目（CIP）数据

机器学习原理及应用/吕云翔等编著．—北京：机械工业出版社，2021.7
（2024.1 重印）
面向新工科普通高等教育系列教材
ISBN 978-7-111-68294-3

Ⅰ．①机…　Ⅱ．①吕…　Ⅲ．①机器学习-高等学校-教材　Ⅳ．①TP181

中国版本图书馆 CIP 数据核字（2021）第 096780 号

机械工业出版社（北京市百万庄大街 22 号　邮政编码 100037）
策划编辑：郝建伟　　责任编辑：郝建伟
责任校对：张艳霞　　责任印制：常天培
北京机工印刷厂有限公司印刷

2024 年 1 月第 1 版·第 5 次印刷
184mm×260mm·13.75 印张·339 千字
标准书号：ISBN 978-7-111-68294-3
定价：59.00 元

电话服务　　　　　　　　　　网络服务
客服电话：010-88361066　　机　工　官　网：www.cmpbook.com
　　　　　010-88379833　　机　工　官　博：weibo.com/cmp1952
　　　　　010-68326294　　金　书　　网：www.golden-book.com
封底无防伪标均为盗版　　机工教育服务网：www.cmpedu.com

前　言

　　人工智能已成为新一轮科技革命和产业变革的重要驱动力，党的二十大报告指出，推动战略性新兴产业融合集群发展，构建新一代信息技术、人工智能、生物技术、新能源、新材料、高端装备、绿色环保等一批新的增长引擎。随着"十四五"规划的实施，我国全面推动"人工智能+"产业的发展，通过政策引领不断加大人工智能领域技术技能人才的培养，以应对企业、事业单位人才需求的急速增加。

　　机器学习是一门交叉学科，涉及概率论、统计学、凸优化等多个学科或分支，发展过程中还受到了生物学、经济学的启发。这样的特性决定了机器学习具有广阔的发展前景，但也正因如此，想要在短时间内"速成"机器学习是不现实的。

　　为了帮助读者深入理解机器学习原理，本书以机器学习及其算法为主题，详细介绍了算法中涉及的数学理论。此外，本书注重机器学习的实际应用，在理论介绍中穿插项目实例，帮助读者掌握机器学习研究的方法。

　　本书分为19章。第1章为概述，主要介绍了机器学习的概念、组成、分类、模型评估方法，以及Scikit-learn（sklearn）模块的基础知识。第2~6章分别介绍了分类和回归问题的常见模型，包括线性回归与最大熵模型、k-近邻算法、决策树模型、朴素贝叶斯分类器、支持向量机模型，每章最后均以一个实例结尾，使用sklearn模块实现。第7章介绍集成学习框架，包括Bagging、Boosting以及Stacking的基本思想和具体算法。第8~10章主要介绍无监督算法，包括EM算法、降维算法以及聚类算法。第11章介绍神经网络与深度学习，包括卷积神经网络、循环神经网络、生成对抗网络、图卷积神经网络等基础网络。第7~11章最后也均以一个实例结尾。第12~19章分别为8个综合项目案例，帮助读者理解和应用前面各章所学理论。

　　本书希望带领读者从基础出发，由浅入深，逐步掌握机器学习中的常见算法。在此基础上，读者将有能力根据实际问题决定使用何种算法，甚至可以查阅有关算法的最新文献，为产品研发或项目研究铺平道路。

　　为了更好地专注于机器学习的主题，书中涉及的数学和统计学基础理论（如矩阵论、概率分布等）不会过多介绍。因此，如果读者希望完全理解书中的理论推导，还需要对统计学、数学有一定基础。书中的项目实例全部使用Python实现，在阅读以前需要对Python编程语言及其科学计算模块（如NumPy、SciPy等）有一定了解。

　　本书由吕云翔、王渌汀、袁琪、许丽华、王志鹏、唐佳伟、李红雨、杨云飞、张凡、曾洪立编写。

　　由于编者水平和能力有限，书中难免有疏漏之处。恳请各位同仁和广大读者给予批评指正（邮箱：yunxianglu@hotmail.com）。

编　者

目　　录

第 1 章　机器学习概述

机器学习是计算机科学与统计学结合的产物，主要研究如何选择统计学习模型，从大量已有数据中学习特定经验。机器学习中的经验称为模型，机器学习的过程即根据一定的性能度量准则对模型参数进行近似求解，以使得模型在面对新数据时能够给出相应的指导。对于机器学习的准确定义，目前学术界尚未有统一的描述，比较常见的是 Mitchell 教授[1]于 1997 年对机器学习的定义："对于某类任务 T 和性能度量 P，一个计算机程序被认为可以从经验 E 中学习是指：通过经验 E 改进后，它在任务 T 上的性能度量 P 有所提升"[2]。

1.1　机器学习的组成

对于一个给定数据集，使用机器学习算法对其进行建模以学习其中的经验。构建一个完整的机器学习算法需要三个方面的要素，分别是数据、模型、性能度量准则。

首先是数据方面。数据是机器学习算法的原材料，其中蕴含了数据的分布规律。生产实践中直接得到的一线数据往往是"脏数据"，可能包含大量缺失值、冗余值，而且不同维度下的数据的量纲往往也不尽相同，需要先期的特征工程对数据进行预处理。

其次是模型方面。如何从众多机器学习模型中选择一个来对数据建模，是一个依赖于数据特点和研究人员经验的问题。常见的机器学习算法主要有逻辑回归、最大熵模型、k-近邻算法、决策树、朴素贝叶斯分类器、支持向量机、高斯混合模型、隐马尔可夫模型、降维、聚类、深度学习等。特别是近些年来深度学习的发展，给产业界带来了一场智能化革命，各行各业纷纷使用深度学习进行行业赋能。

最后是性能度量准则。性能度量准则用于指导机器学习模型进行模型参数求解，称这一过程为训练。训练的目的是使性能度量准则在给定数据集上达到最优。训练一个机器学习模型往往需要对大量的参数进行反复调整或者搜索，这一过程称为调参。对于其中在训练之前调整设置的参数，我们称之为超参数。

按照不同的划分准则，机器学习算法可以分为不同的类型。下面介绍几种常见的机器学习算法划分方法。

1.2　分类问题和回归问题

根据模型预测输出的连续性，可以将机器学习算法适配的问题划分为分类问题和回归问题。分类问题以离散随机变量或者离散随机变量的概率分布作为预测输出，回归问题以连续变量作为预测输出。分类模型的典型应用有图像分类、视频分类、文本分类、机器翻译、语音识别等。回归模型的典型应用有银行信贷评分、人脸/人体关键点估计、年龄估计、股市预测等。

在某些情况下，回归问题与分类问题之间可以进行相互转化。例如对于人的年龄的估计问题，假设人群中绝大多数人的年龄介于0到100岁之间。那么可以将年龄估计问题看作是一个0~100实数的回归问题，也可以将其量化为一个拥有101个年龄类别的分类问题。

1.3 监督学习、半监督学习和无监督学习

根据样本集合当中是否包含标签以及包含标签的多少，可以将机器学习分为监督学习、半监督学习和无监督学习。

监督学习是指样本集合中包含标签的机器学习。给定有标注的数据集 $D = \{(\vec{x}_1, y_1),$ $(\vec{x}_2, y_2), \cdots, (\vec{x}_m, y_m)\}$，以 $\{y_1, y_2, \cdots, y_m\}$ 作为监督信息来最小化损失函数 J，通过如梯度下降、拟牛顿法等算法来对模型的参数进行更新。其中，损失函数 J 用于描述模型的预测值与真实值之间的差异度，差异度越小，模型对数据拟合得越好。

然而获得有标注的样本集合往往需要耗费大量的人力、财力。有时也希望能够从无标注数据中发掘出新的信息，比如电商平台根据用户的特征对用户进行归类，以实现商品的精准推荐，这时就需要用到无监督学习。降维、聚类是最典型的无监督学习算法。

半监督学习介于监督学习和无监督学习之间。在某些情况下，我们仅能够获得部分样本的标签。半监督学习就是同时从有标签数据和无标签数据中进行经验学习的机器学习。

1.4 生成模型和判别模型

根据机器学习模型是否可用于生成新数据，可以将机器学习模型分为生成模型和判别模型。所谓生成模型是指通过机器学习算法从训练集中学习到输入和输出的联合概率分布 $P(X, Y)$。对于新给定的样本，计算 X 与不同标记之间的联合分布概率，选择其中最大的概率对应的标签作为预测输出。典型的生成模型有朴素贝叶斯分类器、高斯混合模型、隐马尔可夫模型、生成对抗网络等。而判别模型计算的是一个条件概率分布 $P(X, Y)$，即后验概率分布。典型的判别模型有逻辑回归、决策树、支持向量机、神经网络、k-近邻算法。由于生成模型学习的是样本输入与标签的联合概率分布，所以可以从生成模型的联合概率分布中进行采样，从而生成新的数据，而判别模型只是一个条件概率分布模型，只能对输入进行判定。

1.5 模型评估

1.5.1 训练误差和泛化误差

对于给定的一批数据，要求我们使用机器学习对其进行建模。通常首先将数据划分为训练集、验证集和测试集三个部分。训练集用于对模型的参数进行训练；验证集用于对训练的模型进行验证挑选、辅助调参；而测试集则用于测试训练好的模型的泛化能力。在训练集上，训练过程中使用训练误差来衡量模型对训练数据的拟合能力，而在测试集上，则使用泛

化误差来测试模型的泛化能力。在模型得到充分训练的条件下，训练误差与泛化误差之间的差异越小说明模型的泛化性能越好，得到一个泛化性能好的模型是机器学习的目的之一。训练误差和测试误差往往选择的是同一性能度量函数，只是作用的数据集不同。

1.5.2 过拟合和欠拟合

当训练损失较大时，说明模型不能对数据进行很好的拟合，称这种情况为欠拟合；当训练误差小且明显低于泛化误差时，称这种情况为过拟合。此时模型的泛化能力往往较弱。如图 1-1 所示，图中的样本点围绕曲线 $y=x^2$ 随机采样而得，当使用二次多项式对样本点进行拟合时可以得到曲线 $y = 1.01x^2 + 0.0903x-3.75$，尽管几乎所有的样本点都不在该曲线上，但该方程与 $y=x^2$ 整体上重合，因此拟合效果较好；当使用一次多项式进行拟合时可以得到曲线 $y = 9.211x-15.91$，此时在样本集合上该公式都不能对数据进行很好的拟合，模型对数据欠拟合；而使用五次多项式对样本点进行拟合时，得到的多项式为

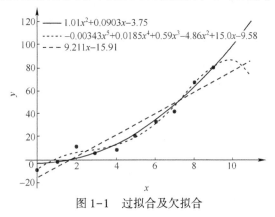

图 1-1　过拟合及欠拟合

$$y=-0.00343x^5+0.0185x^4+0.59x^3-4.86x^2+15.0x-9.58 \tag{1-1}$$

曲线几乎通过了每个样本点，但是当 $x>10$ 时，则会发生明显的预测错误（泛化能力弱），模型对数据过拟合。

对于欠拟合的情况，通常是由于模型本身不能对训练集进行拟合或者训练迭代次数太少。在图 1-1 中，线性模型不能近似拟合二次函数。解决欠拟合的主要方法是对模型进行改进、设计新的模型重新训练、增加训练过程的迭代次数等。对于过拟合的情况，往往是由于数据量太少或者模型太过复杂导致，可以通过增加训练数据量、对模型进行裁剪、正则化等方式来缓解。

1.6　正则化

正则化（Normalization）是一种抑制模型复杂度的常用方法。正则化用模型参数 $\vec{\omega}$ 的 p 范数进行表示

$$\|\vec{\omega}\|_p = \left(\sum_{i=1}^{p} |\omega_i|^p \right)^{\frac{1}{p}} \tag{1-2}$$

常用的正则化方式为 $p=1$ 或 $p=2$ 的情形，分别称为 L1 正则化和 L2 正则化。正则化项一般作为损失函数的一部分被加入到原来的基于数据的损失函数当中。基于数据的损失函数又称为经验损失，正则化项又称为结构损失。若将原本的基于数据的损失函数记为 J，带有正则化项的损失函数记为 J_N，则最终的损失函数可记为

$$J_N = J + \lambda \|\vec{\omega}\|_p \tag{1-3}$$

其中 λ 是用于在模型的经验损失和结构损失之间进行平衡的超参数。

L1 正则化是模型参数的 1 范数。以图 1-2 为例，假设某个模型参数只有 (ω_1, ω_2)，P 点为其训练集上的全局最优解。在没有引入正则化项时，模型很可能收敛到 P 点，从而引发严重的过拟合。正则化项的引入会迫使参数的取值向原点方向移动，从而减轻了模型过拟合的程度。对于图 1-2，当 $|\omega_1| + |\omega_2|$ 固定时，损失函数在 $\vec{\omega}^*$ 处取得最小值。此时 $\omega_1 = 0$，因此与 ω_1 对应的"特征分量"在决策中将不起作用，这时称模型获得了"稀疏"解。对于图 1-2，模型的损失函数等值线（线上所有点对应的损失函数值相等）为圆形的特殊情况，模型能够取得"稀疏"解的条件是其全局最优解落在图中的阴影区域。更一般的 L1 正则化能够以较大的概率获得"稀疏"解，起到特征选择的作用。需要注意的是，L1 正则化可能得到不止一个最优解。

L2 正则化是模型参数的 2 范数。从图 1-3 中可以看到，对于模型的损失函数的等值线是圆的特殊情况，仅当等值线与正则化损失的等值线相切时，模型才能获得"稀疏"解。相比 L1 正则化，获得"稀疏"解的概率要小得多，故 L2 正则化得到的解更加平滑。

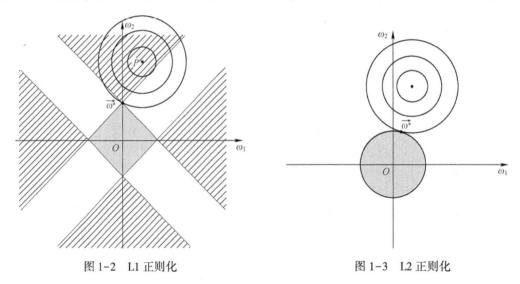

图 1-2　L1 正则化　　　　　　　　　　图 1-3　L2 正则化

可以看到，存在多个解可选时，L1 和 L2 正则化都能使参数尽可能地靠近零（原点），这样得到的模型会更加简单。实际应用当中，由于 L2 正则化项有着良好的数学性质，在计算上更加方便，所以人们往往选择 L2 正则化来防止过拟合。

1.7　Scikit-learn 模块

Scikit-learn（简称 sklearn）模块是 Python 中常用的机器学习模块。sklearn 封装了许多机器学习方法，例如数据预处理、交叉验证等。除模型部分外，本节对一些常用 API 进行简要介绍，以便读者理解后文中的实例。模型部分的 API 会在相关章节进行介绍。

1.7.1　数据集

sklearn. datasets 中收录了一些标准数据集，例如鸢尾花数据集、葡萄酒数据集等。这些数据集通过一系列 load 函数加载，例如 sklearn. datasets. load_iris 函数可以加载鸢尾花数据集。load 函数的返回值是一个 sklearn. utils. Bunch 类型的变量，其中最重要的成员是 data 和 target，分别表示数据集的特征和标签。代码清单 1-1 展示了加载鸢尾花数据集的方法，其他数据集的加载方式与之类似，请读者自行尝试。

代码清单 1-1　加载数据集

```
from sklearn. datasets import load_iris
iris = load_iris( )
x = iris. data
y = iris. target
```

鸢尾花数据集（Iris Data Set）是统计学和机器学习中常被当作示例使用的一个经典的数据集。该数据集共 150 个样本，分为 Setosa、Versicolour 和 Virginica 共 3 个类别。每个样本用 4 个维度的属性进行描述：分别是用厘米（cm）表示的花萼长度（Sepal Length）、花萼宽度（Sepal Width）、花瓣长度（Petal Length）和花瓣宽度（Petal Width）。

葡萄酒数据集（Wine Data Set）包含 178 条记录，来自 3 种不同起源地。数据集的 13 个属性是葡萄酒的 13 种化学成分，包括 Alcohol、Malic acid、Ash、Alcalinity of ash、Magnesium、Total phenols、Flavanoids、Nonflavanoid phenols、Proanthocyanins、Color intensity、Hue、OD280/OD315 of diluted wines、Proline。

波士顿房价数据集（Boston Data Set）从 1978 年开始统计，共包含 506 条数据。样本标签为平均房价，13 个特征包括城镇人均犯罪率（CRIM）、房间数（RM）等。由于样本标签为连续变量，所以波士顿房价数据集可以用于回归模型。图 1-4 绘制了各个特征与标签之间的关系。可以发现，除了 CHAS 和 RAD 特征外，其他特征均与结果呈现出较高的相关性。

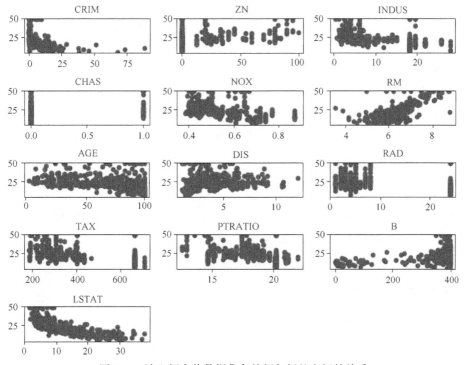

图 1-4　波士顿房价数据集各特征与标签之间的关系

乳腺癌数据集（Breast Cancer Data Set）一共包含569条数据，其中包括357例乳腺癌数据和212例非乳腺癌数据。数据集中包含30个特征，这里不一一罗列。有兴趣的读者可以使用代码清单1-2查询详细信息。

代码清单1-2　乳腺癌数据集详细信息

```
from sklearn. datasets import load_breast_cancer
bc = load_breast_cancer( )
print( bc. DESCR)
```

1.7.2　模型选择

sklearn. model_selection 中提供了有关模型选择的一系列工具，包括验证集划分、交叉验证等。验证集与训练集的划分是所有项目都需要使用的，因此本节主要介绍这一API。其他功能会在使用时加以讲解。

验证集的划分主要通过 train_test_split(* arrays，* * options)函数实现。参数 arrays 包含待划分的数据，其中每个元素都是长度相同的列表。验证集划分的目标是将这些列表划分为两段，其中一段作为训练集，另一段作为验证集。关键字参数包括 test_size、shuffle 等。其中 test_size 规定了测试集占完整数据集的比例，默认取0.25；shuffle 决定数据集是否被打乱，默认值为 True。代码清单1-3展示了 train_test_split 函数的常见使用方法。

代码清单1-3　train_test_split 函数的常见用法

```
x_train, x_test, y_train, y_test = train_test_split( data, target)
```

1.8　习题

一、填空题

1）常见的机器学习算法有_____、_____、_____（随意列举三个）。

2）sklearn. model_selection 中的 train_test_split 函数的常见用法为_____，_____，_____，_____= train_test_split(data，target)（填写测试集和训练集名称，配套填写，例如 x_train，x_test)。

3）根据机器学习模型是否可用于生成新数据，可以将机器学习模型分为_____和_____。

4）训练一个机器学习模型往往需要对大量的参数进行反复调试或者搜索，这一过程称为_____。其中在训练之前调整设置的参数，称为_____。

5）根据样本集合中是否包含标签以及半包含标签的多少，可以将机器学习分为_____、_____和_____。

二、判断题

1）根据模型预测输出的连续性，可以将机器学习算法适配的问题划分为分类问题和线性问题。（　　　）

2）决策树属于典型的生成模型。（　　　）

3）降维、聚类是无监督学习算法。（ ）

4）当我们说模型训练结果过拟合的时候，意思是模型的泛化能力很强。（ ）

5）训练误差和泛化误差之间的差异越小，说明模型的泛化性能越好。（ ）

三、单选题

1）以下属于典型的生成模型的是（ ）。

A. 逻辑回归　　　　　B. 支持向量机　　　C. k-近邻算法　　　D. 朴素贝叶斯分类器

2）以下属于解决模型欠拟合的方法的是（ ）。

A. 增加训练数据量　　　　　　　　B. 对模型进行裁剪

C. 增加训练过程的迭代次数　　　　D. 正则化

3）构建一个完整的机器学习算法需要三个方面的要素，分别是数据、模型、（ ）。

A. 性能度量准则　　B. 评估　　　　　　C. 验证　　　　　D. 训练和验证

4）以下属于典型的判别模型的是（ ）。

A. 高斯混合模型　　B. 逻辑回归　　　　C. 隐马尔可夫模型　　D. 生成对抗网络

5）train_test_split 函数的 test_size 参数规定了测试集占完整数据集的比例，默认取（ ）。

A. 0.5　　　　　　　B. 0.25　　　　　　C. 0.2　　　　　　D. 0.75

四、简答题

1）机器学习算法的三要素是什么？

2）机器学习所解决的问题可以大体分为分类问题和回归问题。二者的主要区别是什么？

3）机器学习模型的训练范式包括监督学习、半监督学习以及无监督学习。三者的主要区别是什么？

4）常见的机器学习算式有哪些，它们之间有什么区别？

5）试证明：对于二维平面上的任意点集$(x_1, y_1), (x_2, y_2), \cdots, (x_m, y_m)$，一定存在某个 m 次多项式 $y = c_1 x + c_2 x + \cdots + c_m x^m$ 恰好经过每个点。

6）正则化是应对模型过拟合的有效方法之一。直观上，正则化项为什么可以防止过拟合？

第 2 章 线性回归及最大熵模型

逻辑回归模型是一种常用的回归或分类模型，可以视为广义线性模型的特例。本节首先给出线性回归模型和广义线性模型的概念，然后介绍逻辑回归和多分类逻辑回归。随后，本节还将介绍如何通过最大熵模型解释逻辑回归。

2.1 线性回归

线性回归是最基本的回归分析方法，应用广泛。线性回归研究的是自变量与因变量之间的线性关系。对于特征 $\vec{x}=(x^1,x^2,\cdots,x^n)$ 及其对应的标签 y，线性回归假设二者之间存在线性映射

$$y \approx f(x) = \omega_1 x^1 + \omega_2 x^2 + \cdots + \omega_n x^n + b = \sum_{i=1}^{n} \omega_i x^i + b = \vec{\omega}^{\mathrm{T}} \vec{x} + b \tag{2-1}$$

其中 $\vec{\omega}=(\omega_1,\omega_2,\cdots,\omega_n)$ 和 b 分别表示待学习的权重及偏置。直观上，权重 $\vec{\omega}$ 的各个分量反映了每个特征变量的重要程度。权重越大，对应的随机变量的重要程度越大，反之则越小。

线性回归的目标是求解 $\vec{\omega}$ 和 b，使得 $f(\vec{x})$ 与 y 尽可能接近。求解线性回归模型的基本方法是最小二乘法。最小二乘法是一个不带条件的最优化问题，优化目标是让整个样本集合上的预测值与真实值之间的欧式（欧几里得）距离之和最小。

2.1.1 一元线性回归

式（2-1）描述的是多元线性回归。为简化讨论，首先以一元线性回归为例进行说明

$$y \approx f(x) = \omega x + b \tag{2-2}$$

给定空间中的一组样本点 $D=\{(x_1,y_1),(x_2,y_2),\cdots,(x_m,y_m)\}$，目标函数为

$$J(\omega,b) = \sum_{i=1}^{m} (y_i - f(x_i))^2 = \sum_{i=1}^{m} (y_i - \omega x_i - b)^2 \tag{2-3}$$

令目标函数对 ω 和 b 的偏导数为 0

$$\frac{\partial J(\omega,b)}{\partial \omega} = \sum_{i=1}^{m} 2\omega x_i^2 + \sum_{i=1}^{m} 2(b - y_i) x_i = 0$$

$$\frac{\partial J(\omega,b)}{\partial b} = \sum_{i=1}^{m} 2(\omega x_i - y_i) + 2mb = 0 \tag{2-4}$$

则可得到 ω 和 b 的估计值

$$\omega = \frac{m\sum\limits_{i=1}^{m} x_i y_i - \sum\limits_{i=1}^{m} x_i \sum\limits_{i=1}^{m} y_i}{m\sum\limits_{i=1}^{m} x_i^2 - \left(\sum\limits_{i=1}^{m} x_i\right)^2} = \frac{\overline{x}\ \overline{y} - \overline{x \cdot y}}{\overline{x^2} - \overline{x}^2} \tag{2-5}$$

$$b = \frac{1}{m}\left(\sum\limits_{i=1}^{m} y_i - \omega \sum\limits_{i=1}^{m} x_i\right) = \overline{y} - \omega\overline{x}$$

其中短横线—表示求均值运算。

2.1.2 多元线性回归

对于多元线性回归，本书仅做简单介绍。为了简化说明，可以将 b 同样看作权重，即令

$$\vec{\omega} = (\omega_1, \omega_2, \cdots, \omega_n, b) \tag{2-6}$$
$$\vec{x} = (x^1, x^2, \cdots, x^n, 1)$$

此时式（2-1）可表示为

$$y \approx f(x) = \vec{\omega}^{\mathrm{T}} \vec{x} \tag{2-7}$$

给定空间中的一组样本点 $D = \{(\vec{x_1}, y_1), (\vec{x_2}, y_2), \cdots, (\vec{x_m}, y_m)\}$，优化目标为

$$\min J(\vec{\omega}) = \min (\vec{Y} - \mathbf{X}\vec{\omega})^{\mathrm{T}} (\vec{Y} - \mathbf{X}\vec{\omega}) \tag{2-8}$$

其中 $\mathbf{X}$ 为样本矩阵的增广矩阵

$$\mathbf{X} = \begin{pmatrix} x_1^1 & x_1^2 & \cdots & x_1^n & 1 \\ x_2^1 & x_2^2 & \cdots & x_2^n & 1 \\ \vdots & \vdots & \ddots & \vdots & \vdots \\ x_m^1 & x_m^2 & \cdots & x_m^n & 1 \end{pmatrix} \tag{2-9}$$

$\mathbf{Y}$ 为对应的标签向量

$$\mathbf{Y} = (y_1, y_2, \cdots, y_n)^{\mathrm{T}} \tag{2-10}$$

求解式（2-8）可得

$$\vec{\omega} = (\mathbf{X}^{\mathrm{T}}\mathbf{X})^{-1}\mathbf{X}^{\mathrm{T}}\mathbf{Y} \tag{2-11}$$

当 $\mathbf{X}^{\mathrm{T}}\mathbf{X}$ 可逆时，线性回归模型存在唯一解。当样本集合中的样本太少或者存在大量线性相关的维度，则可能会出现多个解的情况。奥卡姆剃刀原则指出，当模型存在多个解时，应当选择最简单的那个。因此可以在原始线性回归模型的基础上增加正则化项目，以降低模型的复杂度，使模型变得简单。若加入 L2 正则化，则优化目标可写作

$$\min J(\vec{\omega}) = \min (\mathbf{Y} - \mathbf{X}\vec{\omega})^{\mathrm{T}} (\mathbf{Y} - \mathbf{X}\vec{\omega}) + \lambda \|\vec{\omega}\|_2 \tag{2-12}$$

此时，线性回归又称为岭（Ridge）回归。求解式（2-12）有

$$\vec{\omega} = (\mathbf{X}^{\mathrm{T}}\mathbf{X} + \lambda I)^{-1}\mathbf{X}^{\mathrm{T}}\mathbf{Y} \tag{2-13}$$

$\mathbf{X}^{\mathrm{T}}\mathbf{X} + \lambda I$ 在 $\mathbf{X}^{\mathrm{T}}\mathbf{X}$ 的基础上增加了一个扰动项 λI。此时不仅能够降低模型的复杂度、防止过拟合，而且能够使 $\mathbf{X}^{\mathrm{T}}\mathbf{X} + \lambda I$ 可逆，$\vec{\omega}$ 有唯一解。

当正则化项为 L1 正则化时，线性回归模型又称为 Lasso（Least Absolute Shrinkage and Selection Operator）回归，此时优化目标可写作

$$\min J(\vec{\omega}) = \min \ (\vec{Y} - X\vec{\omega})^{\mathrm{T}} (\vec{Y} - X\vec{\omega}) + \lambda \|\vec{\omega}\|_1 \tag{2-14}$$

L1 正则化能够得到比 L2 正则化更为稀疏的解。如 1.6 节，所谓稀疏是指 $\vec{\omega} = (\omega_1, \omega_2, \cdots, \omega_n)$ 中会存在多个值为 0 的元素，从而起到特征选择的作用。由于 L1 范数使用绝对值表示，所以目标函数 $J(\vec{\omega})$ 不是连续可导，此时不能再使用最小二乘法进行求解。可使用近端梯度下降（PGD）进行求解，本书略。

线性模型通常是其他模型的基本组成单元。堆叠若干个线性模型，同时引入非线性化激活函数，就可以实现对任意数据的建模。例如，神经网络中的一个神经元就是由线性模型加激活函数组合而成。

2.2 广义线性回归

上面描述的都是狭义线性回归，其基本假设是 y 与 x 直接呈线性关系。如果 y 与 x 不是线性关系，那么使用线性回归模型进行拟合后会得到较大的误差。为了解决这个问题，可以寻找这样一个函数 g，使得 $g(y)$ 与 x 之间是线性关系。举例来说，假设 x 是一个标量，y 与 x 的实际关系是 $y = \omega x^3$。令

$$g(y) = y^{1/3} = \omega' x \tag{2-15}$$

其中 $\omega' = \omega^{1/3}$ 是要估计的未知参数。那么 $g(y)$ 与 x 呈线性关系，此时可以使用线性回归对 ω' 进行参数估计，从而间接得到 ω。这样的回归称为广义线性回归。实际场景中，g 的选择是最关键的一步，一般较为困难。

2.2.1 逻辑回归

逻辑回归是一种广义线性回归，通过回归对数几率（Logits）的方式将线性回归应用于分类任务。对于一个二分类问题，令 $Y \in \{0,1\}$ 表示样本 x 对应的类别变量。设 x 属于类别 1 的概率为 $P(Y=1|x) = p$，则自然有 $P(Y=0|x) = 1-p$。比值 $\dfrac{p}{1-p}$ 称为几率（Odds），几率的对数即为对数几率（Logits），即

$$\ln \frac{p}{1-p} \tag{2-16}$$

逻辑回归通过回归式（2-16）来间接得到 p 的值，即

$$\ln \frac{p}{1-p} = \vec{\omega}^{\mathrm{T}} \vec{x} + b \tag{2-17}$$

解得

$$p = \frac{1}{1 + \mathrm{e}^{-(\vec{\omega}^{\mathrm{T}} \vec{x} + b)}} \tag{2-18}$$

为方便描述，令

$$\begin{aligned} \vec{\omega} &= (\omega_1, \omega_2, \cdots, \omega_n, b)^{\mathrm{T}} \\ \vec{x} &= (x^1, x^2, \cdots, x^n, 1)^{\mathrm{T}} \end{aligned} \tag{2-19}$$

则有

$$p = \frac{1}{1 + e^{-\vec{\omega}^T \vec{x}}} \tag{2-20}$$

由于样本集合给定的样本属于类别 1 的概率非 0 即 1，所以式（2-20）无法用最小二乘法求解。此时可以考虑使用极大似然估计进行求解。

给定样本集合 $D = \{(\vec{x_1}, y_1), (\vec{x_2}, y_2), \cdots, (\vec{x_m}, y_m)\}$，似然函数为

$$L(\vec{\omega}) = \prod_{i=1}^{m} p^{y_i} (1-p)^{(1-y_i)} \tag{2-21}$$

对数似然函数为

$$\begin{aligned}
l(\vec{\omega}) &= \sum_{i=1}^{m} (y_i \ln p + (1-y_i)\ln(1-p)) \\
&= \sum_{i=1}^{m} (y_i \vec{\omega}^T \vec{x_i} - \ln(1 + e^{\vec{\omega}^T \vec{x_i}}))
\end{aligned} \tag{2-22}$$

之后可用经典的启发式最优化算法梯度下降法（见 11.4 节）求解式（2-22）。

图 2-1 是二维空间中使用逻辑回归进行二分类的示例。图中样本存在一定的噪声（正类中混合有部分负类样本、负类中混合有部分正类样本），可以看到逻辑回归能够抵御一定的噪声干扰。

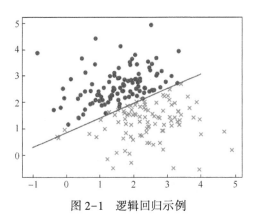

图 2-1　逻辑回归示例

2.2.2　多分类逻辑回归

二分类逻辑回归也可扩展到多分类逻辑回归。将 $\vec{\omega} = \vec{\omega_1} - \vec{\omega_0}$ 代入式（2-20）有

$$P(Y=1 \mid \vec{x}) = p = \frac{1}{1 + e^{-\vec{\omega}^T \vec{x}}} = \frac{e^{\vec{\omega}^T \vec{x}}}{1 + e^{\vec{\omega}^T \vec{x}}} = \frac{e^{\vec{\omega_1}^T \vec{x}}}{e^{\vec{\omega_0}^T \vec{x}} + e^{\vec{\omega_1}^T \vec{x}}} \tag{2-23}$$

$$P(Y=0 \mid \vec{x}) = 1 - p = \frac{e^{\vec{\omega_0}^T \vec{x}}}{e^{\vec{\omega_0}^T \vec{x}} + e^{\vec{\omega_1}^T \vec{x}}}$$

通过归纳可将逻辑回归推广到任意多分类问题中。当类别数目为 K 时（假设类别编号为 $0, 1, \cdots, K-1$），有

$$P(Y = i \mid \vec{x}) = \frac{\exp(\vec{\omega}_i^{\mathrm{T}} \vec{x})}{\sum\limits_{k=0}^{K-1} \exp(\vec{\omega}_k^{\mathrm{T}} \vec{x})}, \quad i = 0, 1, 2, \cdots, K-1 \tag{2-24}$$

令式（2-24）的分子分母都除以 $\exp(\vec{\omega}_i^{\mathrm{T}} \vec{x})$，则有

$$P(Y = i \mid x) = \frac{1}{1 + \sum\limits_{k=1}^{K-1} \exp((\vec{\omega}_k - \vec{\omega}_0)^{\mathrm{T}} \vec{x})}, \quad i = 1, 2, \cdots, K-1 \tag{2-25}$$

式（2-25）同样可以通过极大似然估计的方式转化成对数似然函数，然后通过梯度下降法求解。

2.2.3 交叉熵损失函数

交叉熵损失函数是神经网络中常用的一种损失函数。K 分类问题中，假设样本 $\vec{x}_i$ 属于每个类别的真实概率为 $\vec{p}_i = \{p_i^0, p_i^1, \cdots, p_i^{K-1}\}$，其中只有样本所属的类别的位置值为 1，其余位置值皆为 0。假设分类模型的参数为 $\vec{\omega}$，其预测的样本 $\vec{x}_i$ 属于每个类别的概率 $\vec{q} = \{q_i^0, q_i^1, \cdots, q_i^{K-1}\}$ 满足

$$\sum_{k=0}^{K-1} q_i^k = 1 \tag{2-26}$$

则样本 $\vec{x}_i$ 的交叉熵损失定义为

$$J_i(\vec{\omega}) = -\sum_{k=0}^{K-1} p_i^k \ln q_i^k \tag{2-27}$$

对所有样本有

$$J(\vec{\omega}) = \sum_{i=1}^{m} J_i(\vec{\omega}) = -\sum_{i=1}^{m} \sum_{k=0}^{K-1} p_i^k \ln q_i^k \tag{2-28}$$

当 $K = 2$ 时，式（2-28）与式（2-22）形式相同。所以交叉熵损失函数与通过极大似然函数导出的对数似然函数类似，可以通过梯度下降法求解。

2.3 最大熵模型

信息论中，熵是对随机变量的不确定性的度量。现实世界中，不加约束的事物都会朝着"熵增"的方向发展，也就是朝着不确定性增加的方向发展。可以证明，当随机变量呈均匀分布时，熵值最大。不仅在信息论中，在物理学、化学等领域中，熵都有着重要的应用。一个有序的系统有着较小的熵值，而一个无序系统的熵值则较大。

机器学习中，最大熵原理即假设：描述一个概率分布时，在满足所有约束条件的情况下，熵最大的模型是最好的。这样的假设符合"熵增"的客观规律，即在满足所有约束条件下，数据是随机分布的。以企业的管理条例为例，一般的管理条例规定了员工的办事准则，而对于管理条例中未规定的行为，在可供选择的选项中，员工们会有不同的选择。可以认为每个选项被选中的概率是相等的。实际情况也往往如此，这就是一个熵增的过程。

对于离散随机变量 x，假设其有 M 个取值。记 $p_i = P(x=i)$，则其熵定义为

$$H(P) = -\sum_{i=1}^{M} p_i \ln p_i \qquad (2-29)$$

对于连续变量 x，假设其概率密度函数为 $f(x)$，则其熵定义为

$$H(f) = \int f(x) \ln f(x) \, \mathrm{d}x \qquad (2-30)$$

2.3.1 最大熵模型的导出

给定一个大小为 m 的样本集合 $D = \{(\vec{x}_1, y_1), (\vec{x}_2, y_2), \cdots, (\vec{x}_m, y_m)\}$，假设输入变量为 $\vec{X}$，输出变量为 Y。以频率代替概率，可以估计出 $\vec{X}$ 的边缘分布及 $(\vec{X}, Y)$ 的联合分布

$$\tilde{p}(\vec{x}, y) = \frac{N_{\vec{x}, y}}{m}$$
$$\tilde{p}(\vec{x}) = \frac{N_{\vec{x}}}{m} \qquad (2-31)$$

其中 $N_{\vec{x}, y}$ 和 $N_{\vec{x}}$ 分别表示训练样本中 $(\vec{X} = \vec{x}, Y = y)$ 出现的频数和 $\vec{X} = \vec{x}$ 出现的频数。在样本量足够大的情况下，认为 $\tilde{p}(\vec{x})$ 可以反映真实的样本分布。基于此，最大熵模型使用条件熵进行建模，而非最大熵原理中一般意义上的熵。这样间接起到了缩小模型假设空间的作用。

$$H(p) = -\sum_{(\vec{x}, y) \in D} \tilde{p}(\vec{x}) P(y \mid \vec{x}) \log P(y \mid \vec{x}) \qquad (2-32)$$

根据定义，最大熵模型是在满足一定约束条件下熵最大的模型。最大熵模型的思路是：从样本集合中使用特征函数 $f(\vec{x}, y)$ 抽取特征，然后希望特征函数 $f(\vec{x}, y)$ 关于经验联合分布 $\tilde{p}(\vec{x}, y)$ 的期望，等于特征函数 $f(\vec{x}, y)$ 关于模型 $p(y \mid \vec{x})$ 和经验边缘分布 $\tilde{p}(\vec{x})$ 的期望。

特征函数关于经验联合分布 $\tilde{p}(\vec{x}, y)$ 的期望定义为

$$E_p(f) = \sum_{(\vec{x}, y) \in D} \tilde{p}(\vec{x}, y) f(\vec{x}, y) \qquad (2-33)$$

特征函数 $f(\vec{x}, y)$ 关于模型 $p(y \mid \vec{x})$ 和经验边缘分布 $\tilde{p}(\vec{x})$ 的期望定义为

$$E_p(f) = \sum_{(\vec{x}, y) \in D} \tilde{p}(\vec{x}) p(y \mid \vec{x}) f(\vec{x}, y) \qquad (2-34)$$

也即希望 $\tilde{p}(\vec{x}, y) = \tilde{p}(\vec{x}) p(y \mid \vec{x})$，称 $p(\vec{x}, y) = p(\vec{x}) p(y \mid \vec{x})$ 为乘法准则。最大熵模型的约束也即希望在不同的特征函数 $f(\vec{x}, y)$ 下，通过估计 $p(y \mid \vec{x})$ 的参数来满足乘法准则。

由此，最大熵模型的学习过程可以转化为一个最优化问题的求解过程。即在给定若干特征提取函数

$$f_i(\vec{x}, y), \quad i = 1, 2, \cdots, M \qquad (2-35)$$

以及 y_i 的所有可能取值 $C = \{c_1, c_2, \cdots, c_K\}$ 的条件下，求解

$$\max \ H(p) = - \sum_{(\vec{x},y) \in D} \tilde{p}(\vec{x}) p(y|\vec{x}) \log p(y|\vec{x})$$

$$s.t. \ E_{\tilde{p}}(f_i) = E_p(f_i) \tag{2-36}$$

$$\sum_{y \in C} p(y|\vec{x}) = 1$$

将该最大化问题转化为最小化问题即 $\min -H(p)$，即可用拉格朗日乘子法求解。拉格朗日函数为

$$Lag(p,\vec{\omega}) = -H(p) + \omega_0 \left(1 - \sum_{y \in C} p(y|\vec{x})\right) + \sum_{i=1}^{M} \omega_i (E_p(f_i) - E_{\tilde{p}}(f_i)) \tag{2-37}$$

其中 $\vec{\omega} = (\omega_0, \omega_1, \cdots, \omega_M)$ 为引入的拉格朗日乘子。通过最优化 $Lag(p,\vec{\omega})$ 可求得

$$p_{\vec{\omega}}(y|\vec{x}) = \frac{1}{Z_{\vec{\omega}}(\vec{x})} \exp\left(\sum_{i=1}^{M} \omega_i f_i(\vec{x},y)\right) \tag{2-38}$$

其中

$$Z_{\vec{\omega}}(\vec{x}) = \sum_{y \in C} \exp\left(\sum_{i=1}^{M} \omega_i f_i(\vec{x},y)\right) \tag{2-39}$$

2.3.2 最大熵模型与逻辑回归之间的关系

分类问题中，假设特征函数个数 M 等于样本输入变量的个数 n，即 $n=M$。以二分类问题为例，定义如下特征函数，每个特征函数只提取一个属性的值

$$f_i(\vec{x},y) = \begin{cases} x_i, & y=1 \\ 0, & y=0 \end{cases} \tag{2-40}$$

则

$$\begin{aligned} Z_{\vec{\omega}}(\vec{x}) &= \sum_{y \in C} \exp\left(\sum_{i=1}^{M} \omega_i f_i(\vec{x},y)\right) \\ &= \exp\left(\sum_{i=1}^{M} \omega_i f_i(\vec{x},y=0)\right) + \exp\left(\sum_{i=1}^{M} \omega_i f_i(\vec{x},y=1)\right) \\ &= 1 + \exp(\vec{\omega}^T \vec{x}) \end{aligned} \tag{2-41}$$

注意，此处 $\vec{\omega} = (\omega_1, \omega_2, \cdots, \omega_M)$，不包含 ω_0。有

$$p(y=0|\vec{x}) = \frac{1}{1+e^{\vec{\omega}^T \vec{x}}}$$

$$p(y=1|\vec{x}) = \frac{e^{\vec{\omega}^T \vec{x}}}{1+e^{\vec{\omega}^T \vec{x}}} \tag{2-42}$$

可以看到，此时最大熵模型等价于二分类逻辑回归模型。

对于多分类问题，可定义 $f_i(\vec{x},y=c_k) = \lambda_{ik} x_i$，则

$$p_{\vec{\omega}}(y=c_k|\vec{x}) = \frac{1}{Z_{\vec{\omega}}(\vec{x})} \exp\left(\sum_{i=1}^{M} \omega_i f_i(\vec{x},y)\right) = \frac{1}{Z_{\vec{\omega}}(\vec{x})} e^{\vec{\omega}_k^T \vec{x}} \tag{2-43}$$

其中

$$Z_{\vec{\omega}}(\vec{x}) = \sum_{y \in C} \exp\left(\sum_{i=1}^{M} \omega_i f_i(\vec{x}, y)\right) = \sum_{k=1}^{K} \exp\left(\sum_{i=1}^{M} \omega_i \lambda_{ik} x_i\right) = \sum_{k=1}^{K} e^{\vec{\alpha}_k^{\mathrm{T}} \vec{x}}$$

$$\vec{\alpha}_k^{\mathrm{T}} = (\omega_1 \lambda_{1k}, \omega_2 \lambda_{2k}, \cdots, \omega_M \lambda_{Mk})^{\mathrm{T}}$$

$(2-44)$

式（2-43）与式（2-24）等价，此时最大熵模型等价于多分类逻辑回归。最大熵模型可以通过拟牛顿法、梯度下降法等学习，本书略。

2.4 评价指标

对于一个分类任务，往往可以训练许多不同模型。那么，如何从众多模型中挑选出综合表现最好的那一个，这就涉及了对模型的评价问题。接下来将介绍一些常用的模型评价指标。

2.4.1 混淆矩阵

混淆矩阵是理解大多数评价指标的基础，这里用一个经典表格来解释混淆矩阵是什么，如表 2-1 所示。

表 2-1　混淆矩阵示意

真实值		预测值	
		0	1
真实值	0	True negative（TN）	False positive（FP）
	1	False negative（FN）	True positive（TP）

显然，混淆矩阵包含四部分的信息：

1）真阴率（True negative, TN）表明实际是负样本预测成负样本的样本数。

2）假阳率（False positive, FP）表明实际是负样本预测成正样本的样本数。

3）假阴率（False negative, FN）表明实际是正样本预测成负样本的样本数。

4）真阳率（True positive, TP）表明实际是正样本预测成正样本的样本数。

对照着混淆矩阵，很容易就能把关系、概念理清楚。但是久而久之，也很容易忘记概念。可以按照位置前后分为两部分记忆：前面的部分是 True/False 表示真假，即代表着预测的正确性；后面的部分是 positive/negative 表示正负样本，即代表着预测的结果。所以，混淆矩阵即可表示为正确性-预测结果的集合。现在再来看上述四个部分的概念：

1）TN，预测是负样本，预测对了。

2）FP，预测是正样本，预测错了。

3）FN，预测是负样本，预测错了。

4）TP，预测是正样本，预测对了。

大部分的评价指标是建立在混淆矩阵基础上的，包括准确率、精确率、召回率、F1-score，当然也包括 AUC。

2.4.2 准确率

准确率是最为常见的一项指标，即预测正确的结果占总样本的百分比，其公式如下

$$accuracy = \frac{TP+TN}{TP+TN+FP+FN} \tag{2-45}$$

虽然准确率可以判断总的正确率，但是在样本不平衡的情况下，并不能作为很好的指标来衡量结果。假设在所有样本中，正样本占90%，负样本占10%，样本是严重不平衡的。模型将全部样本预测为正样本即可得到90%的高准确率，如果仅使用准确率这一单一指标，模型就可以像这样偷懒却获得很高的评分。正因如此，也就衍生出了其他两种指标：精确率和召回率。

2.4.3 精确率与召回率

精确率（Precision）又叫查准率，它是针对预测结果而言的。精确率表示在所有被预测为正的样本中实际也为正的样本的概率。意思就是在预测为正样本的结果中，有多少把握可以预测正确，其公式如下

$$precision = \frac{TP}{TP+FP} \tag{2-46}$$

召回率（Recall）又叫查全率，它是针对原样本而言的。召回率表示在实际为正的样本中被预测为正样本的概率，其公式如下

$$recall = \frac{TP}{TP+FN} \tag{2-47}$$

召回率一般应用于不遗毫发的场景下。例如在网贷违约率预测中，相比信誉良好的用户，我们更关心可能会发生违约的用户。如果模型过多地将可能发生违约的用户当成信誉良好的用户，后续可能会发生的违约金额会远超过信誉好的用户偿还的借贷利息金额，造成严重偿失。召回率越高，代表不良用户被预测出来的概率越高。

2.4.4 PR曲线

分类模型对每个样本点都会输出一个置信度。通过设定置信度阈值，就可以完成分类。不同的置信度阈值对应着不同的精确率和召回率。一般来说，置信度阈值较低时，大量样本被预测为正例，所以召回率较高，而精确率较低；置信度阈值较高时，大量样本被预测为负例，所以召回率较低，而精确率较高。

PR曲线就是以精确率为纵坐标，以召回率为横坐标绘制出的曲线，如图2-2所示。

2.4.5 ROC曲线与AUC曲线

对于某个二分类分类器来说，输出结果标签（0还是1）往往取决于置信度以及预定的置信度阈值。比如常见的阈值就是0.5，大于0.5的认为是正样本，小于0.5的认为是负样本。如果增大这个阈值，预测错误（针对正样本而言，即指预测是正样本但是预测错误，下同）的概率就会降低，但是随之而来的就是预测正确的概率也降低；如果减小这个阈值，

那么预测正确的概率会升高但是同时预测错误的概率也会升高。实际上，这种阈值的选取一定程度上反映了分类器的分类能力。我们当然希望无论选取多大的阈值，分类都能尽可能地正确。为了形象地衡量这种分类能力，ROC 曲线进行了表征，如图 2-3 所示，即为一条 ROC 曲线。

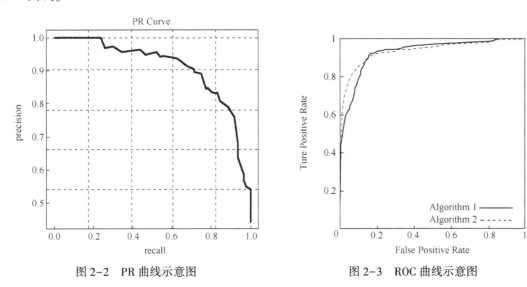

图 2-2　PR 曲线示意图　　　　　图 2-3　ROC 曲线示意图

图 2-3 中，横轴：假阳率（False Positive Rate，FPR）

$$FPR = \frac{FP}{TN+FP} \tag{2-48}$$

纵轴：真阳率（True Positive Rate，TPR）

$$TPR = \frac{TP}{TP+FN} \tag{2-49}$$

显然，ROC 曲线的横纵坐标都在 [0, 1] 之间，面积不大于 1。现在分析几个 ROC 曲线的特殊情况，以更好地掌握其性质。

- (0,0)：假阳率和真阳率都为 0，即分类器全部预测成负样本。
- (0,1)：假阳率为 0，真阳率为 1，全部完美预测正确。
- (1,0)：假阳率为 1，真阳率为 0，全部完美预测错误。
- (1,1)：假阳率和真阳率都为 1，即分类器全部预测成正样本。

当 TPR＝FPR 为一条斜对角线时，表示预测为正样本的结果一半是对的，一半是错的，即为随机分类器的预测效果。ROC 曲线在斜对角线以下，表示该分类器的效果差于随机分类器；反之，效果好于随机分类器。当然，希望 ROC 曲线尽量位于斜对角线以上，也就是向左上角(0,1)凸。

2.5　实例：基于逻辑回归实现乳腺癌预测

本节基于乳腺癌数据集介绍逻辑回归的应用，模型的构造与训练如代码清单 2-1 所示。

代码清单 2-1　逻辑回归模型的构造与训练

```
from sklearn. datasets import load_breast_cancer
from sklearn. linear_model import LogisticRegression
from sklearn. model_selection import train_test_split
cancer = load_breast_cancer( )
X_train, X_test, y_train, y_test = train_test_split(
    cancer. data, cancer. target, test_size = 0. 2)
model = LogisticRegression( )
model. fit( X_train, y_train)
train_score = model. score( X_train, y_train)
test_score = model. score( X_test, y_test)
print ('train score：｛train_score:. 6f｝; test score：｛test_score:. 6f｝'. format(
    train_score = train_score, test_score = test_score) )
```

　　根据代码输出可知，模型在训练集上的准确率达到 0. 969，在测试集上的准确率达到 0. 921。为了进一步分析模型效果，代码清单 2-2 进一步评估了模型在测试集上的准确率、召回率以及精确率。三者分别达到了 0. 921、0. 960、0. 923。

代码清单 2-2　模型评估

```
from sklearn. metrics import recall_score
from sklearn. metrics import precision_score
from sklearn. metrics import classification_report
from sklearn. metrics import accuracy_score
y_pred = model. predict( X_test)
accuracy_score_value = accuracy_score( y_test, y_pred)
recall_score_value = recall_score( y_test, y_pred)
precision_score_value = precision_score( y_test, y_pred)
classification_report_value = classification_report( y_test, y_pred)
print ("准确率:", accuracy_score_value)
print ("召回率:", recall_score_value)
print ("精确率:", precision_score_value)
print ( classification_report_value)
```

2.6　习题

一、填空题

　　1) 线性回归的目标是求解 ω 和 b，使得 $f(x)$ 与 y 尽可能接近。求解线性回归模型的基本方法是_____。

　　2) 优化目标是让整个样本集合上的_____与_____之间的欧氏距离之和最小。

　　3) 多元线性回归问题中：$\omega = (X^{\mathrm{T}}X)^{-1}X^{\mathrm{T}}X$，当_____时，线性回归模型存在唯一解。

4）PR 曲线以_____为纵坐标，以_____为横坐标。

5）在 ROC 曲线与 AUC 曲线中，对于某个二分类分类器来说，输出结果标签（0 还是 1）往往取决于_____以及_____。

二、判断题

1）逻辑回归是一种广义线性回归，通过回归对数几率的方式将线性回归应用于分类任务。（　　）

2）信息论中，熵可以度量随机变量的不确定性。现实世界中，不加约束的事物都会朝着"熵增"的方向发展，也就是向不确定性增加的方向发展。（　　）

3）机器学习中描述一个概率分布时，在满足所有约束条件的情况下，熵最小的模型是最好的。（　　）

4）准确率可以判断总的正确率，在样本不平衡的情况下，也能作为很好的指标来衡量结果。（　　）

5）当 TPR = FPR 为一条斜对角线时，表示预测为正样本的结果一半是对的，一半是错的，为随机分类器的预测效果。（　　）

三、单选题

1）逻辑回归模型解决（　　）。

A. 回归问题　　　　　B. 分类问题　　　　　C. 聚类问题　　　　　D. 推理问题

2）逻辑回归属于（　　）回归。

A. 概率性线性　　　B. 概率性非线性　　　C. 非概率性线性　　　D. 非概率性非线性

3）逻辑回归不能实现（　　）。

A. 二分类　　　　　B. 多分类　　　　　C. 分类预测　　　　　D. 非线性回归

4）下列关于最大熵模型的表述错误的是（　　）。

A. 最大熵模型是基于熵值越大模型越稳定的假设

B. 最大熵模型使用最大熵原理中一般意义上的熵建模以此缩小模型假设空间

C. 通过定义最大熵模型的参数可以实现与多分类逻辑回归相同的作用

D. 最大熵模型是一种分类算法

5）下列关于模型评价指标的表述错误的是（　　）。

A. 准确率、精确率、召回率以及 AUC 均是建立在混淆矩阵的基础上

B. 在样本不平衡的条件下准确率并不能作为很好的指标来衡量结果

C. 准确率表示所有被预测为正的样本中实际为正的样本的概率

D. 一般来说，置信度阈值越高，召回率越低，而精确率越高

四、简答题

1）平方误差损失是机器学习中常用的损失函数。直观上应该如何理解式（2-3）的含义？

2）平方误差损失可以通过极大似然估计导出。假设数据集的所有样本独立同分布于正态分布 $y \sim N(h(x), \sigma^2)$，试证明式（2-3）的合理性。

3）岭回归是线性回归模型的变形。试根据式（2-12）推导式（2-13）。

4）交叉熵损失函数可以通过极大似然估计导出。试给出交叉熵损失函数的直观解释。

5）Sigmoid 函数既是逻辑回归模型的拟合函数，也是神经网络模型的重要激活函数。试证明 Sigmoid 函数 $y=\dfrac{1}{1+\exp(-x)}$ 的导数满足 $y'=y(1-y)$。

6）逻辑回归模型通常使用交叉熵损失函数训练。能否使用平方误差损失替代，为什么？

7）图像的语义分割可以看作像素级二分类任务，评价语义分割模型表现的常用指标是 IoU。请自行查阅 IoU 的定义，并仿照式（2-45）给出 IoU 的基于混淆矩阵的定义。

第3章 k-近邻算法

k-近邻（k-Nearest Neighbor，KNN）是一种常用的分类或回归算法。给定一个训练样本集合 D 以及一个需要进行预测的样本 x，k-近邻算法的思想非常简单：对于分类问题，k-近邻算法从所有训练样本集合中找到与 x 最近的 k 个样本，然后通过投票法选择这 k 个样本中出现次数最多的类别作为 x 的预测结果；对于回归问题，k-近邻算法同样找到与 x 最近的 k 个样本，然后对这 k 个样本的标签求平均，得到 x 的预测结果。k-近邻算法的描述如算法 3-1 所示。

算法3-1 k-近邻算法

输入：训练集 $D=\{(\vec{x_1},y_1),(\vec{x_2},y_2),\cdots,(\vec{x_m},y_m)\}$；$k$ 值；待预测样本 x；如果是 k-近邻分类，同时给出类别集合 $C=\{c_1,c_2,\cdots,c_K\}$

输出：样本 x 所属的类别或预测值 y

1. 计算 x 与所有训练集合中所有样本之间的距离，并从小到达排序，返回排序后样本的索引。

$$P=\underset{i}{\arg sort}\{d(\vec{x},\vec{x_i})\,|i=1,2,\cdots,m\}$$

2. 对于分类问题，投票挑选出前 k 个样本中包含数量最多的类别。

$$\text{Return } y=\underset{i=1,2,\cdots,K}{\arg\max}\sum_{p\in P}I(\vec{x_p}=c_i)$$

3. 对于回归问题，用前 k 个样本的标签的均值作为 x 的估计值。

$$\text{Return } y=\frac{1}{k}\sum_{p\in P}y_p$$

对 k-近邻算法的研究包含三个方面：k 值的选取、距离的度量和如何快速地进行 k 个近邻的检索。

3.1 k 值的选取

投票法的准则是少数服从多数，所以当 k 值很小时，得到的结果就容易产生偏差。最近邻算法是这种情况下的极端，也就是 $k=1$ 时的 k-近邻算法。最近邻算法中，样本 x 的预测结果只由训练集中与其距离最近的那个样本决定。

如果 k 值选取较大，则可能会将大量其他类别的样本包含进来，极端情况下，会将整个训练集的所有样本都包含进来，这样同样可能会造成预测错误。一般情况下，可通过交叉验证、在验证集上多次尝试不同的 k 值来挑选最佳的 k 值。

3.2　距离的度量

对于连续变量，一般使用欧式距离直接进行距离的度量。对于离散变量，可以先将离散变量连续化，然后再使用欧式距离进行度量。

词嵌入（Word Embedding）是自然语言处理领域常用的一种对单词进行编码的方式。词嵌入首先将离散变量进行热独（One-hot）编码，假定共有 5 个单词 $\{A,B,C,D,E\}$，则对 A 的热独编码为 $(1,0,0,0,0)^{\mathrm{T}}$，B 的热独编码为 $(0,1,0,0,0)^{\mathrm{T}}$，其他单词类似。编码后的单词用矩阵表示为

$$\boldsymbol{X}=\begin{array}{c}A\ \ B\ \ C\ \ D\ \ E\\ \begin{pmatrix}1&0&0&0&0\\0&1&0&0&0\\0&0&1&0&0\\0&0&0&1&0\\0&0&0&0&1\end{pmatrix}\end{array} \tag{3-1}$$

随机初始化一个用于词嵌入转化的矩阵 $\boldsymbol{M}_{d\times5}$，其中每一个 d 维的向量表示一个单词。词嵌入后的单词用矩阵表示为

$$\boldsymbol{E}=\boldsymbol{M}_{d\times5}\boldsymbol{X}=\begin{array}{c}A\quad\ \ B\quad\ \ C\quad\ \ D\quad\ \ E\\ \begin{pmatrix}x_{11}&x_{12}&x_{13}&x_{14}&x_{15}\\x_{21}&x_{22}&x_{23}&x_{24}&x_{25}\\\vdots&\vdots&\vdots&\vdots&\vdots\\x_{d1}&x_{d2}&x_{d3}&x_{d4}&x_{d5}\end{pmatrix}\end{array} \tag{3-2}$$

矩阵 $\boldsymbol{E}$ 中的每一列是相应单词的词嵌入表示，d 是一个超参数，$\boldsymbol{M}$ 可以通过深度神经网络（见第 11 章）在其他任务上进行学习，之后就能用单词词嵌入后的向量表示计算内积用以表示单词之间的相似度。对于一般的离散变量同样可以采用类似词嵌入的方法进行距离度量。

3.3　快速检索

当训练集合的规模很大时，如何快速地找到样本 x 的 k 个近邻成为计算机实现 k-近邻算法的关键。一个朴素的思想是：

1）计算样本 x 与训练集中所有样本的距离。

2）将这些点依据距离从小到大进行排序，选择前 k 个。

算法的时间复杂度是计算到训练集中所有样本的距离的时间加上排序的时间。该算法的第二步可以用数据结构中的查找序列中前 k 个最小的数的算法优化，而不必对所有距离都进行排序。一个更为可取的方法是为训练样本事先建立索引，以减少计算的规模。kd 树是一种典型的存储 k 维空间数据的数据结构（此处的 k 指 x 的维度大小，与 k-近邻算法中的 k 没有任何关系）。建立好 kd 树后，给定新样本后就可以在树上进行检索，这样就能够大大

降低检索 k 个近邻的时间，特别是当训练集的样本数远大于样本的维度时。关于 kd 树的详细介绍可参考文献［3］。

3.4 实例：基于 k-近邻实现鸢尾花分类

本节以鸢尾花（iris）数据集的分类来直观理解 k-近邻算法。为了在二维平面展示鸢尾花数据集，这里使用花萼宽度和花瓣宽度两个特征进行可视化，如图 3-1 所示。

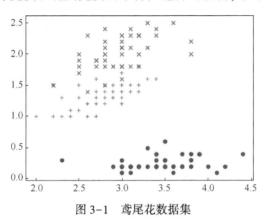

图 3-1　鸢尾花数据集

图中圆形数据点表示 Setosa，加号数据点表示 Versicolour，乘号数据点表示 Virginica。sklearn 中提供的 k-近邻模型称为 KNeighborsClassifier，代码清单 3-1 给出了模型构造和训练代码。

代码清单 3-1　k-近邻模型的构造与训练

```
from sklearn. datasets import load_iris
from sklearn. model_selection import train_test_split
from sklearn. neighbors import KNeighborsClassifier as KNN
if __name__ == '__main__':
    iris = load_iris( )
    x_train, x_test, y_train, y_test = train_test_split(
        iris. data[ :, [ 1,3] ], iris. target)
    model = KNN( )
    model. fit( x_train, y_train)
```

代码清单 3-2 对上述模型进行了测试。根据程序输出可以看出，模型在训练集上的准确率达到 0.964，测试集上的准确率达到 0.947。

代码清单 3-2　模型测试

```
train_score = model. score( x_train, y_train)
test_score = model. score( x_test, y_test)
print ( " train score：", train_score)
print ( " test score：", test_score)
```

图 3-2 展示了模型的决策边界。可以看出，几乎所有样本点都落在相应的区域之内，只有少数边界点落在边界以外。

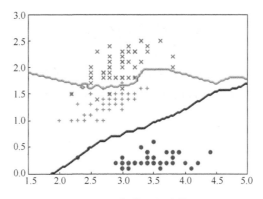

图 3-2　k-近邻模型的决策边界

k-近邻模型默认使用 $k=5$。当 k 过小时，容易产生过拟合；当 k 过大时，容易产生欠拟合。图 3-3 展示了 k 为 1 或 50 时的决策边界。不难看出，当 $k=1$ 时，决策边界更加复杂；而 $k=50$ 时，决策边界较为平滑。

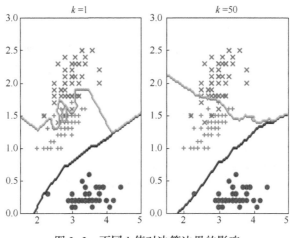

图 3-3　不同 k 值对决策边界的影响

3.5　习题

一、填空题

1）算法的时间复杂度是_____。

2）对 k-近邻算法的研究包含三个方面：_____、_____、_____。

3）k 值很大时，可以通过交叉验证，在验证集上_____来挑选最佳 k 值。

4）对于连续变量，一般使用_____直接进行距离度量。

5）当训练集合的规模很大时，如何快速找到样本 x 的_____成为计算机实现近年算法的关键。

二、判断题

1）投票法的准则是少数服从多数。（　　　）

2）对于离散变量，可以直接使用欧氏距离进行度量。（　　　）

3）最近邻算法中，样本工的预测结果只由训练集中与其距离最近的那个样本决定。（　　　）

4）对于一般的离散变量同样可以采用类似词嵌入的方法进行距离度量。（　　　）

5）词嵌入是自然语言处理领域常用的一种对单词进行编码的方式。（　　　）

三、单选题

1）k-近邻算法的基本要素不包括（　　　）。

A. 距离度量　　　　　B. k 值的选择　　　　　C. 样本大小　　　　　D. 分类决策规则

2）关于 k-近邻算法说法错误的是（　　　）。

A. k-近邻算法是机器学习　　　　　　　　B. k-近邻算法是无监督学习

C. k 代表分类个数　　　　　　　　　　　D. k 的选择对分类结果没有影响

3）以下关于 k-近邻算法的说法中正确的是（　　　）。

A. k-近邻算法不可以用来解决回归问题

B. 随着 k 值的增大，决策边界会越来越光滑

C. k-近邻算法适合解决高维稀疏数据上的问题

D. 相对 3 近邻模型而言，1 近邻模型的 bias 更大，variance 更小

4）（　　　）不可以通过无监督学习方式进行训练。

A. k-近邻算法　　　　B. 决策树　　　　　C. RBM　　　　　D. GAN

5）以下关于 k-近邻算法的说法中，错误的是（　　　）。

A. 一般使用投票法进行分类任务

B. k-近邻算法属于懒惰学习

C. k-近邻算法训练时间普遍偏长

D. 距离计算方法不同，效果也可能有显著差别

四、简答题

1）k-近邻算法的基本思想是什么？试用自己的语言说明。

2）最近邻算法是 k-近邻算法在 $k=1$ 时的特例。这种算法容易产生过拟合还是欠拟合，为什么？

3）简要说明 kd 树是如何加速检索的。

4）k-近邻算法是非参数估计算法的典型代表。还有哪些算法也属于非参数估计？

第4章　决策树模型

决策树是一种常用的机器学习算法，既可用于分类，也可用于回归。图 4-1 以图形式展示了一棵决策树，树中每个非叶节点对应一个特征，每个叶节点对应一个类别。不难看出，当试吃者年龄在 10 岁以下，食物颜色不错，而且气味很香时，试吃者大概率会评价味道不错。

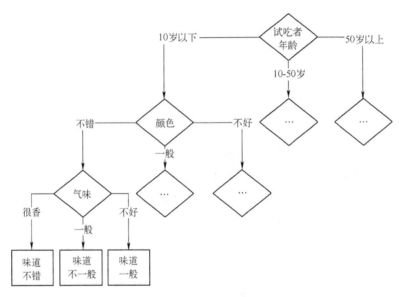

图 4-1　决策树示例

决策树的思想非常简单：给定一个样本集合，其中的每个样本由若干属性表示，决策树通过贪心的策略不断挑选最优的属性。对于离散属性，以不同的属性值作为节点；对于连续属性，以属性值的特定分割点作为节点。将每个样本划分到不同的子树，再在各棵子树上递归对子树上的样本进行划分，直到满足一定的终止条件为止。决策树拥有很强的数据拟合能力，往往会产生过拟合现象，因此需要对决策树进行剪枝，以减小决策树的复杂度，提高决策树的泛化能力。常用的决策树算法有 ID3、C4.5、CART 算法等。

4.1　特征选择

决策树构建的关键在于每次划分子树时，选择哪个属性特征进行划分。信息论中，熵（Entropy）用于描述随机变量分布的不确定性。对于离散型随机变量 X，假设其取值有 n 个，分别是 $x_1, x_2, \cdots, x_n$，用频率表示概率，随机变量的概率分布为

$$p_i = P(X = x_i) = \frac{N_i}{N} \tag{4-1}$$

则 X 的熵，也即概率分布 $\vec{p} = \{p_1, p_2, \cdots, p_n\}$ 的熵定义为

$$H(X) = H(\vec{p}) = \sum_{i=1}^{n} p_i \log \frac{1}{p_i} = -\sum_{i=1}^{n} p_i \log p_i \tag{4-2}$$

给定离散型随机变量 (X, Y)，假设 X 和 Y 的取值个数分别为 n 和 m，则其联合概率分布为

$$p_{ij} = P(X = x_i, Y = y_j) = \frac{N_{ij}}{N} \tag{4-3}$$

其中 N 表示总样本数，N_{ij} 表示 $X = x_i$ 且 $Y = y_j$ 的样本数目。边缘概率分布为

$$p_{i\cdot} = P(X = x_i) = \sum_{j=1}^{n} p_{ij} = \frac{N_i}{N} \tag{4-4}$$

其中 N 表示总样本数，N_i 表示 $X = x_i$ 的样本数目。定义给定 X 的条件下 Y 的条件熵为

$$H(Y|X) = \sum_{i=1}^{n} p_i H(Y|X = x_i) \tag{4-5}$$

4.1.1 信息增益

根据上面对熵及条件熵的介绍，引入信息增益的概念。信息增益是最早用于决策树模型的特征选择指标，也是 ID3 算法的核心。对于给定样本集合 $D = \{(\vec{x}_1, y_1), (\vec{x}_2, y_2), \cdots, (\vec{x}_m, y_m)\}$，设 $y_i \in \{c_1, c_2, \cdots, c_K\}$。$A^i$ 为数据集中任一属性变量，其中 $S^i = \{a^{i1}, a^{i2}, \cdots, a^{iK_i}\}$ 表示该属性的可能取值。使用属性 A^i 进行数据集划分获得的信息增益（Information gain）定义为

$$G(D, A^i) = H(D) - H(D|A^i) \tag{4-6}$$

其中

$$H(D|A^i) = \sum_{j=1}^{K_i} \frac{N_j}{m} H(D_j) = -\sum_{j=1}^{K_i} \frac{N_j}{m} \sum_{k=1}^{K} \frac{N_{jk}}{N_j} \log \frac{N_{jk}}{N_j} \tag{4-7}$$

其中 D_j 表示属性 A^i 取值为 a^{ij} 时的样本子集，N_j 为对应的样本数目，N_{jk} 为 D_j 中标签为 c_k 的样本数目。

4.1.2 信息增益比

信息增益比（Information Gain Ratio）定义为信息增益与数据集在属性 A^i 上的分布的熵 $H_{A^i}(D)$ 之比，即

$$G_r(D, A^i) = \frac{G(D, A^i)}{H_{A^i}(D)} \tag{4-8}$$

其中

$$H_{A^i}(D) = -\sum_{j=1}^{n} \frac{|D_j|}{|D|} \log \frac{|D_j|}{|D|} \tag{4-9}$$

如果一个属性的可取值数目较多，则使用信息增益进行特征选择时会获得更大的收益。用信息增益比进行特征选择则会在一定程度上缓解此问题。C4.5 算法便使用信息增益比进行特征选择。确定好特征选择方法后，决策树的生成算法（以 ID3 算法为例）如算法 4-1 所示。

算法 4-1　决策树生成函数 DecisionTree(D,A)

输入：样本集合 $D = \{(\vec{x}_1, y_1), (\vec{x}_2, y_2), \cdots, (\vec{x}_m, y_m)\}$；信息增益的阈值 ϵ；属性变量集合 $A = \{A^1, A^2, \cdots, A^n\}$；每个属性 A^i 的所有可能取值 $S^i = \{a^{i1}, a^{i2}, \cdots, a^{iK_i}\}$；类别集合 $C = \{c_1, c_2, \cdots, c_K\}$

输出：构建好的决策树

```
Struct Node {              // 首先定义树的节点
    samples,               // 节点包含的样本集合
    label,                 // 当前节点的标记,若为-1则表示不属于任何类别
    next                   // 从属性值到样本集合的样本的映射,如:next(a) = D
};
1. 生成一个新节点,放入 D 中的所有样本放到节点中,并将其标签置为-1
Node node = {
    . samples = D,
    . label = -1,
    . next = ∅
};
2. 首先判断是否需要继续建树,如果不需要则直接返回,否则继续递归建树
if D = ∅                  // 情况(1),样本集合为空集
    return node
else if y₁ = y₂ = ⋯ = yₘ    // 情况(2),样本集合中所有的样本属于同一类别
    node. label = y₁;
    return node
else if A = ∅             // 情况(3),没有可以用于继续划分的属性
```

$$\text{node. label} = \underset{k=1,2,\cdots,K}{\mathrm{argmax}} \sum_{i=1}^{N} I\{y_i = c_k\}$$

```
    return node
endif
3. 计算按照每个属性进行划分的信息增益,以增益最大的属性生成子树
```

$$* = \underset{i=1,2,\cdots,n}{\mathrm{argmax}} G(D, A^i)$$

```
for each j in {1,2,⋯,Kᵢ}
    Dⱼ = {(xᵢ, yᵢ) | xᵢ* = a*ʲ,  i = 1,2,⋯,m}
    node. next(a*ʲ) = DecisionTree(Dⱼ, A-A*)
endfor
return node
```

4.2 决策树生成算法 CART

除 ID3 和 C4.5 算法外，CART[4] 是另外一种常用的决策树算法。CART 算法的核心是使用了基尼指数作为特征选择指标，下面介绍基尼指数的定义。给定数据集 D，其中共有 K 个类别，用频率代替概率，数据集的概率分布为

$$p_i = \frac{|D_i|}{m},\ i = 1,2,\cdots,K \tag{4-10}$$

对于数据分布 p 或者数据集 D，其基尼系数定义为

$$\text{Gini}(p) = \text{Gini}(D) = \sum_{i=1}^{K}\sum_{j=1}^{K} p_i p_j I\{j \neq i\} = \sum_{i=1}^{K} p_i(1-p_i) = 1 - \sum_{i=1}^{K} p_i^2 \tag{4-11}$$

可以看到，当样本均匀分布时，$\text{Gini}(D)$ 的值最大。$\text{Gini}(D)$ 值反映样本集合的纯度，当样本均匀分布时，每个类别都包括数目相等的样本，此时纯度最低，$\text{Gini}(D)$ 值最大；当所有的样本都只属于一个类别时，其他类别包含的样本数目都为 0，此时纯度最高，$\text{Gini}(D)$ 值为 0。所以，样本集合的基尼值越低，集合的纯度越高。样本集合 D 关于属性 A^i 的基尼指数定义为

$$\text{Gini}(D,A^i) = \sum_{j=1}^{K_i} \frac{N_{ij}}{m}\text{Gini}(D_j) \tag{4-12}$$

CART 用于分类决策树生成时，在特征选择阶段使用的就是基尼指数，对所有可用属性进行遍历，选择能够使样本集合划分后基尼指数最小的属性进行子树生成。

与 ID3 和 C4.5 算法不同，CART 决策树生成的是一棵二叉树。对任一离散属性 A^i 的任一可能取值 a_{ij}，将样本集合 D 按照 $x^i = a_{ij}$ 和 $x_i \neq a_{ij}$ 划分为 D_1^j 和 D_2^j 两个子集，然后按照如下公式计算基尼指数

$$\text{Gini}(D,A^i = a_{ij}) = \frac{N_1^j}{m}\text{Gini}(D_1^j) + \frac{N_2^j}{m}\text{Gini}(D_2^j) \tag{4-13}$$

其中 N_1^j 和 N_2^j 分别表示 D_1^j 和 D_2^j 中的样本数目。

当属性 A^i 是连续变量时，按照一定的标准为连续变量选择合适的切分点 a，将样本集合划分为 $D_1^{\leq a}$ 和 $D_2^{>a}$ 两个子集，然后按照如下公式计算基尼指数

$$\text{Gini}(D,A^i = a) = \frac{N_1^{\leq a}}{m}\text{Gini}(D_1^{\leq a}) + \frac{N_2^{>a}}{m}\text{Gini}(D_2^{>a}) \tag{4-14}$$

其中 $N_1^{\leq a}$ 和 $N_1^{>a}$ 分别表示属性 A^i 上小于等于 a 和大于 a 的样本子集的数目。遍历完所有属性及属性值后，选择能够使 $\text{Gini}(D,A^i = a_{ij})$ 或 $\text{Gini}(D,A^i = a)$ 最小的属性值，将当前样本集合划分到两棵子树中。

4.3 决策树剪枝

由于决策树的强大建模能力，在训练集上生成的决策树容易产生过拟合的问题，需要对

决策树进行剪枝以降低模型的复杂度，提高泛化能力。剪枝分为预剪枝和后剪枝，预剪枝在构建决策树的过程中进行，而后剪枝则在决策树构建完成之后进行。

4.3.1 预剪枝

对决策树进行预剪枝时一般通过验证集进行辅助。每次选择信息增益最大的属性进行划分时，首先在验证集上对模型进行测试，如果划分之后能够提高验证集的准确率，则进行划分；否则，将当前节点作为叶节点，并以当前节点包含的样本中出现次数最多的样本作为当前节点的预测值。

由于决策树本身是一种贪心的策略，并不一定能够得到全局的最优解。使用预剪枝的策略容易造成决策树的欠拟合。

4.3.2 后剪枝

对于一棵树，其代价函数定义为经验损失和结构损失两个部分：经验损失是对模型性能的度量，结构损失是指对模型复杂度的度量。根据奥卡姆剃刀原则，决策树模型性能应尽可能地性能高，复杂度应尽可能地低。经验损失可以使用每个叶节点上的样本分布的熵之和来描述，结构损失可以用叶节点的个数来描述。设决策树 T 中叶节点的数目为 M，代价函数的形式化描述如下

$$J(T) = \sum_{i=1}^{M} N_i H_i(T) + \lambda \mid T \mid \qquad (4\text{-}15)$$

其中 N_i 为第 i 个叶节点中样本的数目，$H_i(T)$ 为对应节点上的熵。自底向上剪枝的过程中，对所有子节点均为叶节点的子树，如果将某个子树进行剪枝后能够使得代价函数变小且在所有子树中最小，则将该子树剪去，然后重复这个剪枝过程直到代价函数不再变小为止。

显然，剪枝后叶节点的数目 M 会减少，决策树的复杂度会降低。而决策树的经验误差 $\sum_{i=1}^{M} \mid N_i \mid H_i(T)$ 则可能会提高，此时决策树的结构损失占主导地位。代价函数的值首先会降低，到达某一个平衡点后，代价函数越过这个点，模型的经验风险会占据主导地位，代价函数的值会升高，此时停止剪枝。

对于图 4-2 中的决策树，编号为 3 和 9 的决策树连接的子节点均为叶节点。将 3 号节点的子节点剪掉后，损失函数变化为 $\Delta J_3(T) = 49 \times 0.144 - \lambda$；而将 9 号节点的子节点剪掉后，损失函数变化为 $\Delta J_9(T) = 4 \times 0.811 - \lambda$。显然 $\Delta J_3(T) > \Delta J_9(T)$，如果通过设置 λ，满足剪枝条件，那么应该将 3 号节点的子节点剪去[⊖]。

⊖ 注：由于该例中的变量均为连续变量，故构造的决策树是一棵二叉树，λ 的取值不影响每个节点剪枝后的损失函数的比较。更一般地，对于非 CART 决策树，决策树一般是一棵多叉树。

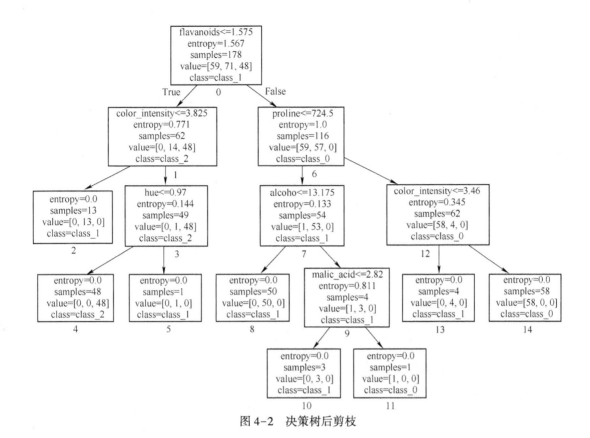

图 4-2 决策树后剪枝

4.4 实例：基于决策树实现葡萄酒分类

本节以葡萄酒数据集的分类为例介绍决策树模型。sklearn 中已经定义了决策树模型 DecisionTreeClassifier，其构造函数的 criterion 参数决定了模型的特征选择标准。决策树模型的构造与训练如代码清单 4-1 所示，特征选择标准为交叉熵。

代码清单 4-1　决策树模型的构造与训练

```
from sklearn. datasets import load_wine
from sklearn. model_selection import train_test_split
from sklearn. tree import DecisionTreeClassifier
if __name__ = = '__main__':
    wine = load_wine( )
    x_train, x_test, y_train, y_test = train_test_split(
        wine. data, wine. target)
    clf = DecisionTreeClassifier( criterion = "entropy" )
    clf. fit( x_train, y_train)
```

对模型的训练效果进行评估，如代码清单 4-2 所示。

代码清单 4-2　模型评估

```
train_score = clf. score( x_train, y_train)
```

```
test_score = clf.score(x_test, y_test)
print("train score:", train_score)
print("test score:", test_score)
```

从程序输出可以看出，模型在训练集上的准确率为 1，测试集上的准确率约为 0.98。由于 train_test_split 函数在划分数据集时存在一定的随机性，所以重复运行上述代码可能会得到不同的准确率。

决策树模型的可视化如图 4-3 所示。图中的每个非叶节点包含五个数据，分别是：决策条件、熵（Entropy）、样本数（Samples）、每个类别中样本的个数（Value）、类别名称（Class）。每个叶节点无需再进行决策，故只有四个数据。

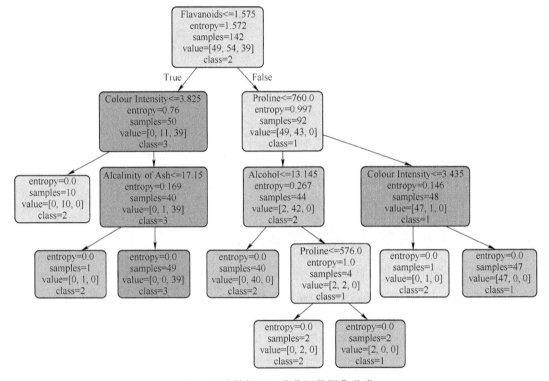

图 4-3 决策树用于葡萄酒数据集分类

4.5 习题

一、填空题

1）决策树是一种常用的机器学习算法，既可用于_____，也可用于_____。

2）决策树拥有很强的数据拟合能力，往往会产生_____现象，因此需要对决策树进行剪枝。

3）_____是最早用于决策树模型的特征选择指标，也是 ID3 算法的核心。

4）信息增益比定义为_____。

5）使用预剪枝的策略容易造成决策树的_____。

二、判断题

1）对决策树进行剪枝可以减小决策树的复杂度，提高决策树的专一性能力。（　　）

2）经验损失可以使用每个子树上的样本分布的熵之和来描述。（　　）

3）结构损失可以用叶节点的个数来描述。（　　）

4）决策树本身是一种贪心的策略，不一定能够得到全局的最优解。（　　）

5）由于 train_test_split 函数在划分数据集时存在一定的随机性，所以重复运行上述代码可能会得到不同的准确率。（　　）

三、单选题

1）关于机器学习中的决策树学习，说法错误的是（　　）。

A. 受生物进化启发　　　　　　　　　　B. 属于归纳推理

C. 用于分类和预测　　　　　　　　　　D. 自顶向下递推

2）在构建决策树时，需要计算每个用来划分数据特征的得分，选择分数最高的特征，以下可以作为得分的是（　　）。

A. 熵　　　　　　　B. 基尼系数　　　　C. 训练误差　　　　D. 以上都是

3）在决策树学习过程中，（　　）可能会导致问题数据（特征相同但是标签不同）。

A. 数据噪音　　　　　　　　　　　　　B. 现有特征不足以区分或决策

C. 数据错误　　　　　　　　　　　　　D. 以上都是

4）根据信息增益来构造决策树的算法是（　　）。

A. ID3 决策树　　　　B. 递归　　　　　C. 归约　　　　　　D. FIFO

5）决策树构成顺序是（　　）。

A. 特征选择、决策树生成、决策树剪枝

B. 决策树剪枝、特征选择、决策树生成

C. 决策树生成、决策树剪枝、特征选择

D. 特征选择、决策树剪枝、决策树生成

四、简答题

1）决策树的叶节点和非叶节点分别表示什么？

2）决策树算法的基本思想是什么？试用自己的语言说明。

3）特征完全相同但标签不同的两个样本称为冲突样本，不含有冲突样本的数据集称为不冲突的数据集。试证明：对于不冲突的数据集，一定存在一棵训练损失为 0 的决策树。

4）分类与回归树（CART）既可以用于分类也可以用于回归。试给出 CART 用于回归问题的算法。

5）决策树模型本身是一种容易过拟合的模型。在什么情况下决策树可能欠拟合，应该如何解决？

第5章 朴素贝叶斯分类器

朴素贝叶斯分类器是一种有监督的统计学过滤器，常用在垃圾邮件过滤、信息检索等领域。通过本章的介绍，读者将会看到朴素贝叶斯分类器因何得名、其与贝叶斯公式的联系，以及其与极大似然估计的关系。

5.1 极大似然估计

对于工厂生产的某一批灯泡，质检部门希望检测其合格率。设 m 表示产品总数，随机变量 $X_i \in \{0,1\}$ 表示编号为 i 的产品是否合格。由于这些产品都是同一批生产的，不妨假设

$$X_1, X_2, \cdots, X_m \overset{i.i.d.}{\sim} \mathrm{Bern}(p) \tag{5-1}$$

其中 Bern 表示伯努利分布，p 表示产品合格的概率，也就是质检部门希望得到的数据。根据经典概率模型有

$$p \approx \frac{1}{m} \sum_{i=1}^{m} X_i \tag{5-2}$$

但是上式为什么成立？这就需要使用极大似然估计来证明了。

极大似然估计的思想是：找到这样一个参数 p，它使所有随机变量的联合概率最大。上例中，联合概率表示为

$$P(X_1 = x_1, X_2 = x_2, \cdots, X_m = x_m) = \prod_{i=1}^{m} P(X_i = x_i) = \prod_{i=1}^{m} p^{x_i} (1-p)^{1-x_i} \tag{5-3}$$

最大化联合概率等价于求

$$
\begin{aligned}
p^* &= \arg\max_{p} \log \prod_{i=1}^{m} p^{x_i} (1-p)^{1-x_i} \\
&= \arg\max_{p} \sum_{i=1}^{m} \left(x_i \log p + (1-x_i) \log(1-p) \right) \\
&= \arg\max_{p} m \log(1-p) + \log \frac{p}{1-p} \sum_{i=1}^{m} x_i
\end{aligned}
\tag{5-4}
$$

根据微积分知识容易证明式（5-2）

$$p^* = \frac{1}{m} \sum_{i=1}^{m} X_i \tag{5-5}$$

形式化地说，已知整体的概率分布模型 $f(x;\theta)$，但是模型的参数 θ 未知时，可以使用极大似然估计来估计 θ 的值。这里的概率分布模型既可以是连续的（概率密度函数），也可以是离散的（概率质量函数）。假设在一次随机实验中，我们独立同分布地抽到了 m 个样本 $x_1, x_2, \cdots, x_m$ 组成的样本集合。似然函数，也就是联合概率分布

$$L(\theta) = f_m(x_1, x_2, \cdots, x_m; \theta) = \prod_{i=1}^{m} f(x_i; \theta) \tag{5-6}$$

表示当前样本集合出现的可能性。令似然函数 $L(\theta)$ 对参数 θ 的导数为 0，可以得到 θ 的最优解。但是运算中涉及乘法运算及乘法的求导等，往往存在计算上的不便性。而对似然函数取对数并不影响似然函数的单调性，即

$$L(\theta_1) > L(\theta_2) \Rightarrow \log L(\theta_1) > \log L(\theta_2) \tag{5-7}$$

所以最大化对数似然函数

$$l(\theta) = \log L(\theta) = \log \prod_{i=1}^{m} p(x_i;\theta) = \sum_{i=1}^{m} \log(p(x_i;\theta)) \tag{5-8}$$

可以在保证最优解与似然函数相同的条件下，大大减少计算量。

极大似然估计通过求解参数 θ 使得 $f_N(x_1, x_2, \cdots, x_N; \theta)$ 最大，这是一种很朴素的思想：既然从总体中随机抽样得到了当前样本集合，那么当前样本集合出现的可能性极大。

5.2 朴素贝叶斯分类

在概率论中，贝叶斯公式的描述如下

$$P(Y_i|X) = \frac{P(X,Y_i)}{P(X)} = \frac{P(Y_i)P(X|Y_i)}{\sum_{j=1}^{K} P(Y_j)P(X|Y_j)} \tag{5-9}$$

其中 $Y_1, Y_2, \cdots, Y_K$ 为一个完备事件组，$P(Y_i)$ 称为先验概率，$P(Y_i|X)$ 称为后验概率。设 $X = (X^1, X^2, \cdots, X^n)$ 表示 n 维（离散）样本特征，$Y \in \{c_1, c_2, \cdots, c_K\}$ 表示样本类别。由于一个样本只能属于这 K 个类别中的一个，所以 $Y_1, Y_2, \cdots, Y_K$ 一定是完备的。

给定样本集合 $D = \{(\vec{x_1}, y_1), (\vec{x_2}, y_2), \cdots, (\vec{x_m}, y_m)\}$，我们希望估计 $P(Y|X)$。根据贝叶斯公式，对于任意样本 $x = (x^1, x^2, \cdots, x^n)$，其标签为 c_k 的概率为

$$P(Y=c_k|X=x) = \frac{P(Y=c_k)P(X=x|Y=c_k)}{P(X=x)} \tag{5-10}$$

假设随机变量 $X^1, X^2, \cdots, X^n$ 相互独立，则有

$$P(X=x|Y=c_k) = P(X^1=x^1, X^2=x^2, \cdots, X^n=x^n|Y=c_k)$$
$$= \prod_{i=1}^{n} P(X^i=x^i|Y=c_k) \tag{5-11}$$

代入式（5-10）得

$$P(Y=c_k|X=x) = \frac{P(Y=c_k) \prod_{i=1}^{n} P(X^i=x^i|Y=c_k)}{P(X=x)} \tag{5-12}$$

在实际进行分类任务时，不需要计算出 $P(Y|X)$ 的精确值，只需要求出 k^* 即可

$$k^* = \arg \max_{k} P(Y=c_k|X=x) \tag{5-13}$$

不难看出，式（5-12）右侧的分母部分与 k 无关。因此

$$k^* = \arg \max_{k} P(Y=c_k) \prod_{i=1}^{n} P(X^i=x^i|Y=c_k) \tag{5-14}$$

式中所有项都可以用频率代替概率在样本集合上进行估计

$$P(Y = c_k) \approx \frac{N_k}{m}$$

$$P(X^i = x^i | Y = c_k) \approx \frac{\sum_{j=1}^{m} I\{x_j^i = x^i, y_j = c_k\}}{N_k} \tag{5-15}$$

其中 N_k 表示集合 D 中标签为 c_k 的样本数量。

5.3 拉普拉斯平滑

当样本集合不够大时，可能无法覆盖特征的所有可能取值。也就是说，可能存在某个 c_k 和 x^i 使

$$P(X^i = x^i | Y = c_k) = 0 \tag{5-16}$$

此时，无论其他特征分量的取值为何，都一定有

$$P(Y = c_k) \prod_{i=1}^{n} P(X^i = x^i | Y = c_k) = 0 \tag{5-17}$$

为了避免这样的问题，实际应用中常采用平滑处理。典型的平滑处理就是拉普拉斯平滑，即

$$P(Y = c_k) \approx \frac{N_k + 1}{m + K}$$

$$P(X^i = x^i | Y = c_k) \approx \frac{\sum_{j=1}^{m} I\{x_j^i = x^i, y_j = c_k\} + 1}{N_k + A_i} \tag{5-18}$$

其中 A_i 表示 X^i 的所有可能取值的个数。

基于上述讨论，完整的朴素贝叶斯分类器的算法描述如算法 5-1 所示。

算法 5-1 朴素贝叶斯分类器

输入：样本集合 $D = \{(x_1, y_1), (x_2, y_2), \cdots, (x_m, y_m)\}$；待预测样本 x；样本标记的所有可能取值 $\{c_1, c_2, \cdots, c_K\}$；样本输入变量 X 的每个属性变量 X^i 的所有可能取值 $\{a_{i1}, a_{i2}, \cdots, a_{iA_i}\}$

输出：待预测样本 x 所属的类别

1. 计算标记为 c_k 的样本出现的概率

$$P(Y = c_k) = \frac{N_k + 1}{m + K}, \quad k = 1, 2, \cdots, K$$

2. 计算标记为 c_k 的样本，其 X^i 分量的属性值为 a_{ip} 的概率

$$P(X^i = a_{ip} | Y = c_k) = \frac{\sum_{j=1}^{N_k} I(x_j^i = a_{ip}, y_j = c_k) + 1}{N_k + A_i}$$

3. 根据上面的估计值计算 x 属于所有 y_k 的概率值，并选择概率最大的作为输出。

$$y = \arg\max_{k=1,2,\cdots,K} (P(Y = c_k | X = x))$$

Return

$$= \arg\max_{k=1,2,\cdots,K} \left(P(Y = c_k) \prod_{i=1}^{n} P(X^i = x^i | Y = c_k) \right)$$

5.4　朴素贝叶斯分类器的极大似然估计解释

朴素贝叶斯思想的本质是极大似然估计，$P(Y=c_k)$ 和 $P(X^i=x^i|Y=c_k)$ 是我们要估计的概率值。以 $P(Y=c_k)$ 为例，令 $\theta_k=P(Y=c_k)$，则似然函数为

$$L(\theta)=\prod_{i=1}^{m}P(Y=y_i)=\prod_{k=1}^{K}\theta_k^{N_k} \tag{5-19}$$

根据极大似然估计，求 θ 等价于求解下面的优化问题

$$\max_{\theta}\ l(\theta)=\sum_{k=1}^{K}N_k\ln\theta_k$$
$$s.t.\ \sum_{k=1}^{K}\theta_k=1 \tag{5-20}$$

使用拉格朗日乘子法求解。首先构造拉格朗日乘数

$$Lag(\theta)=\sum_{k=1}^{K}N_k\ln\theta_k+\lambda\left(\sum_{k=1}^{K}\theta_k-1\right) \tag{5-21}$$

令拉格朗日函数对 θ_k 的偏导为 0，有

$$\frac{\partial Lag}{\partial \theta_k}=\frac{N_k}{\theta_k}+\lambda=0\Rightarrow N_k=-\lambda\theta_k \tag{5-22}$$

于是

$$\sum_{k=1}^{K}N_k=-\lambda\left(\sum_{k=1}^{K}\theta_k\right)=-\lambda \tag{5-23}$$

解得

$$\lambda=-m$$
$$\theta_k=\frac{N_k}{\lambda}=\frac{N_k}{m} \tag{5-24}$$

这样便得到了 $P(Y=c_k)$ 的极大似然估计。对 $P(X^i=x^i|Y=c_k)$ 的极大似然估计求解过程类似，留给读者自行推导。

5.5　实例：基于朴素贝叶斯实现垃圾短信分类

本节以一个例子来阐述朴素贝叶斯分类器在垃圾短信分类中的应用。SMS Spam Collection Data Set⊖是一个垃圾短信分类数据集，包含了 5574 条短信，其中有 747 条垃圾短信。数据集以纯文本的形式存储，其中每行对应于一条短信。每行的第一个单词是 spam 或 ham，表示该行的短信是不是垃圾短信。随后记录了短信的内容，内容和标签之间以制表符分隔。

该数据集没有收录进 sklearn. datasets，所以需要自行加载，如代码清单 5-1 所示。

⊖　数据来源：http://archive. ics. uci. edu/ml/datasets/SMS+Spam+Collection

代码清单 5-1   加载 SMS 垃圾短信数据集

```
with open('./SMSSpamCollection.txt', 'r', encoding='utf8') as f:
    sms = [line.split('\t') for line in f]
y, x = zip(*sms)
```

加载完成后，x 和 y 分别是长为 5574 的字符串列表。其中 y 的每个元素只可能是 spam 或 ham，分别表示垃圾短信或正常短信；x 的每个元素表示对应短信的内容。在训练贝叶斯分类器以前，需要首先将 x 和 y 转换成适于训练的数值表示形式，这个过程称为特征提取，如代码清单 5-2 所示。

代码清单 5-2   SMS 垃圾短信数据集的特征提取

```
from sklearn.feature_extraction.text import CountVectorizer as CV
from sklearn.model_selection import train_test_split
y = [label == 'spam' for label in y]
x_train, x_test, y_train, y_test = train_test_split(x, y)
counter = CV(token_pattern='[a-zA-Z]{2,}')
x_train = counter.fit_transform(x_train)
x_test = counter.transform(x_test)
```

特征提取的结果存储在(x_train, y_train)以及(x_test, y_test)中。其中 x_train 和 x_test 分别是 4180×6595 和 1394×6595 的稀疏矩阵。不难看出，两个矩阵的行数之和等于 5574，也就是完整数据集的大小。因此两个矩阵的每行应该代表一个样例，那么每列代表什么呢？查看 counter 的 vocabulary_属性就会发现，其大小恰好是 6595，也就是所有短信中出现过的不同单词的个数。例如短信 "Go until jurong point, go" 中一共有 5 个单词，但是由于 go 出现了两次，所以不同单词的个数只有 4 个。x_train 和 x_test 中的第(i, j)个元素就表示第 j 个单词在第 i 条短信中出现的次数。

代码清单 5-3   朴素贝叶斯分类器的构造与训练

```
from sklearn.naive_bayes import MultinomialNB as NB
model = NB()
model.fit(x_train, y_train)
train_score = model.score(x_train, y_train)
test_score = model.score(x_test, y_test)
print("train score:", train_score)
print("test score:", test_score)
```

最后就是朴素贝叶斯分类器的构造与训练，如代码清单 5-3 所示。我们首先基于训练集训练朴素贝叶斯分类器，然后分别在训练集和测试集上进行测试。测试结果显示，模型在训练集上的分类准确率达到 0.993，在测试集上的分类准确率为 0.986。可见朴素贝叶斯分类器达到了良好的分类效果。

朴素贝叶斯分类器假设样本特征之间相互独立。这一假设非常强，以至于几乎不可能满足。但是在实际应用中，朴素贝叶斯分类器往往表现良好，特别是在垃圾邮件过滤、信息检索等场景下。

5.6 习题

一、填空题

1) _____是一种有监督的统计学过滤器，在垃圾邮件过滤、信息检索等领域十分常用。

2) 极大似然估计的思想是：找到这样一个参数 p，它使所有随机变量的_____最大。

3) 极大似然估计通过求解参数，使得_____最大，这是一种很朴素的思想。

4) 朴素贝叶斯分类器假设样本特征之间_____。

5) 当样本集合不够大时，可能无法覆盖特征的所有可能取值，为了避免这样的问题，实际应用中常采用_____。

二、判断题

1) 朴素贝叶斯思想的本质是极大似然估计。（   ）

2) 用极大似然法估计值时，概率分布模型只能是连续的。（   ）

3) 已知整体的概率分布模型 $f(x;\theta)$，但是模型的参数 θ 未知时，可以用极大似然估计来估计 θ 的值。（   ）

4) 在运用极大似然法求解概率时，令似然函数 $L(\theta)$ 对参数 θ 的导数为 0，可以得到 θ 的最优解。（   ）

5) 概率论贝叶斯公式描述中，$P(Y_i)$ 称为先验概率，$P(Y_i|X)$ 称为后验概率。（   ）

三、单选题

1) 朴素贝叶斯分类器的特征不包括（   ）。

A. 孤立的噪声点对该分类器影响不大

B. 数据的缺失值影响不大

C. 要求数据的属性相互独立

D. 条件独立的假设可能不成立

2) 朴素贝叶斯分类器基于（   ）假设。

A. 样本分布独立性   B. 属性条件独立性   C. 后验概率已知   D. 先验概率已知

3) 下列关于朴素贝叶斯分类器错误的是（   ）。

A. 朴素贝叶斯模型发源于古典数学理论，有稳定的分类效率

B. 对小规模的数据表现很好，能处理多分类任务，适合增量式训练

C. 对缺失数据不太敏感，算法也比较简单，常用于文本分类

D. 对输入数据的表达形式不敏感

4) 朴素贝叶斯分类器为（   ）。

A. 生成模型   B. 判别模型   C. 统计模型   D. 预算模型

5) 下列关于朴素贝叶斯分类器正确的是（   ）。

A. 朴素贝叶斯分类器的变量必须是非连续型变量

B. 朴素贝叶斯模型中的特征和类别变量之间也要相互独立

C. 朴素贝叶斯分类器对于小样本数据集效果不如决策树好

D. 朴素贝叶斯模型分类时需要计算各种类别的概率，取其中概率最大者为分类预测值

四、简答题

1）极大似然估计和贝叶斯估计在思想上有何区别？

2）拉普拉斯平滑解决了什么问题？请举例说明。

3）朴素贝叶斯分类器为什么是"朴素"的？

第6章 支持向量机模型

支持向量机[5]是一种功能强大的机器学习算法。典型的支持向量机是一种二分类算法，其基本思想是：对于空间中的样本点集合，可用一个超平面将样本点分成两部分，一部分属于正类，一部分属于负类。支持向量机的优化目标就是找到这样一个超平面，使得空间中距离超平面最近的点到超平面的几何间隔尽可能大，这些点就称为支持向量。

6.1 最大间隔及超平面

给定样本集合 $D = \{(\vec{x}_1, y_1), (\vec{x}_2, y_2), \cdots, (\vec{x}_m, y_m)\}$，设 $y_i \in \{-1, +1\}$。设输入空间中的一个超平面表示为

$$\vec{\omega}^T \vec{x} + b = 0 \tag{6-1}$$

其中 $\vec{\omega}$ 为法向量，决定超平面的方向；b 为偏置，决定超平面的位置。根据点到直线距离公式的扩展，空间中一点 $\vec{x}_i$ 到超平面 $\vec{\omega}^T \vec{x} + b = 0$ 的欧式距离为

$$r_i = \frac{|\vec{\omega}^T \vec{x}_i + b|}{\|\vec{\omega}\|} \tag{6-2}$$

如果超平面能将所有样本点正确分类，则点到直线的距离可以写成分段函数的形式

$$r_i = \begin{cases} \dfrac{\vec{\omega}^T \vec{x}_i + b}{\|\vec{\omega}\|}, & y_i = +1 \\[3mm] -\dfrac{\vec{\omega}^T \vec{x}_i + b}{\|\vec{\omega}\|}, & y_i = -1 \end{cases} \tag{6-3}$$

式（6-3）也可用一个方程来表示

$$r_i = \frac{\vec{\omega}^T \vec{x}_i + b}{\|\vec{\omega}\|} y_i \tag{6-4}$$

6.2 线性可分支持向量机

线性可分支持向量机的目标是，通过求解 $\vec{\omega}$ 和 b 找到一个超平面 $\vec{\omega}^T \vec{x} + b = 0$。在保证超平面能够正确将样本进行分类的同时，使得距离超平面最近的点到超平面的距离尽可能大。这是一个典型的带有约束条件的优化问题，约束条件是超平面能将样本集合中的点正确分类。将距离超平面最近的点与超平面之间的距离记为

$$r = \min_{i=1,2,\cdots,m} r_i \tag{6-5}$$

最优化问题可写作

$$\max_{\vec{\omega},b} \ r$$

$$s.t. \ r_i = \frac{\vec{\omega}^{\mathrm{T}}\vec{x}_i + b}{\|\vec{\omega}\|}y_i \geq r, \ i=1,2,\cdots,m \qquad (6\text{-}6)$$

对于超平面 $\vec{\omega}^{\mathrm{T}}\vec{x}+b=0$，可以为等式两边同时乘以相同的不为 0 的实数，超平面不会发生变化。所以对任一支持向量 $\vec{x}^{*}$ 可以通过对超平面公式进行缩放使得 $(\vec{\omega}^{\mathrm{T}}\vec{x}^{*}+b)y^{*}=1$，$\vec{x}^{*}$ 到超平面的距离可表示为 $\dfrac{1}{\|\vec{\omega}\|}$，则优化问题可写作

$$\max_{\vec{\omega},b} \ \frac{1}{\|\vec{\omega}\|}$$

$$s.t. \ r_i = \frac{\vec{\omega}^{\mathrm{T}}\vec{x}_i + b}{\|\vec{\omega}\|}y_i \geq \frac{1}{\|\vec{\omega}\|}, \ i=1,2,\cdots,m \qquad (6\text{-}7)$$

最大化 $\dfrac{1}{\|\vec{\omega}\|}$ 也即最小化 $\dfrac{1}{2}\|\vec{\omega}\|^{2}$，使用 $\dfrac{1}{2}\|\vec{\omega}\|^{2}$ 作为优化目标是为了计算方便

$$\min_{\vec{\omega},b} \ \frac{1}{2}\|\vec{\omega}\|^{2}$$

$$s.t. \ r_i = (\vec{\omega}^{\mathrm{T}}\vec{x}_i + b)y_i - 1 \geq 0, \ i=1,2,\cdots,m \qquad (6\text{-}8)$$

可以证明，支持向量机的超平面存在唯一性，证明过程本书略。支持向量机中的支持向量至少为两个，由超平面分割成的正负两个区域至少各存在一个支持向量，且超平面的位置仅由这些支持向量决定，与支持向量外的其他样本点无关。在这两个区域，过支持向量可以分别做一个与支持向量机分割超平面平行的平面 H_1 和 H_2，两个超平面之间的距离为 $\dfrac{2}{\|\vec{\omega}\|}$，如图 6-1 所示。

在感知机模型中，优化的目标是：在满足模型能够正确分类的约束条件下，使得样本集合中的所有点到分割超平面的距离最小，这样的超平面可能存在无数个。一个简单的例子，假如二维空间中样本集合中的正负样本点个数均为一个，那么垂直于两者所连直线，且位于两者之间的所有直线都将是符合条件的解。由于优化目标不同，造成解的个数不同，这是支持向量机与感知机模型一个很大的不同。

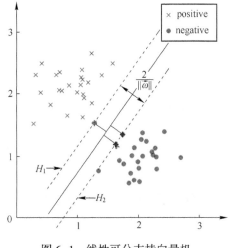

图 6-1　线性可分支持向量机

式（6-8）中的最优化问题，可使用拉格朗日乘子法进行求解。拉格朗日函数为

$$Lag(\vec{\omega},b,\vec{\alpha}) = \frac{1}{2}\|\vec{\omega}\|^{2} + \sum_{i=1}^{m}\alpha_i(1 - (\vec{\omega}^{\mathrm{T}}\vec{x}_i + b)y_i) \qquad (6\text{-}9)$$

其中 $\vec{\alpha}=(\alpha_1,\alpha_2,\cdots,\alpha_m),\alpha_i \geqslant 0$ 表示拉格朗日乘子。令 Lag 对 $\vec{\omega}$ 和 b 的偏导为 0

$$\frac{\partial Lag(\vec{\omega},b,\vec{\alpha})}{\partial \vec{\omega}} = \vec{\omega} - \sum_{i=1}^{m} \alpha_i y_i \vec{x}_i = 0$$

$$\frac{\partial Lag(\vec{\omega},b,\vec{\alpha})}{\partial b} = -\sum_{i=1}^{m} \alpha_i y_i = 0 \tag{6-10}$$

解得

$$\vec{\omega} = \sum_{i=1}^{m} \alpha_i y_i \vec{x}_i$$

$$0 = \sum_{i=1}^{m} \alpha_i y_i \tag{6-11}$$

将式（6-11）代入式（6-9）中，得到

$$\min_{\vec{\omega},b} Lag(\vec{\omega},b,\vec{\alpha}) = \sum_{i=1}^{m} \alpha_i - \frac{1}{2} \sum_{i=1}^{m} \sum_{j=1}^{m} \alpha_i \alpha_j y_i y_j \vec{x}_i^{\mathrm{T}} \vec{x}_j \tag{6-12}$$

求 $\min\limits_{\vec{\omega},b} Lag(\vec{\omega},b,\vec{\alpha})$ 对 $\vec{\alpha}$ 的极大，等价于求 $-\min\limits_{\vec{\omega},b} Lag(\vec{\omega},b,\vec{\alpha})$ 对 $\vec{\alpha}$ 的极小。因此式（6-8）的对偶问题（可查阅资料，参考最优化理论的相关介绍）为

$$\min_{\vec{\alpha}} \frac{1}{2} \sum_{i=1}^{m} \sum_{j=1}^{m} \alpha_i \alpha_j y_i y_j \vec{x}_i^{\mathrm{T}} \vec{x}_j - \sum_{i=1}^{m} \alpha_i$$

$$s.t. \ \sum_{i=1}^{m} \alpha_i y_i = 0 \tag{6-13}$$

$$\alpha_i \geqslant 0, \ i = 1,2,\cdots,m$$

求解优化问题式（6-13），即可得到 $\vec{\alpha}^* = (\alpha_1^*,\alpha_2^*,\cdots,\alpha_m^*)$。根据 KKT（Karush-Kuhn-Tucker）条件，$(\vec{\omega}^*,b^*)$ 是原始问题式（6-8）的最优解，且 $\vec{\alpha}^*$ 是对偶问题式（6-13）的最优解的充要条件是：$(\vec{\omega}^*,b^*)$，$\vec{\alpha}^*$ 满足 KKT 条件，即

$$\begin{cases} \alpha_i^* \geqslant 0, & i=1,2,\cdots,m \\ (\vec{\omega}^{*\mathrm{T}} \vec{x}_i + b^*) y_i - 1 \geqslant 0, & i=1,2,\cdots,m \\ \alpha_i^* ((\vec{\omega}^{*\mathrm{T}} \vec{x}_i + b^*) y_i - 1) = 0, & i=1,2,\cdots,m \end{cases} \tag{6-14}$$

由式（6-11）有

$$\vec{\omega}^* = \sum_{i=1}^{m} \alpha_i^* y_i \vec{x}_i \tag{6-15}$$

考察 KKT 条件的第三条，可以发现要么 $\alpha_i^* = 0$，要么 $(\vec{\omega}^{*\mathrm{T}} \vec{x}_i + b^*) y_i - 1 = 0$。假设 $\alpha_j > 0$，则必有 $(\vec{\omega}^{*\mathrm{T}} \vec{x}_j + b^*) y_j - 1 = 0$，于是

$$b^* = y_j - \sum_{i=1}^{m} \alpha_i^* y_i \vec{x}_i^{\mathrm{T}} \vec{x}_j \tag{6-16}$$

由此得到分割超平面

$$\vec{\omega}^* \vec{x} + b^* = 0 \tag{6-17}$$

当 $\alpha_i^* = 0$ 时，即式 (6-15)、式 (6-16) 与样本 $(\vec{x_i}, y_i)$ 无关。也就是说，只有当 $\alpha_i^* > 0$ 时，样本 $(\vec{x_i}, y_i)$ 才对最终的结果产生影响，此时样本的输入即为支持向量。求得支持向量机的参数后，即可根据式 (6-18) 判断任意样本的类别

$$f(\vec{x}) = \mathrm{sgn}(\vec{\omega}^{*\mathrm{T}} \vec{x} + b^*) \tag{6-18}$$

线性可分支持向量机假设样本空间中的样本能够通过一个超平面分割开来。但是生产环境中，我们获取到的数据往往存在噪声（正类中混入少量的负类样本，负类中混入少量的正类样本），从而使得数据变得线性不可分。这种情况就需要使用线性支持向量机求解了。

另一方面，即使样本集合线性可分，线性可分支持向量机给出的 H_1 和 H_2 之间的距离可能非常小。这种情况一般意味着模型的泛化能力降低，也就是产生了过拟合。因此希望 H_1 和 H_2 之间的距离尽可能大，这时同样可以使用线性支持向量机来允许部分样本点越过 H_1 和 H_2。

线性支持向量机在线性可分向量机的基础上引入了松弛变量 $\xi_i \geq 0$。对于样本点 $(\vec{x_i}, y_i)$，线性支持向量机允许部分样本落入越过超平面 H_1 或 H_2

$$(\vec{\omega}_i^{\mathrm{T}} \vec{x_i} + b) y_i \geq 1 - \xi_i \tag{6-19}$$

线性可分支持向量机中，要求所有样本都满足 $(\vec{\omega}_i^{\mathrm{T}} \vec{x_i} + b) y_i \geq 1$，此时 H_1 和 H_2 之间的距离 $\dfrac{2}{\|\vec{\omega}\|}$ 称为"硬间隔"。线性支持向量机中，$(\vec{\omega}^{\mathrm{T}} \vec{x_i} + b) y_i \geq 1 - \xi_i$ 允许部分样本越过超平面 H_1 或 H_2，此时 H_1 和 H_2 之间的距离 $\dfrac{2}{\|\vec{\omega}\|}$ 称为"软间隔"。需要注意的是，此时的支持向量不再仅仅包含位于 H_1 和 H_2 超平面上的点，还可能包含其他点。

对线性支持向量机进行优化时，我们希望"软间隔"尽量大，同时希望越过超平面 H_1 和 H_2 的样本尽可能不要远离这两个超平面，则优化的目标函数可写为

$$\frac{1}{2}\|\vec{\omega}\|^2 + C \sum_{i=1}^{m} \xi_i \tag{6-20}$$

其中 C 为惩罚系数。$\dfrac{1}{2}\|\vec{\omega}\|^2$ 控制最小间隔尽可能地大，而 $\sum\limits_{i=1}^{m} \xi_i$ 则控制越过超平面 H_1 或 H_2 的样本点离超平面尽量近，C 就是对两者关系的权衡。线性支持向量机的优化问题可写为

$$\begin{aligned} &\min_{\vec{\omega}, b, \vec{\xi}} \quad \frac{1}{2}\|\vec{\omega}\|^2 + C \sum_{i=1}^{m} \xi_i \\ &s.t. \quad (\vec{\omega}^{\mathrm{T}} \vec{x_i} + b) y_i \geq 1 - \xi_i, \quad i = 1, 2, \cdots, m \\ &\qquad \xi_i \geq 0, \quad i = 1, 2, \cdots, m \end{aligned} \tag{6-21}$$

类似于线性可分支持向量机中的求解过程，式 (6-21) 的拉格朗日函数可写作

$$\begin{aligned} &Lag(\vec{\omega}, b, \vec{\xi}, \vec{\alpha}, \vec{\mu}) \\ &= \frac{1}{2}\|\vec{\omega}\|^2 + C \sum_{i=1}^{m} \xi_i + \sum_{i=1}^{m} \alpha_i (1 - \xi_i - (\vec{\omega}^{\mathrm{T}} x_i + b) y_i) - \sum_{i=1}^{m} \mu_i \xi_i \end{aligned} \tag{6-22}$$

其中

$$\vec{\alpha} = (\alpha_1, \alpha_2, \cdots, \alpha_m), \quad \alpha_i \geqslant 0$$

$$\vec{\mu} = (\mu_1, \mu_2, \cdots, \mu_m), \quad \mu_i \geqslant 0 \tag{6-23}$$

是拉格朗日乘子。令 Lag 对 $\vec{\omega}, b, \vec{\xi}$ 的导数为 0，可解得

$$\vec{\omega} = \sum_{i=1}^{m} \alpha_i y_i \vec{x}_i$$

$$0 = \sum_{i=1}^{m} \alpha_i y_i \tag{6-24}$$

$$0 = C - \alpha_i - \mu_i$$

将式（6-24）代入式（6-22）有

$$\min_{\vec{\omega}, b, \vec{\xi}} Lag(\vec{\omega}, b, \vec{\xi}, \vec{\alpha}, \vec{\mu}) = \sum_{i=1}^{m} \alpha_i - \frac{1}{2} \sum_{i=1}^{m} \sum_{j=1}^{m} \alpha_i \alpha_j y_i y_j \vec{x}_i^{\mathrm{T}} \vec{x}_j \tag{6-25}$$

求 $\min\limits_{\vec{\omega}, b, \vec{\xi}} L(\vec{\omega}, b, \vec{\xi}, \vec{\alpha}, \vec{\mu})$ 对 $\vec{\alpha}, \vec{\mu}$ 的极大，等价于求 $-\min\limits_{\vec{\omega}, b, \vec{\xi}} L(\vec{\omega}, b, \vec{\xi}, \vec{\alpha}, \vec{\mu})$ 对 $\vec{\alpha}, \vec{\mu}$ 的极小。因此式（6-21）的对偶问题为

$$\min_{\vec{\alpha}} \quad \frac{1}{2} \sum_{i=1}^{m} \sum_{j=1}^{m} \alpha_i \alpha_j y_i y_j \vec{x}_i^{\mathrm{T}} \vec{x}_j - \sum_{i=1}^{m} \alpha_i$$

$$s.t. \quad \sum_{i=1}^{m} \alpha_i y_i = 0 \tag{6-26}$$

$$0 \leqslant \alpha_i \leqslant C, \quad i = 1, 2, \cdots, m$$

观察式（6-26）与式（6-13）可以发现，两者的唯一区别在于对 α_i 的约束条件的不同。线性支持向量机中是 $0 \leqslant \alpha_i \leqslant C$，而线性可分支持向量机中则是 $0 \leqslant \alpha_i$。

求解式（6-26）中的优化问题，即可得到 $\vec{\alpha}^* = (\alpha_1^*, \alpha_2^*, \cdots, \alpha_m^*)$。根据 KKT 条件，$(\vec{\omega}^*, b^*, \vec{\xi}^*)$ 是原始问题式（6-21）的最优解，且 $\vec{\alpha}^*$ 是对偶问题式（6-26）的最优解的充要条件是：$(\vec{\omega}^*, b^*)$，$\vec{\alpha}^*$ 满足 KKT 条件，即

$$\begin{cases} \alpha_i^* \geqslant 0, & i = 1, 2, \cdots, m \\ \mu_i^* \geqslant 0, & i = 1, 2, \cdots, m \\ (\vec{\omega}^{*\mathrm{T}} \vec{x}_i + b^*) y_i - 1 + \xi_i \geqslant 0, & i = 1, 2, \cdots, m \\ \alpha_i^* ((\vec{\omega}^{*\mathrm{T}} \vec{x}_i + b^*) y_i - 1 + \xi_i) = 0, & i = 1, 2, \cdots, m \\ \xi_i \geqslant 0, & i = 1, 2, \cdots, m \\ \mu_i \xi_i = 0, & i = 1, 2, \cdots, m \end{cases}$$

类似线性可分支持向量机，可得

$$\vec{\omega}^* = \sum_{i=1}^{m} \alpha_i^* y_i \vec{x}_i$$

$$b^* = y_j - \sum_{i=1}^{m} \alpha_i^* y_i \vec{x}_i^{\mathrm{T}} \vec{x}_j \tag{6-27}$$

由此得到分割超平面

$$\vec{\omega}^{*\mathrm{T}}\vec{x} + b^* = 0 \tag{6-28}$$

通过分析 α_i^* 的值，可以确定样本相对分割超平面的位置，具体如下：

1）当 $\alpha_i^* = 0$ 时，式（6-28）与样本（$\vec{x_i}, y_i$）无关。说明该样本对最终的结果不产生影响，位于软间隔外的正确区域。

2）当 $0 < \alpha_i^* < C$ 时，根据式（6-24）有 $\mu_i > 0$。根据 KKT 条件中 $\mu_i \xi_i = 0$ 的约束，此时必有 $\xi_i = 0$，则（$\vec{\omega}^{*\mathrm{T}}\vec{x_i} + b^*$）$y_i = 1$，所以支持向量（$\vec{x_i}, y_i$）在软间隔的边界上。

3）当 $\alpha_i = C$ 时，通过类似的分析可以得到 $\mu_i = 0$ 及 $\xi_i \geqslant 0$。此时如果 $\xi_i \leqslant 1$，则（$\vec{\omega}^{*\mathrm{T}}\vec{x_i} + b^*$）$y_i = 1 - \xi_i \geqslant 0$，支持向量（$\vec{x_i}, y_i$）能够被正确分类，位于分割超平面正确分类的一侧；如果 $\xi > 1$，则（$\vec{\omega}^{*\mathrm{T}}\vec{x_i} + b^*$）$y_i = 1 - \xi_i < 0$，支持向量（$\vec{x_i}, y_i$）将被错误分类，位于分割超平面错误分类的一侧。

与线性可分支持向量机不同，线性支持向量机的支持向量不一定在 H_1 或者 H_2 上，如图 6-2 所示。

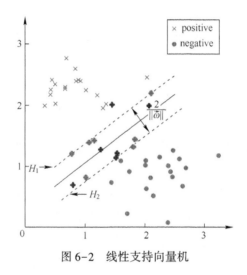

图 6-2　线性支持向量机

求得支持向量机的参数后，即可根据式（6-29）判断任意样本的类别

$$f(\vec{x}) = \mathrm{sgn}(\vec{\omega}^{*\mathrm{T}}\vec{x} + b^*) \tag{6-29}$$

6.3　合页损失函数

对于变量 x，合页损失函数的定义为

$$[x]_+ = \begin{cases} x, & x > 0 \\ 0, & x \leqslant 0 \end{cases} \tag{6-30}$$

对于线性支持向量机，优化式（6-21）中的最优化问题，等价于优化式（6-31）中的问题

$$\min_{\vec{\omega}, b} \sum_{i=1}^{m} \left[1 - (\vec{\omega}^{\mathrm{T}} x_i + b) y_i \right]_+ + \lambda \| \vec{\omega} \|^2 \tag{6-31}$$

其中 $\left[1 - (\vec{\omega}^{\mathrm{T}} x_i + b) y_i \right]_+$ 是合页损失的形式，如图 6-3 所示。

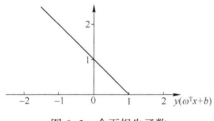

图 6-3　合页损失函数

令 $\left[1 - (\vec{\omega}^{\mathrm{T}} x_i + b) y_i \right]_+ = \xi_i$，则式（6-31）可写作

$$\min_{\vec{\omega}, b} \sum_{i=1}^{m} \xi_i + \lambda \| \vec{\omega} \|^2 \tag{6-32}$$

令 $\lambda = \dfrac{1}{2C}$ 则有

$$\min_{\vec{\omega}, b} \frac{1}{C} \left(\lambda \| \vec{\omega} \|^2 + C \sum_{i=1}^{m} \xi_i \right) \tag{6-33}$$

可见在线性支持向量机中，优化式（6-31）等价于优化式（6-21）。

6.4　核技巧

上面讨论的线性可分支持向量机和线性支持向量机都假设数据是线性可分的（线性支持向量机可以认为是为了解决线性可分样本集合中的噪声问题）。而实际场景中我们经常会遇到数据线性不可分的情况。此时，就可以通过本节介绍的核方法（技巧）将输入空间线性不可分的数据转化为特征空间线性可分的数据，在特征空间求解支持向量机的超平面。

如图 6-4a 所示，假设样本集合能够被方程 $x_1^2 + x_2^2 - r^2 = 0$ 分为圆内和圆外两个部分，则可以通过一个映射函数

$$\phi(\vec{x}) = (x_1^2, \sqrt{2} x_1 x_2, x_2^2) = (z_1, z_2, z_3) \tag{6-34}$$

将二维空间中的点 $\vec{x} = (x_1, x_2)$ 映射为另一种表示 (z_1, z_2, z_3)，如图 6-4b 所示。原来二维空间中的点线性不可分，但在三维空间新的表示下，样本集合中的点可以通过平面 $z_1 + z_3 - r^2 = 0$ 区分开来，即样本点在特征空间线性可分。(z_1, z_2, z_3) 所在的空间即为样本的特征空间。

所以对于输入空间 χ 中的样本点线性不可分的问题，可以通过一个映射函数 $\vec{z} = \phi(\vec{x})$：$X \rightarrow \mathcal{H}$，将样本集合映射到特征空间 $\mathcal{H}$（也称为希尔伯特空间），使其线性可分。这样就可以在特征空间运行支持向量机算法，得到特征空间的一个分割超平面 $\vec{\omega}^{*\mathrm{T}} \vec{z} + b^* = 0$，其中 $(\vec{\omega}^*, b^*)$ 为特征空间分割超平面的法向量和偏置。不失一般性，以线性支持向量机为例，优化问题式（6-26）对应变为

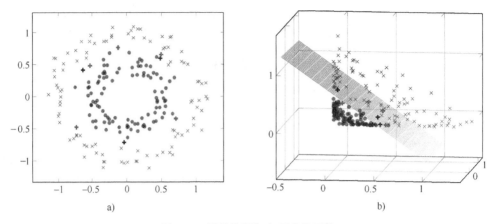

a)   b)

图 6-4　原始数据与多项式核函数

$$\min_{\vec{\alpha}} \quad \frac{1}{2}\sum_{i=1}^{m}\sum_{j=1}^{m}\alpha_i\alpha_j y_i y_j \varphi(\vec{x}_i)^{\mathrm{T}}\phi(\vec{x}_j) - \sum_{i=1}^{m}\alpha_i$$

$$s.t. \quad \sum_{i=1}^{m}\alpha_i y_i = 0 \tag{6-35}$$

$$0 \le \alpha_i \le C, \quad i = 1,2,\cdots,m$$

此时支持向量机的决策函数为

$$f(\vec{x}) = \mathrm{sgn}(\vec{\omega}_z^{*\mathrm{T}}\vec{z} + b_z^*) = \mathrm{sgn}(\vec{\omega}_z^{*\mathrm{T}}\phi(\vec{x}) + b_z^*) \tag{6-36}$$

现实场景中，一般很难找到一个映射函数 $\phi(\vec{x})$，将样本从输入空间映射到特征空间，并使其在特征空间线性可分。为了避免这个问题，可以使用这样一个函数 $\kappa(\vec{x}_1,\vec{x}_2)$ 代替式中 $\phi(\vec{x}_i)^{\mathrm{T}}\phi(\vec{x}_j)$ 的计算

$$\kappa(\vec{x}_1,\vec{x}_2) = \phi(\vec{x}_i)^{\mathrm{T}}\phi(\vec{x}_j) \tag{6-37}$$

其中 κ 为核函数。于是可以将式（6-35）中的优化问题重新写作

$$\min_{\vec{\alpha}} \quad \frac{1}{2}\sum_{i=1}^{m}\sum_{j=1}^{m}\alpha_i\alpha_j y_i y_j \kappa(\vec{x}_1,\vec{x}_2) - \sum_{i=1}^{m}\alpha_i$$

$$s.t. \quad \sum_{i=1}^{m}\alpha_i y_i = 0 \tag{6-38}$$

$$0 \le \alpha_i \le C, \quad i = 1,2,\cdots,m$$

相应的决策函数为

$$\begin{aligned}
f(\vec{x}) &= \mathrm{sgn}(\vec{\omega}^{*\mathrm{T}}\phi(\vec{x}) + b^*) \\
&= \mathrm{sgn}\left(\sum_{i=1}^{N}\alpha_i y_i \varphi(\vec{x}_i)^{\mathrm{T}}\phi(\vec{x}) + b^*\right) \\
&= \mathrm{sgn}\left(\sum_{i=1}^{N}\alpha_i y_i \kappa(\vec{x}_i,\vec{x}) + b^*\right)
\end{aligned} \tag{6-39}$$

实际应用中，我们并不关心 ϕ 是如何定义的，只要核函数 κ 在支持向量机模型中表现是否足够好即可。然而并不是任意函数 f 都能用作核函数，因为不一定存在这样的隐式映射

函数 φ，满足

$$f(\vec{x}_1, \vec{x}_2) = \phi(\vec{x}_i)^{\mathrm{T}} \phi(\vec{x}_j) \tag{6-40}$$

为了考察函数 f 是否可以用作核函数，定义核矩阵

$$\boldsymbol{K} = \begin{pmatrix} f(\vec{x}_1, \vec{x}_1) & f(\vec{x}_1, \vec{x}_2) & \cdots & f(\vec{x}_1, \vec{x}_m) \\ f(\vec{x}_2, \vec{x}_1) & f(\vec{x}_2, \vec{x}_2) & \cdots & f(\vec{x}_2, \vec{x}_m) \\ \vdots & \vdots & \ddots & \vdots \\ f(\vec{x}_m, \vec{x}_1) & f(\vec{x}_m, \vec{x}_2) & \cdots & f(\vec{x}_m, \vec{x}_m) \end{pmatrix} \tag{6-41}$$

其中 $\vec{x}_1, \vec{x}_2, \cdots, \vec{x}_m$ 表示输入空间中的样本点集合。可以证明，当且仅当核矩阵 $\boldsymbol{K}$ 是对称半正定的，函数 f 是核函数。

能够在特征空间使得样本线性可分的核函数有无数个，具体哪个核函数对样本分类的效果最好，需要根据实际情况选择。常用的核函数有：

1）线性核函数 $\kappa(\vec{x}_i, \vec{x}_j) = \vec{x}_i^{\mathrm{T}} \vec{x}_j$，即支持向量机中的形式。

2）多项式核函数 $\kappa(\vec{x}_i, \vec{x}_j) = (\vec{x}_i^{\mathrm{T}} \vec{x}_j)^p$，$p$ 为超参数。

3）高斯核函数 $\kappa(\vec{x}_i, \vec{x}_j) = \exp\left(\dfrac{\|\vec{x}_i - \vec{x}_j\|^2}{2\sigma^2}\right)$，$\sigma$ 为超参数。高斯核函数又被称为径向基（RBF）函数。

6.5　二分类问题与多分类问题

在前面介绍的 SVM 算法解决了二分类问题，但实际应用中大多数问题却是多分类问题。那么如何将一个二分类算法扩展为多分类？不失一般性，考虑 K 个类别 $C_1, C_2, \cdots, C_K$。多分类学习的基本思路是"拆解法"，最经典的拆分策略有三种：一对一（OvO），一对多（OvM），多对多（MvM）。

6.5.1　一对一

将 K 个类别两两配对，一共可产生 $K(K-1)/2$ 个二分类任务。在测试阶段新样本将同时提交给所有的分类器，于是将得到 $K(K-1)/2$ 个分类结果，最终把预测最多的结果作为投票结果。

6.5.2　一对多

一对多则是将每一个类别分别作为正例，其他剩余的类别作为反例来训练 K 个分类器，如果在测试时仅有一个分类器产生了正例，则最终的结果为该分类器的正例类别；如果产生了多个正例，则判断分类器的置信度，选择置信度大的分类别标记作为最终分类结果。

OvM 只需训练 K 个分类器，而 OvO 需训练 $K(K-1)/2$ 个分类器，因此，OvO 的存储开销和测试时间开销通常比 OvM 更大。但在训练时，OvM 每个分类器均使用全部测试样例，而 OvO 的每个分类器仅使用两个类的样例，因此，在类别很多时，OvO 的训练时间开销通

常比 OvM 的更小。至于预测性能，则取决于具体的数据分布，在多数情形下两者差不多。

6.5.3 多对多

纠错输出码是多对多分类的一种常用的技术，分为编码和解码两个阶段。在编码阶段，对 K 个类别进行 M 次划分，每次将一部分类划分为正类，另一部分类划分为反类。编码矩阵有两种形式：二元码和三元码。前者只有正类和反类，后者还包括停用类。在解码阶段，各分类器的预测结果将联合起来形成测试示例的编码。该编码与各类所对应的编码进行比较，将距离最小的编码所对应的类别作为预测结果。

6.6 实例：基于支持向量机实现葡萄酒分类

本节以葡萄酒数据集分类为例介绍 SVM 模型。完整代码如代码清单 6-1 所示。

代码清单 6-1　SVM 葡萄酒数据集分类

```python
from sklearn.datasets import load_wine
from sklearn.model_selection import train_test_split
from sklearn.svm import SVC
if __name__ == '__main__':
    wine = load_wine()
    x_train, x_test, y_train, y_test = train_test_split(
        wine.data, wine.target)

    model = SVC(kernel='linear')
    model.fit(x_train, y_train)

    train_score = model.score(x_train, y_train)
    test_score = model.score(x_test, y_test)
    print("train score:", train_score)
    print("test score:", test_score)
```

项目中选用的模型是 sklearn 提供的 SVC，其构造函数的 kernel 参数可以选择，具体如下：

1）linear：线性核函数。

2）poly：多项式核函数。

3）rbf：径向基核函数/高斯核。

4）sigmod：sigmod 核函数。

5）precomputed：提前计算好核函数矩阵。

这里使用的是最简单的线性核函数。经过测试，模型在训练集的准确率达到 0.993，在测试集的准确率达到 0.972。如果使用默认的高斯核函数，模型在训练集的准确率可以达到 1，但是在测试集的准确率却跌至 0.444。这说明，高斯核函数提高了模型容量，但是数据集大小不足，以致模型过拟合。

sklearn 还提供了 LinearSVC 类，该模型默认使用线性核函数。读者可以尝试使用 LinearSVC 类实现葡萄酒数据集的分类，并体会其与 SVC 类的区别。

6.7　习题

一、填空题

1）典型的支持向量机是一种_____，其基本思想是：对于空间中的样本点集合，可用一个超平面将样本点分成两部分，一部分属于正类，另一部分属于负类。

2）在保证_____的同时，使得距离超平面最近的点到超平面的距离尽可能地大。

3）在感知机模型中，优化的目标是：在满足模型_____的约束条件下，使得样本集合的所有点到分割超平面的距离最小，这样的超平面可能存在无数个。

4）线性可分支持向量机假设样本空间中的样本能够通过一个超平面分隔开来，但有的情况下，即使样本集合线性可分，线性可分支持向量机给出的 H_1 和 H_2 之间的距离可能非常小。这种情况一般意味着模型的泛化能力降低，也就是产生了_____。

5）对于变量 x，合页损失函数的定义为_____。

二、判断题

1）支持向量机的优化目标就是找到一个超平面，使得空间中距离超平面最近的点到超平面的集合间隔尽可能大，这些点称为支持向量。（　　　）

2）纠错输出码是一种常用的技术，分为编码和解码两个阶段。（　　　）

3）多分类学习的基本思路是"拆解法"，最经典的拆分策略有三种：一对一（OvO），多对一（MvO），多对多（MvM）。（　　　）

4）支持向量机与感知机模型很大的一个区别是，由于优化目标的不同，造成的解的个数不同。（　　　）

5）能够在特征空间使得样本线性可分的核函数有无数个，具体哪个核函数对哪个样本最好需要根据实际情况选择。（　　　）

三、单选题

1）支持向量指的是（　　　）。

A. 对原始数据进行采样得到的样本点

B. 决定分类面可以平移的范围的数据点

C. 位于分类面上的点

D. 能够被正确分类的数据点

2）下面关于支持向量机（SVM）的描述错误的是（　　　）。

A. 是一种监督式学习的方法

B. 可用于多分类的问题

C. 支持非线性的核函数

D. 是一种生成式模型

3）下面关于支持向量机（SVM）的描述错误的是（　　　）。

A. 对于分类问题，支持向量机需要找到与边缘点距离最大的分界线，从而确定支持向量

B. 支持向量机的核函数负责输入变量与分类变量之间的映射

C. 支持向量机可根据主题对新闻进行分类

D. 支持向量机不能处理分界线为曲线的多分类问题

4）支持向量机中 margin 指（　　　）。

A. 盈利率　　　　　　B. 损失误差　　　　　　C. 间隔　　　　　　D. 保证金

5）选择 margin 最大的分类器的原因是（　　　）。

A. 所需的支持向量个数最少

B. 计算复杂度最低

C. 训练误差最低

D. 有望获得较低的测试误差

四、简答题

1）线性可分支持向量机的基本思想是什么？

2）如果一个数据集线性可分，使用线性支持向量机是否必要？

3）核技巧是如何使线性支持向量机生成非线性决策边界的？

4）如果一个数据集中，只有部分样本被标记了类别，应该如何调整 SVM 模型？

第7章 集成学习

集成学习不是一种具体的算法，而是一种思想。集成学习的基本原理非常简单，那就是通过融合多个模型，从不同的角度降低模型的方差或偏差。典型的集成学习的框架包括三种[5]，分别是 Bagging、Boosting、Stacking。

7.1 偏差与方差

对于一个回归问题，假设样本 $(\vec{x}, y)$ 服从的真实分布为 $P(\vec{x}, y)$。设 $(\vec{x}, y_D)$ 表示集合 D 中的样本，D 从真实分布 $P(\vec{x}, y)$ 采样得到。由于采样过程可能存在噪声，这里用样本集合 D 来表示其采样得到的实际分布，则 $(\vec{x}, y_D)$ 服从分布 D，y_D 为输入 $\vec{x}$ 在实际分布 D 中的标记。称 $\varepsilon = y - y_D$ 为采样误差，也称为噪声。噪声一般服从高斯分布 $\mathcal{N}(0, \sigma^2)$，也就是

$$E_D[y - y_D] = 0$$
$$E_D[(y - y_D)^2)] = \sigma^2 \tag{7-1}$$

设我们需要优化得到的模型为 $f(\vec{x})$，$f_D(\vec{x})$ 为其在分布 D 上的优化结果。由于 D 是随机采样而来的任意一个分布，所以模型随机变量 $f_D(\vec{x})$ 也是随机变量，这就建立了模型是随机变量的概念。则模型随机变量 $f_D(\vec{x})$ 在所有可能的样本集合分布 D 上的期望为 $E_D[f_D(\vec{x})]$。定义偏差 $\text{bias}(\vec{x})$ 为期望值与真实值 y 之间的平方差

$$\text{bias}(\vec{x}) = (E_D[f_D(\vec{x})] - y)^2 \tag{7-2}$$

定义采样分布 D 的偏差 $\text{bias}_D(\vec{x})$ 为期望值与采样值 y_D 之间的平方差

$$\text{bias}_D(\vec{x}) = E_D[(E_D[f_D(\vec{x})] - y_D)^2] \tag{7-3}$$

根据式（7-1）有

$$E_D[2(E_D[f_D(\vec{x})] - y)(y - y_D)] = 0 \tag{7-4}$$

于是

$$\begin{aligned}
\text{bias}_D(\vec{x}) &= E_D[(E_D[f_D(\vec{x})] - y + y - y_D)^2] \\
&= (E_D[f_D(\vec{x})] - y)^2 + E_D[(y - y_D)^2] \\
&= \text{bias}(\vec{x}) + \sigma^2
\end{aligned} \tag{7-5}$$

模型随机变量 $f_D(\vec{x})$ 在所有可能的样本集合分布 D 上的方差 $\text{var}(\vec{x})$ 为

$$\text{var}(\vec{x}) = E_D[(f_D(\vec{x}) - E_D[f_D(\vec{x})])^2] \tag{7-6}$$

实际优化的目的是让模型随机变量 $f_D(\vec{x})$ 在所有可能的样本集合分布 D 上的预测误差的平方误差的期望最小。即最小化

$$E_D\left[\left(f_D(\vec{x})-y_D\right)^2\right]=E_D\left[\left(f_D(\vec{x})-E_D[f_D(\vec{x})]+E_D[f_D(\vec{x})]-y_D\right)^2\right]$$

$$=\mathrm{var}(\vec{x})+\mathrm{bias}_D(\vec{x})$$

$$=\mathrm{var}(\vec{x})+\mathrm{bias}(\vec{x})+\sigma^2 \tag{7-7}$$

观察式（7-7）可以发现，σ^2 是一个常量，优化的最终目的是降低模型的方差及偏差。方差越小，说明不同的采样分布 D 下，模型的泛化能力大致相当，侧面反映了模型没有发生过拟合；偏差越小，说明模型对样本预测的越准，模型的拟合能力越好。

实际在选择模型时，随着模型复杂度的增加，模型的偏差 $\mathrm{bias}(\vec{x})$ 越来越小，而方差 $\mathrm{var}(\vec{x})$ 会越来越大。如图 7-1 所示，存在某一时刻，模型的方差和偏差之和最小，此时模型性能在误差及泛化能力方面达到最优。

图 7-2 中，圆心代表理想的优化目标，黑色的点代表在不同的采样集合上训练模型的优化结果。可以看到左边一列低方差的优化结果要比右边一列高方差的优化结果更为集中，上边一行低偏差的优化结果要比下边一行高偏差的优化结果更靠近中心。

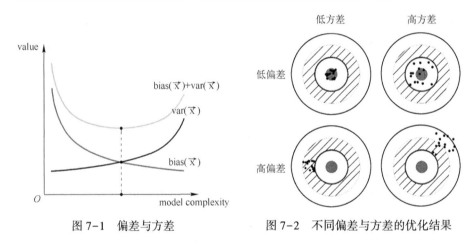

图 7-1　偏差与方差　　　　　图 7-2　不同偏差与方差的优化结果

7.2　Bagging 及随机森林

7.2.1　Bagging

Bagging（Boostrap aggregating）的思路是从原始的样本集合采样，得到若干个大小相同的样本集合。然后在每个样本集合上分别训练一个模型，最后用投票法进行预测。给定样本集合 $D=\{(\vec{x}_1,y_1),(\vec{x}_2,y_2),\cdots,(\vec{x}_m,y_m)\}$。假设要训练 T 个模型，在训练第 t 个模型时，对 D 进行 m 次有放回采样（可查阅统计学有关资料）得到集合记为 D_t。显然，样本集合 D 中会有部分样本会被多次采样到，而部分样本则一次也不会被采样到。在每次采样时，一个样本不被采样到的概率为 $\left(1-\dfrac{1}{m}\right)$，则在 m 次有放回采样中都不会被采样到的概率为 $\left(1-\dfrac{1}{m}\right)^m$。当 m 趋于无穷大时，有

$$\lim_{m \to \infty} \left(1 - \frac{1}{m}\right)^m = \frac{1}{e} = 36.8\% \tag{7-8}$$

每次只拿 D 中约 $1-36.8\% = 63.2\%$ 的样本进行训练，可以使用剩余的 36.8% 的样本作为验证集进行验证。

使用 D_t 训练而得的模型记为 $f_{D_t}(\vec{x})$。训练完所有 T 个模型后，对于分类问题和回归问题，分别使用加权"投票法"和加权"平均法"得到最终的预测结果。假设第 t 个模型的权重为 γ_t，同时 $\sum_{t=1}^{T} \gamma_t = 1$。对于分类问题，假设样本标签的可能取值集合为 $C = \{c_1, c_2, \cdots, c_K\}$，最终的模型为

$$F(\vec{x}) = \arg\max_{c \in C} \sum_{t=1}^{T} \gamma_t I\{f_{D_t}(\vec{x}) = c\} \tag{7-9}$$

对于回归问题，最终的模型为

$$F(\vec{x}) = \sum_{t=1}^{T} \gamma_t f_{D_t}(\vec{x}) \tag{7-10}$$

Bagging 中，用于训练每个模型的样本集合 D_t 是从 D 中进行有放回采样得到的，所以基于此训练出来的每个模型 $f_{D_i}(\vec{x})$ 可以看作是独立同分布的随机变量。假设这些独立同分布的随机变量的方差 $\mathrm{var}(f_{D_i}(\vec{x}))$ 均为 σ^2（注意与前面的噪声 σ^2 不是同一个概念），均值 $E_{D_i}[f_{D_i}(\vec{x})]$ 均为 μ，两两模型之间的相关系数均为 ρ。以回归问题为例，则有集成模型的均值为

$$E[F(\vec{x})] = E\left[\sum_{t=1}^{T} \gamma_t f_{D_t}(\vec{x})\right] = \sum_{t=1}^{T} \gamma_t E[f_{D_t}(\vec{x})] = \mu \tag{7-11}$$

可见，集成模型的均值与单个模型的均值相同。那么根据式（7-2），偏差 $\mathrm{bias}(F(\vec{x}))$ 也相同。集成模型的方差为

$$\begin{aligned}
\mathrm{var}(F(\vec{x})) &= \mathrm{var}\left(\sum_{t=1}^{T} \gamma_t f_{D_t}(\vec{x})\right) \\
&= 2\sum_{i=1}^{T}\sum_{j=i}^{T} \gamma_i \gamma_j \mathrm{cov}(f_{D_i}(\vec{x}), f_{D_j}(\vec{x})) \\
&= \sum_{i=1}^{T} \gamma_i^2 \mathrm{var}(f_{D_i}(\vec{x})) + 2\sum_{i=1}^{T-1}\sum_{j=i+1}^{T} \gamma_i \gamma_j \mathrm{cov}(f_{D_i}(\vec{x}), f_{D_j}(\vec{x})) \\
&= \sum_{i=1}^{T} \gamma_i^2 \sigma^2 + 2\sum_{i=1}^{T-1}\sum_{j=i+1}^{T} \gamma_i \gamma_j \rho \sigma^2
\end{aligned} \tag{7-12}$$

为简化描述，假设每个模型的权重都一样，即

$$\gamma = \gamma_i = \frac{1}{T}, \quad i = 1, 2, \cdots, T \tag{7-13}$$

则有

$$\mathrm{var}(F(\vec{x})) = \left(\rho + \frac{1-\rho}{T}\right)\sigma^2 \tag{7-14}$$

式（7-14）的两个极端的情况是：

1）所有的单模型 $f_{D_t}(\vec{x})$ 均相互独立，即 $\rho=0$。此时 $\mathrm{var}(F(\vec{x}))=\dfrac{\sigma^2}{T}$，集成模型的方差最小，这是集成模型方差的下界。

2）所有的单模型 $f_{D_t}(\vec{x})$ 均相同，即 $\rho=1$。此时 $\mathrm{var}(F(\vec{x}))=\sigma^2$，集成模型的方差与单个模型的方差相等，这是集成模型方差的上界。

实际情况往往鉴于两者之间。综上，Bagging 优化的对象是模型的方差，对模型的偏差影响很小。

7.2.2　随机森林

随机森林（Random Forest）的原理与 Bagging 类似。Bagging 的做法是在不同的样本集合上使用所有的属性训练若干棵树，而随机森林的做法则是在 Bagging 采样得到的样本集合的基础上，随机从中挑选出 k 个属性再组成新的数据集，之后再训练决策树。最后训练 T 棵树进行集成。

相比 Bagging，随机森林在引入样本扰动的基础上又引入了属性的扰动，这样，训练出来的每棵子树的差异就会尽可能大，集成之后的模型不易过拟合，泛化能力大为增强。在实际的回归和分类任务中，随机森林往往有着卓越的性能表现。此外，随机森林还有着易于实现、易于并行等优点。

7.3　Boosting 及 AdaBoost

7.3.1　Boosting

Boosting 集成的思路是：首先在样本集合上训练一个简单的弱学习器，这样的模型往往是欠拟合的。后面每次依据前一个弱学习器，对样本集合中的样本权重或者概率分布做新的调整，着重考虑被弱学习器错误分类的样本，然后在调整好的样本集合上训练一个新的弱分类器。不断重复这一过程，直到满足一定的终止条件为止。然后将学习到的各个弱分类器按照性能的高低赋予不同的权重，集成起来得到最终的模型。

7.3.3　AdaBoost

AdaBoost 是 Boosting 算法中的代表，在数据挖掘、模式识别等领域有着广泛的应用。对于样本集合 $D=\{(\vec{x}_1,y_1),(\vec{x}_2,y_2),\cdots,(\vec{x}_m,y_m)\}$，记每个样本的权重为 $\{\omega_1,\omega_2,\cdots,\omega_m\}$。则对于模型 $f(\vec{x})$，定义带权错误率为

$$\varepsilon=\sum_{i=1}^{m}\omega_i I\{f(\vec{x})\neq y_i\} \tag{7-15}$$

假设模型的预测结果可由若干个子模型的线性组合来实现

$$F(\vec{x})=\sum_{t=1}^{T}\alpha_t f_t(\vec{x}) \tag{7-16}$$

这样的模型称为加法模型。从整体的角度去优化 $F(\vec{x})$ 是一个非常困难的问题。前向优化算

法是一种启发式的算法，其思路是：从前向后，每次只优化一个子模型 $f_t(\vec{x})$ 并估计其系数 α_t。每一步的优化都依赖于上一步的结果。典型地，AdaBoost 算法中，用于训练每个子模型的数据分布依赖于上一步训练好的模型对样本集合中每个样本权重的重新估计。GDBT 算法（见 7.4.2 节）中，用于训练每个子模型的数据分布依赖于上一步训练好的模型对样本标签的重新表示。

Bagging 算法中的每个子模型可以并行训练，而前向分布算法则需要串行训练（在具体代码实现时，可以实现流水线训练）。在前面介绍的 Bagging 算法中，在采样得到 T 个不同的样本集合后，Bagging 中的每个模型都可以并行地进行训练。在决定训练好的每个模型时，一般朴素地认为每个模型的权重一样大，因为用于训练每个模型的样本集合都是随机采样得到的。

通过以指数损失函数作为目标函数来优化当前加法模型，可以导出 AdaBoost 算法。对于一个以 $\{-1, +1\}$ 为类别标记的二分类模型 $f(\vec{x})$，指数损失函数的定义为

$$l(f(\vec{x}), y) = \exp(-yf(\vec{x})) \tag{7-17}$$

令 $F_0(\vec{x}) = 0$。不失一般性，当 $t \geqslant 1$ 时，设经过 t 次迭代，已经得到的加法模型为

$$F_t(\vec{x}) = \sum_{i=1}^{t} \alpha_i f_i(\vec{x}) \tag{7-18}$$

接下来，要进行第 $t+1$ 次迭代，以得到新的加法模型

$$F_{t+1}(\vec{x}) = F_t(\vec{x}) + \alpha_{t+1} f_{t+1}(\vec{x}) \tag{7-19}$$

使用式（7-17）作为损失函数，则有

$$
\begin{aligned}
&l(F_{t+1}(\vec{x}), y)\\
&= \sum_{i=1}^{m} \exp(-y_i F_{t+1}(\vec{x}_i))\\
&= \sum_{i=1}^{m} \exp(-y_i(F_t(\vec{x}_i) + \alpha_{t+1} f_{t+1}(\vec{x}_i)))\\
&= \sum_{i=1}^{m} \exp(-y_i F_t(\vec{x}_i)) \exp(-y_i \alpha_{t+1} f_{t+1}(\vec{x}_i))\\
&= \exp(-\alpha_{t+1}) \sum_{i \in N_1} \exp(-y_i F_t(\vec{x}_i)) + \exp(\alpha_{t+1}) \sum_{i \in N_2} \exp(-y_i F_t(\vec{x}_i))
\end{aligned}
$$

其中 N_1、N_2 分别表示被模型 $f_{t+1}(\vec{x})$ 预测正确和预测错误的样本，有

$$
\begin{aligned}
N_1 &= \{i \mid f_{t+1}(\vec{x}_i) = y_i\}\\
N_2 &= \{i \mid f_{t+1}(\vec{x}_i) \neq y_i\}
\end{aligned} \tag{7-20}
$$

显然有 $m = |N_1| + |N_2|$。令 $l(F_{t+1}(\vec{x}), y)$ 对 α_{t+1} 求偏导，有

$$\frac{\partial l(F_{t+1}(\vec{x}), y)}{\partial \alpha_{t+1}} = -e^{-\alpha_{t+1}} \sum_{i \in N_1} \exp(-y_i F_t(\vec{x}_i)) + e^{\alpha_{t+1}} \sum_{i \in N_2} \exp(-y_i F_t(\vec{x}_i)) \tag{7-21}$$

令

$$Z_t = \sum_{i=1}^{m} \exp(-y_i F_t(\vec{x}_i))$$

$$\varepsilon_t = \frac{\sum_{i \in N_2} \exp(-y_i F_t(\vec{x_i}))}{Z_t} \tag{7-22}$$

再令偏导 $\frac{\partial l(F_{t+1}(\vec{x}),y)}{\partial \alpha_{t+1}} = 0$，得到子模型 $f_{t+1}(\vec{x})$ 的权重 α_{t+1}

$$\alpha_{t+1} = \frac{1}{2}\log\frac{1-\varepsilon_{t+1}}{\varepsilon_{t+1}} \tag{7-23}$$

令

$$\omega_{t+1,i} = \frac{\exp(-y_i F_t(\vec{x_i}))}{Z_t}, \quad i = 1,2,\cdots,m \tag{7-24}$$

由于 $\omega_{t+1,i}$ 能够很好地表示样本 $\vec{x_i}$ 被 $F_t(\vec{x_i})$ 正确或错误分类的程度，所以 $\omega_{t+1,i}$ 可以视作当前样本的权重，供训练 $f_{t+1}(\vec{x})$ 使用。由式（7-24），训练模型 $f_{t+1}(\vec{x})$ 时，样本的权重可仅由当前已经得到的模型 $F_t(\vec{x})$ 来设定。

综上，二分类问题的 AdaBoost 算法流程如算法 7-1 所示。

算法 7-1　AdaBoost

输入：样本集合 $D = \{(\vec{x_1},y_1),(\vec{x_2},y_2),\cdots,(\vec{x_m},y_m)\}$，其中 $y_i \in \{-1,+1\}$；弱分类算法 $\mathcal{F}(D,\mathcal{W})$，$\omega$ 为样本的权重分布；要训练的分类器的个数 T

输出：AdaBoost 分类器 $F(\vec{x})$

1. 初始化样本权重 ω_1 的分布，每个样本拥有相同的权重

$$\vec{\omega}_1 \sim \mathcal{W}_1(\vec{x}) = \frac{1}{m}$$

2. 循环迭代，每次用当前样本的权重分布训练一个新的分类器 $f_t(\vec{x})$，并基于分类器对样本权重进行重新调整

for each t in $\{1,2,\cdots,T\}$

$$f_t(\vec{x}) = \mathcal{F}(D,\mathcal{W}_t)$$

3. 计算当前权重分布下的，分类模型的带权错误率

$$\epsilon_t = \sum_{i=1}^{m} \omega_{ti} I\{f_t(\vec{x}) \neq y_i\}$$

4. 计算当前模型 $f_t(\vec{x})$ 的权重

$$\alpha_t = \frac{1}{2}\log\frac{1-\varepsilon_t}{\varepsilon_t}$$

5. 更新样本权重的分布

$$\vec{\omega}_{t+1} \sim \mathcal{W}_{t+1}(\vec{x}) = \frac{\mathcal{W}_t(\vec{x})}{Z_t/Z_{t-1}}\exp(-\alpha_t y f_t(\vec{x}))$$

其中

$$Z_t/Z_{t-1} = \sum_{i=1}^{m} w_t(x_i)\exp(-\alpha_t y_i f_t(x_i))$$

```
    endfor
```

$$F(\vec{x}) = \mathrm{sgn}\left(\sum_{t=1}^{T} \alpha_t f_t(\vec{x})\right)$$

```
    Return F(x⃗)
```

很显然，从偏差—方差分析的角度，AdaBoost 算法每次迭代关注上一步被分类错误的样本，说明 AdaBoost 算法着重优化的是 bias($\vec{x}$)。AdaBoost 的每个子模型都是一个弱分类器，着重优化权重大的样本。上一个子模型决定了当前样本集合的权重分布，因而基于这样的样本训练出来的子模型与上一个子模型是强相关的，式（7-14）针对的是回归模型，本例 AdaBoost 算法是回归模型，且各个子模型不是独立同分布，但式（7-14）对于解释 AdaBoost 算法对 var($\vec{x}$) 的优化不明显仍有参考意义，子模型强相关也即式（7-14）中 ρ 接近 1，可以看到此时集成模型的方差与单模型基本相同。

在进行每个子模型 $f_t(\vec{x})$ 的训练时，需要依据样本的权重进行训练，一般有两种方式可以实现这一点。第一种是给权重大的样本的损失函数值乘以该权重以达到着重优化的目的；第二种是按照概率分布 W_t 从原始样本集合中进行而采样产生新的样本集合。

7.4　提升树

基模型为决策树的 Boosting 算法称为提升树。通常提升树以 CART 算法作为基模型决策树的训练方法。典型的提升树算法有 GBDT、XGBOOST 等。提升树有着可解释性强、伸缩不变性（无需对特征进行归一化）、对异常样本不敏感等优点，被认为是最好的机器学习算法之一，在工业界有着广泛的应用。

7.4.1　残差提升树

在数理统计中，所谓残差 r 是指样本 $(\vec{x}, y)$ 的真实目标值 y 与模型 $f(\vec{x})$ 预测值之差，即

$$r = y - f(\vec{x}) \tag{7-25}$$

上一节叙述的以二分类问题为例的 AdaBoost 算法以指数损失函数作为优化目标。对于回归问题，常用的损失函数为平方差损失函数。对于使用加法模型描述的回归问题，不考虑子模型的权重，训练第 $t+1$ 个子模型，不考虑式（7-19）中的子模型系数，使用平方差损失函数优化式（7-19）可写为

$$\begin{aligned}
L(y, F_{t+1}(\vec{x})) &= L(y, F_t(\vec{x}) + f_{t+1}(\vec{x})) \\
&= (y - F_t(\vec{x}) - f_{t+1}(\vec{x}))^2 \\
&= (r - f_{t+1}(\vec{x}))^2
\end{aligned}$$

可以看到模型 $f_{t+1}(\vec{x})$ 实际拟合的是当前已得到模型 $F_t(\vec{x})$ 的残差。若子模型为决策树，则称集成模型为残差提升树。

7.4.2 GBDT

梯度提升树（Gradient Boosting Decision Tree，GBDT）[7] 的整体结构与残差提升树类似。不同的是，残差提升树拟合的是样本的真实值与当前已训练好的模型的预测值之间的残差，而梯度提升树拟合的则是损失函数对当前已训好模型的负梯度。这样就可以设定任意可导的损失函数。

对于负梯度

$$-\left[\frac{\partial L(y,F(\vec{x}))}{\partial F(\vec{x})}\right]_{F(\vec{x})=F_{t-1}(\vec{x})} \tag{7-26}$$

其中

$$F_{t-1}(\vec{x}) = \sum_{i=0}^{t-1} f_i(\vec{x}) \tag{7-27}$$

GBDT 算法的描述如算法 7-2 所示。

算法 7-2　GBDT 算法

输入：样本集合 $D = \{(\vec{x}_1, y_1), (\vec{x}_2, y_2), \cdots, (\vec{x}_m, y_m)\}$；决策树生成算法

输出：梯度提升树

---

1. 初始化 $F_0(\vec{x})$

$$F_0(\vec{x}) = \underset{\gamma}{\mathrm{argmin}} \sum_{i=1}^{m} L(y_i, \gamma)$$

for $t = \{1, 2, \cdots, T\}$

2. 对每个样本计算损失函数 L 关于当前模型 $F(\vec{x}_i)$ 的负梯度

$$\hat{y}_i = -\left[\frac{\partial L(y_i, F(\vec{x}_i))}{\partial F(\vec{x}_i)}\right]_{F(\vec{x}_i)=F_{t-1}(\vec{x}_i)}, \quad i = 1, 2, \cdots, m$$

3. 以负梯度为拟合对象，构建一棵决策树，假设其参数为 $\vec{\omega}_t$

$$\vec{\omega}_t = \underset{\vec{\omega}}{\mathrm{argmin}} \sum_{i=1}^{m} [\hat{y}_i - f_t(\vec{x}_i)]^2$$

4. 构建好的决策树将样本集合划分为 J 个子集，每个叶节点是一个子集，记为

$$R_{tj}, \quad j = 1, 2, \cdots, J$$

5. 估计每个叶节点的预测值 γ_{tj}

$$\gamma_{tj} = \underset{\gamma}{\mathrm{argmin}} \sum_{\vec{x}_i \in R_{tj}} L(y_i, \gamma), \quad j = 1, 2, \cdots, J$$

6. 模型更新

$$F_t(\vec{x}) = F_{t-1}(\vec{x}) + \sum_{j=1}^{J} \gamma_{tj} I(\vec{x} \in R_{tj})$$

endfor

return $F_t(\vec{x})$

算法中，第一步树初始化 $F_0(\vec{x})$。$F_0(\vec{x})$ 是一个只有一个根节点的树，根节点的预测值能够使得损失函数 L 在整个样本集合上整体损失最小。

7.4.3 XGBoost

XGBoost[7]通过正则化项来抑制模型的复杂度，以缓解过拟合。在决策树中，可以充当正则化项的有叶节点的数目 J，以及每个叶节点的预测值 $\vec{\omega}$，XGBoost 的正则化项采用的是叶节点数目及叶节点预测值的 L2 范数的组合，即

$$\Omega(f_t) = \gamma J + \lambda \frac{1}{2} \| \vec{\omega} \|_2^2 = \gamma J + \frac{1}{2} \lambda \sum_{j=1}^{J} \omega_j^2 \tag{7-28}$$

XGBoost 的目标函数可以写作

$$L_t = \sum_{i=1}^{m} l(y_i, F_t(\vec{x}_i)) + \Omega(f) = \sum_{i=1}^{m} l(y_i, F_{t-1}(\vec{x}_i) + f_t(\vec{x}_i)) + \Omega(f) \tag{7-29}$$

根据二阶泰勒展开，有

$$L_t \approx \sum_{i=1}^{m} \left[l(y_i, F_{t-1}(\vec{x}_i)) + g(\vec{x}_i, y_i) f_t(\vec{x}_i) + \frac{1}{2} h(\vec{x}_i, y_i) f_t(\vec{x}_i)^2 \right] + \Omega(f) \tag{7-30}$$

其中

$$g(\vec{x}, y) = \frac{\partial l(y, F_{t-1}(\vec{x}))}{\partial F_{t-1}(\vec{x})}$$

$$h(\vec{x}, y) = \frac{\partial^2 l(y, F_{t-1}(\vec{x}))}{\partial F_{t-1}(\vec{x})^2} \tag{7-31}$$

由于 $F_{t-1}(\vec{x})$ 已经通过训练得到，则可以去掉常数项 $l(y_i, F_{t-1}(\vec{x}_i))$，得到

$$\tilde{L}_t \approx \sum_{i=1}^{N} \left[g(\vec{x}_i, y_i) f_t(\vec{x}_i) + \frac{1}{2} h(\vec{x}_i, y_i) f_t(\vec{x}_i)^2 \right] + \Omega(f) \tag{7-32}$$

在决策树中，定义 $q(\vec{x}) = i$ 为从输入 $\vec{x}$ 到叶节点编号 i 的映射，叶节点 i 的取值 ω_i 可表示为 $\omega_{q(\vec{x})}$，代入 $\omega_i = f_t(\vec{x}_i)$ 及 $\Omega(f)$，式（7-32）可写为

$$\tilde{L}_t = \sum_{i=1}^{N} \left[g(\vec{x}_i, y_i) \omega_{q(\vec{x}_i)} + \frac{1}{2} h(\vec{x}_i, y_i) \omega_{q(\vec{x}_i)}^2 \right] + \gamma J + \frac{1}{2} \lambda \sum_{j=1}^{J} \omega_j^2 \tag{7-33}$$

定义 $I_j = \{ i \mid \omega_{q(\vec{x}_i)} = j \}$ 为第 j 个叶节点中的样本的索引构成的集合，则式（7-33）可写为

$$
\begin{aligned}
\tilde{L}_t &= \sum_{i=1}^{m} \left[g(\vec{x}_i, y_i) \omega_{q(\vec{x}_i)} + \frac{1}{2} h(\vec{x}_i, y_i) \omega_{q(\vec{x}_i)}^2 \right] + \gamma J + \frac{1}{2} \lambda \sum_{j=1}^{J} \omega_j^2 \\
&= \sum_{i=1}^{J} \left[\omega_{q(\vec{x}_i)} \sum_{i \in I_j} g(\vec{x}_i, y_i) + \frac{1}{2} \omega_{q(\vec{x}_i)}^2 \left(\sum_{i \in I_j} h(\vec{x}_i, y_i) + \lambda \right) \right] + \gamma J \\
&= \sum_{i=1}^{J} \left[G_j \omega_{q(\vec{x}_i)} + \frac{1}{2} (H_j + \lambda) \omega_{q(\vec{x}_i)}^2 \right] + \gamma J
\end{aligned}
\tag{7-34}
$$

假设已经求得决策树的结构 $q(\vec{x})$，为使 $\tilde{L}_t$ 最小，则可令 $\tilde{L}_t$ 对每个叶节点的值 ω_j 的偏

导为 0，即 $\frac{\partial \widetilde{L_t}}{\partial \omega_j}$，解得

$$\omega_j^* = -\frac{G_j}{H_j + \lambda} \tag{7-35}$$

求得的最小损失函数为

$$\widetilde{L}^* = -\frac{1}{2} \sum_{j=1}^{J} \frac{G_j^2}{H_j + \lambda} + \gamma J \tag{7-36}$$

至此，就只剩下求解 $q(\vec{x})$，采用暴力法枚举所有可能的树结构，无疑是一个 NP 难（可查阅算法理论的有关资料）的问题。XGBoost 使用 CART 决策树构建算法来构建决策树。决策树中关键是如何选取特征的划分方式。观察式（7-36），其中 $\frac{G_j^2}{H_{j+\lambda}}$ 表示的是每个叶节点下的损失，将其分成两个节点后带来的增益为

$$\text{Gain} = \left[\frac{G_L^2}{H_L + \lambda} + \frac{G_R^2}{H_R + \lambda} - \frac{(G_L + G_R)^2}{H_L + H_R + \lambda} \right] - \gamma \tag{7-37}$$

其中 G_L, H_L 分别为左子树样本一阶导数和二阶导数之和，G_R, H_R 的定义类似。这样就得到了 XGBoost 中构建 CART 决策树的特征选择的方法。

7.5　Stacking

Stacking 的思想是，用不同的子模型对输入提取不同的特征，然后拼接成一个特征向量，得到原始样本在特征空间的表示，然后在特征空间再训练一个学习器进行预测。

7.6　实例：基于梯度下降树实现波士顿房价预测

本节使用 GBDT 模型实现波士顿房价预测。完整代码如代码清单 7-1 所示。

代码清单 7-1　使用 GBDT 模型预测波士顿房价

```python
from sklearn. datasets import load_boston
from sklearn. ensemble import GradientBoostingRegressor as GBDT
from sklearn. model_selection import train_test_split
if __name__ == '__main__':
    boston = load_boston()
    x_train, x_test, y_train, y_test = train_test_split(boston. data, boston. target)
    model = GBDT(n_estimators = 50)
    model. fit(x_train, y_train)
    train_score = model. score(x_train, y_train)
    test_score = model. score(x_test, y_test)
    print(train_score, test_score)
```

sklearn 定义了 GradientBoostingRegressor 类作为 GBDT 回归模型。其构造函数的 n_estimators 参数决定了集成模型中包含的决策树的个数，默认值为 100。这里取 n_estimators 为 50，可以得到模型在训练集和测试集的准确率分别为 0.96 和 0.93。当决策树过多时，集成模型整体表现为过拟合，反之则为欠拟合。因此在使用 GBDT 模型时，n_estimators 是一个非常重要的超参数。

为了方便搜索超参数，sklearn 还提供了一个辅助函数 validation_curve。这个函数可以帮助我们看到 n_estimators 的取值是如何影响模型准确性的。具体代码如代码清单 7-2 所示。

代码清单 7-2　使用 validation_curve 确定 n_estimators 的取值

```python
from sklearn.datasets import load_boston
from sklearn.ensemble import GradientBoostingRegressor as GBDT
from sklearn.model_selection import validation_curve
import matplotlib.pyplot as plt
if __name__ == '__main__':
    boston = load_boston()
    param_range = range(20, 150, 5)
    train_scores, val_scores = validation_curve(
        GBDT(max_depth=3), boston.data, boston.target,
        param_name='n_estimators',
        param_range=param_range,
        cv=5,
    )
```

代码清单 7-3 对 validation_curve 的输出进行了可视化，得到如图 7-3 所示的结果。

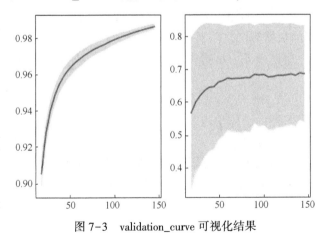

图 7-3　validation_curve 可视化结果

代码清单 7-3　validation_curve 的可视化

```python
train_mean = train_scores.mean(axis=-1)
train_std = train_scores.std(axis=-1)
val_mean = val_scores.mean(axis=-1)
```

```
val_std = val_scores. std( axis = -1)

_, ax = plt. subplots( 1, 2)
ax[0]. plot( param_range, train_mean)
ax[1]. plot( param_range, val_mean)
ax[0]. fill_between( param_range, train_mean - train_std, train_mean + train_std, alpha = 0. 2)
ax[1]. fill_between( param_range, val_mean - val_std, val_mean + val_std, alpha = 0. 2)
plt. show()
```

7.7 习题

一、填空题

1) 典型的集成学习的框架包括三种，分别是：_____、_____、_____。

2) 方差越小，说明不同的采样分布 D 下，模型的泛化能力_____，侧面反映了模型_____拟合；偏差越小，说明模型对样本的预测_____，模型的拟合性_____。

3) AdaBoost 在_____、_____等领域有着广泛的运用。

4) 基模型为_____称为提升树。

5) XGBoost 通过_____来抑制模型的复杂度，以缓解过拟合。

二、判断题

1) 低方差的优化结果比高方差的优化结果更集中。（   ）

2) 模型的方差和偏差之和越大，模型性能的误差越小，泛化能力越强。（   ）

3) 随机森林有易于实现、易于并行等优点。（   ）

4) 提升树有可解释性强、伸缩不变性（无需对特征进行归一化）、对异常样本不敏感等优点，被认为是最好的机器算法之一。（   ）

5) 在数理统计中，所谓残差 r 是指样本 (x, y) 模型 $f(x)$ 预测值与样本真实值 y 之差。（   ）

三、单选题

1) 下列哪个集成学习器的个体学习器存在强依赖关系（   ）。

A. Boosting   B. Bagging   C. Random Forest   D. 随机森林

2) 下列哪个集成学习器的个体学习器不存在强依赖关系（   ）。

A. Boosting   B. AdaBoost   C. 随机森林   D. EM

3) 下列（   ）不是 Boosting 的特点。

A. 串行训练的算法

B. 基分类器彼此关联

C. 串行算法不断减小分类器训练偏差

D. 组合算法可以减小分类输出方差

4) 下列（   ）不是 Bagging 的特点。

A. 各基础分类器并行生成

B. 各基础分类器权重相同

C. 只需要较少的基础分类器

D. 基于 Bootstrap 采样生成训练集

5）集成学习的主要思想是（　　　）。

A. 将多个数据集合集成在一起进行训练

B. 将多源数据进行融合学习

C. 通过聚类算法使数据集分为多个簇

D. 将多个机器学习模型组合起来解决问题

四、简答题

1）欠拟合模型和过拟合模型在方差与偏差上有什么现象？

2）通过训练历史曲线如何估计模型的拟合程度？

3）Bagging 和 Boosting 都是继承学习的框架，二者有哪些区别？

4）随机森林在训练子树时引入了哪些扰动？

5）用自己的语言简述 Stacking 的思想。

第8章　EM算法及其应用

EM算法是一种迭代优化算法。主要用于含有隐变量的模型的参数估计。含有隐变量的模型往往用于对不完全数据进行建模。EM算法是一种参数估计的思想，典型的EM算法有高斯混合模型、隐马尔可夫模型和K-均值聚类等。本章主要介绍EM算法及其在高斯混合模型和隐马尔可夫模型中的应用。K-均值聚类将在聚类一章中进行描述。

8.1　Jensen不等式

设x是一个随机变量，f是作用于随机变量x上的下凸函数，则有

$$E[f(x)] \geqslant f(E[x]) \tag{8-1}$$

Jensen不等式在$f(x)$为常数时取等号。如图8-1所示，设$f(x)$是一个二维空间中的下凸函数，$E[x]$是x_1和x_2之间的任意一点，即

$$E[x] = px_1 + (1-p)x_2, \quad p \in [0,1] \tag{8-2}$$

直观上可以看出Jensen不等式成立。

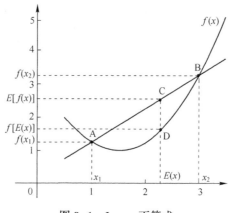

图8-1　Jensen不等式

8.2　EM算法

在含有隐变量的模型中，给定观测数据x，设其对应的隐变量为z，称(x,z)为完全数据。产生观测数据的模型记为$P(x;\theta)$

$$P(x;\theta) = \sum_z P(x,z;\theta) \tag{8-3}$$

其中θ为参数，$P(x,z;\theta)$为完全数据的联合概率分布。

假设经过t轮迭代后，模型参数的估计值为θ_t。此时，根据参数θ_t可以得到当前时刻隐

变量的分布

$$Q(z) = P(z \mid x;\theta_t) = \frac{P(x,z;\theta_t)}{P(x;\theta_t)} = \frac{P(x,z;\theta_t)}{\sum_z P(x,z;\theta_t)} \qquad (8-4)$$

根据极大似然估计原理，模型 $P(x;\theta)$ 的对数似然函数为

$$
\begin{aligned}
l(\theta) &= \log P(x;\theta) \\
&= \log \sum_z P(x,z;\theta) \qquad (8-5) \\
&= \log \sum_z Q(z) \frac{P(x,z;\theta)}{Q(z)}
\end{aligned}
$$

将 $P(x,z;\theta)/Q(z)$ 看作随机变量 z 的函数，则有

$$l(\theta) = \log E_{Q(z)}\left[\frac{P(x,z;\theta)}{Q(z)}\right] \qquad (8-6)$$

由 Jensen 不等式有

$$
\begin{aligned}
l(\theta) &\geqslant E_{Q(z)}\left[\log \frac{P(x,z;\theta)}{Q(z)}\right] \\
&= E_{Q(z)}\left[\log P(x,z;\theta)\right] + E_{Q(z)}\left[\log \frac{1}{Q(z)}\right] \qquad (8-7) \\
&= E_{Q(z)}\left[\log P(x,z;\theta)\right] + H(Q(z))
\end{aligned}
$$

其中 $E_{Q(z)}[\log P(x,z;\theta)]$ 为随机变量 $\log P(x,z;\theta)$ 关于隐变量分布 $Q(z)$ 的期望，$H(Q(z))$ 是隐变量分布的熵。式 (8-7) 给出了对数似然函数 $L(\theta)$ 的一个下界，EM 算法的思想就是通过最大化这个下界，使得 $L(\theta)$ 最大。因为 $H(Q(z))$ 与 θ 无关，所以只考虑优化 $E_{Q(z)}[\log P(x,z;\theta)]$ 即可，称该式为 Q 函数（与上面的 $Q(z)$ 无关）

$$Q(\theta,\theta_t) = E_{Q(z)}[\log P(x,z;\theta)] = E_{z \mid x;\theta_t}[\log P(x,z;\theta)] \qquad (8-8)$$

对于多个样本，可以定义 Q 函数为每个样本 (x,z) 的 Q 函数之和，也即似然函数 $l(\theta)$ 关于隐变量集 $(z_1,z_2,\cdots,z_m)$ 的期望。这就是 EM 算法中 E （Expectation） 的由来。接下来，关于 θ 极大化 Q 函数得到 θ_{t+1}，就是 EM 算法中 M （Maximization） 的过程。

总结 EM 算法的流程如算法 8-1 所示。

算法 8-1　EM 算法

输入：联合概率分布函数 $P(x,z;\theta)$；观察数据 $(x_1,x_2,\cdots,x_m)$；隐变量 $(z_1,z_2,\cdots,z_m)$；EM 算法迭代次数 M

输出：模型 $P(x;\theta_M)$

1. 初始化模型参数 θ_0

    for each t in $0,1,\cdots,M-1$

2. 根据当前参数 θ_t，计算 Q 函数

$$Q(\theta,\theta_t) = \sum_{i=1}^m E_{z_i \mid x_i;\theta_t}[\log P(x_i,z_i;\theta)]$$

3. 极大化 Q 函数得到 θ_{t+1}

$$\theta_{t+1} = \underset{\theta}{\arg\max}\, Q(\theta,\theta_t)$$

8.3　高斯混合模型

高斯混合模型（Gaussian Mixture Model，GMM）是 EM 算法的一个典型应用。下面以高斯混合聚类来阐述高斯混合模型。根据大数定律，人群中的身高分布应呈高斯分布。现给定一个随机采样而来的学生身高的样本集合 $D=\{\vec{x}_1,\vec{x}_2,\cdots,\vec{x}_m\}$，设身高服从的高斯分布为 $x \sim \mathcal{N}(\mu,\sigma^2)$，其中 $\theta=(\mu,\sigma^2)$ 为待估计的参数。高斯分布的概率密度函数为

$$f(x;\theta)=\frac{1}{\sqrt{2\pi}\,\sigma}\exp\left(-\frac{(x-\mu)^2}{2\sigma^2}\right) \tag{8-9}$$

根据极大似然估计原理，身高分布的对数似然函数为

$$l(\theta)=\sum_{i=1}^{m}\log f(x_i;\theta)=\sum_{i=1}^{m}\log\frac{1}{\sqrt{2\pi}}-\frac{1}{2}\log\sigma^2-\frac{1}{2\sigma^2}(x_i-\mu)^2 \tag{8-10}$$

令对数似然函数对 μ 和 σ^2 的导数为 0，即可求得 μ 和 σ^2 的估计值 $\hat{\mu}$ 和 $\hat{\sigma}^2$

$$\hat{\mu}=\sum_{i=1}^{m}x_i=\bar{x}$$
$$\hat{\sigma}^2=\frac{1}{m}\sum_{i=1}^{m}(x_i-\bar{x})^2 \tag{8-11}$$

现在，假设我们需要对全部的样本进行聚类，分成男人和女人两个类别。根据大数定律，男人和女人的身高分别服从高斯分布，设其参数分别为 $\theta_1=(\mu_1,\sigma_1^2)$ 和 $\theta_2=(\mu_2,\sigma_2^2)$。估计出这两个分布的参数，即可估计出任意样本属于这两个分布的概率。高斯混合模型就是基于这样的思想完成聚类任务的。

高斯混合模型是若干个高斯模型的加权求和，其形式为

$$P(x;\theta)=\sum_{i=1}^{K}\alpha_i f(x;\theta^k)$$

其中 α_i 为第 i 个子模型的权重，$\theta=(\theta^1,\theta^2,\cdots,\theta^K)$ 为混合模型的参数。高斯混合模型假设数据的产生过程分为两步：

1）以概率 $\alpha_1,\alpha_2,\cdots,\alpha_K$ 采样选取一个高斯分布 $P(x;\theta^k)$。

2）在 $P(x;\theta^k)$ 中进行 m 次采样后，获得观测数据集合 $\{\vec{x}_1,\vec{x}_2,\cdots,\vec{x}_m\}$。

然而，我们最终看到的只有数据集 $\{\vec{x}_1,\vec{x}_2,\cdots,\vec{x}_m\}$，实际的采样过程是无法观测的，也即无法观测到每个观测是从哪个子模型采样的。记随机变量 $z_i\in\{1,2,\cdots,K\}$ 为第 i 次采样过程中选择的高斯分布编号。由于 z_i 不可观测，所以称 z_i 为隐变量。

以人群身高的聚类问题为例，可以认为采样获得学生身高数据集的过程为：

1）以概率 α_1,α_2 随机选择一个性别 z_i，设这个性别的身高服从高斯分布 $P(x;\theta^k)$。

2）在 $P(x;\theta^k)$ 中进行采样获得一个身高数据 x_i。

估计两种性别对应的高斯分布参数的过程是：对于每个样本，计算性别分布 $P(z_i=k\,|$

x_i），并假设性别为$\max\limits_{k} P(z_i = k \mid x_i)$，直到将所有样本都归类完为止。$P(z_i = k \mid x_i)$称为$z_i$的后验概率分布，表示$x_i$来自第$k$个高斯分布的概率。根据贝叶斯定理有

$$P(z_i = k \mid x_i) = \frac{P(z_i = k) P(x_i \mid z_i = k)}{\sum\limits_{j=1}^{K} P(z_i = j) P(x_i \mid z_i = j)} = \frac{\alpha_k f(x_k; \theta^k)}{\sum\limits_{j=1}^{K} \alpha_j f(x_j; \theta^j)} \tag{8-12}$$

记θ_t为t次迭代后的模型参数。当θ_t给定时，记$\gamma_t^{ik} = P(z_i = k \mid x_i; \theta_t)$，此时$\gamma_t^{ik}$为常数。根据式（8-8）写出$Q$函数，即EM算法的E步，有

$$\begin{aligned}
Q(\theta, \theta_t) &= \sum_{i=1}^{m} \sum_{k=1}^{K} P(z_i = k \mid x_i; \theta_t^k) \log(\alpha_k f(x_i; \theta^k)) \\
&= \sum_{i=1}^{m} \sum_{k=1}^{K} \gamma_t^{ik} \log(\alpha_k f(x_i; \theta^k))
\end{aligned} \tag{8-13}$$

极大化Q函数，即EM算法的M步。令Q函数对$\mu^k, (\sigma^k)^2$的导数为0，可得

$$\hat{\mu}^k = \left(\sum_{i=1}^{m} \gamma_{ik} \right)^{-1} \sum_{i=1}^{m} \gamma_{ik} x_i$$

$$(\hat{\sigma}^k)^2 = \left(\sum_{i=1}^{m} \gamma_{ik} \right)^{-1} \sum_{i=1}^{m} \gamma_{ik} (y_i - \hat{\mu}^k)^2 \tag{8-14}$$

最后考虑参数α_k。在满足$\sum\limits_{k=1}^{K} \alpha_k = 1$且$\alpha_k \geq 0$的条件下极大化$Q$函数，这是一个带有约束条件的最优化问题，可通过拉格朗日乘子法求解。构造拉格朗日函数

$$Lag(\alpha) = Q(\theta, \theta_t) + \lambda \left(\sum_{j=1}^{K} \alpha_j - 1 \right) \tag{8-15}$$

令拉格朗日函数对α_k的导数为0，即

$$\frac{\partial Lag}{\alpha_k} = \sum_{i=1}^{m} \frac{\gamma_{ik}^t}{\alpha_k} + \lambda = 0 \tag{8-16}$$

可得

$$\lambda \alpha_k = - \sum_{i=1}^{m} \gamma_{ik}^t \Rightarrow \sum_{k=1}^{K} \lambda \alpha_k = - \sum_{k=1}^{K} \sum_{i=1}^{m} \gamma_{ik}^t \Rightarrow \lambda = -m \tag{8-17}$$

于是

$$\alpha_k = \frac{1}{m} \sum_{i=1}^{m} \gamma_{ik}^t \tag{8-18}$$

对于前述人群分类的例子，假设以毫米（mm）为单位的男女身高对应的高斯分布分别为

$$\begin{aligned}
\mathcal{N}_m(\mu_m = 1693.0, \sigma_m = 56.6) \\
\mathcal{N}_f(\mu_f = 1586.0, \sigma_f = 51.8)
\end{aligned} \tag{8-19}$$

使用计算机模拟采样得到10000个男性身高样本和10000个女性身高样本，共20000个样本。采样的频数分布直方图如图8-2所示。

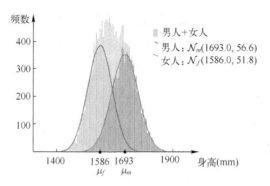

图 8-2　身高频数分布直方图

现对其利用高斯混合模型聚类，可以估计出男女的高斯分布分别为

$$\mathcal{N}_m^*(\mu_m^* = 1698.2, \sigma_m^* = 53.0)$$
$$\mathcal{N}_f^*(\mu_m^* = 1587.0, \sigma_m^* = 51.0)$$

$$(8-20)$$

对应的模型权重分别为

$$\alpha_m = 0.467$$
$$\alpha_f = 0.533$$

$$(8-21)$$

从图 8-3 中可以看到，通过高斯混合模型得到的高斯分布与采样用的高斯分布非常接近。高斯聚类的分类准确率约为 0.832%。本例中两个高斯分布有较大面积的重叠，如果高斯混合模型的各子模型均值之间距离更大、方差更小，则聚类准确率会更高。

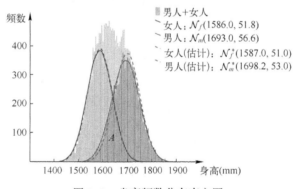

图 8-3　身高频数分布直方图

8.4　隐马尔可夫模型

EM 算法的另一个典型应用就是隐马尔可夫模型。隐马尔可夫模型是经典的序列建模算法，在语音识别、词性标注、机器翻译等领域有着广泛的应用。下面以一个朴素的机器翻译任务为例引出隐马尔可夫模型。假定中文句子与其对应的英文翻译中的单词数相同，中英文的单词词库分别为

$$O = \{o_1, o_2, \cdots, o_N\}$$
$$S = \{s_1, s_2, \cdots, s_M\}$$

$$(8-22)$$

现要进行中文到英文的翻译。对于一个中文句子 $\vec{x} = \{x_1, x_2, \cdots, x_T\}$ 和对应的英文句子 $\vec{y} = \{y_1, y_2, \cdots, y_T\}$，其中 $x_t \in O$ 和 $y_t \in S$ 分别表示中英文句子中的第 t 个单词。假定第 t 个英文单词为 $y_t = s_i$ 时，其对应的中文单词的概率分布为 $b_{ij} = P(x_t = o_j \mid y_t = s_i)$，构成矩阵 $\boldsymbol{B} = \{b_{ij}\}_{M \times N}$。举例来说，可能有

$$P(x_t = \text{我的} \mid y_t = \text{My}) = 0.9995$$
$$P(x_t = \text{你的} \mid y_t = \text{My}) = 0.0001$$

(8-23)

再假定第 t 个英文单词为 s_i 时，下一个英文单词为 s_j 的概率为 $a_{ij} = P(y_{t+1} = s_j \mid y_t = s_i)$，构成矩阵 $\boldsymbol{A} = \{a_{ij}\}_{M \times M}$。举例来说，可能有

$$P(y_{t+1} = \text{Model} \mid y_t = \text{Markov}) = 0.997$$
$$P(y_{t+1} = \text{Melon} \mid y_t = \text{Markov}) = 0.002$$

(8-24)

此外，根据对所有英文句子的英文单词出现频率进行统计，可以估算出 S 中每个单词的初始概率分布 $\pi = \{\pi_1, \pi_2, \cdots, \pi_M\}$。概率越大，反映出这个单词在英文表达中使用的频率越高。

令 $\lambda = (\boldsymbol{A}, \boldsymbol{B}, \pi)$。假设 λ 已知，那么中文到英文的翻译过程可以描述为：

1）将一个中文句子进行分词得到 $\vec{x} = \{x_1, x_2, \cdots, x_T\}$。

2）依据单词的初始分布 π 从 S 中选择一个英文单词，用随机变量 y_1 表示，计算其输出为 x_1 的概率 b_{y_1, x_1}（为方便描述，令 y_t 和 x_t 分别表示对应的单词在英文或者中文词库中的索引，这与直接表示单词等价）。

3）按照矩阵 $\boldsymbol{A}$，依据当前英文单词 y_1 选择下一个单词 y_2，选择概率为 a_{y_1, y_2}，计算 y_2 输出 x_2 的概率 b_{y_2, x_2}。依次进行下去，直到计算 y_T 输出 x_T 的概率 b_{y_T, x_T} 为止。整个过程描述的就是一个生成英文单词序列 $\vec{y} = \{y_1, y_2, \cdots, y_T\}$ 及相应的中文序列 $\vec{x}$ 的过程。

4）记 $P(\vec{y}, \vec{x}; \lambda) = \pi_{y_1} b_{y_1, x_1} a_{y_1, y_2} b_{y_2, x_2} \cdots a_{y_{T-1}, y_T} b_{y_T, x_T}$ 为依据初始分布 π 及单词转移矩阵 $\boldsymbol{A}$ 生成英文单词序列 $\vec{y}$，然后基于 $\vec{y}$ 依据矩阵 $\boldsymbol{B}$ 生成中文序列 $\vec{x}$ 的概率。称 $\vec{y}$ 为一条路径，计算出所有路径中概率 $P(\vec{y}, \vec{x}; \lambda)$ 最大的路径，即我们对应的英文翻译。

上面描述的翻译模型就是一个典型的隐马尔可夫模型。下面给出马尔可夫模型的定义。一个马尔可夫模型由三组模型参数组成，分别是初始状态概率分布 λ、状态转移概率矩阵 $\boldsymbol{A}$ 以及观测概率矩阵 $\boldsymbol{B}$。状态集合记为 $S = \{s_1, s_2, \cdots, s_M\}$，观测集合记为 $O = \{o_1, o_2, \cdots, o_N\}$。马尔可夫模型描述了这样一个过程：首先依据初始状态概率分布 λ 选择一个初始状态；然后依据状态概率转移矩阵 $\boldsymbol{A}$ 不断进行状态转移，最终生成一个状态序列 $\vec{y} = \{y_1, y_2, \cdots, y_T\}$；在序列 $\vec{y}$ 中的每个状态 y_t 上，通过 $\boldsymbol{B}$ 生成一个观测值 x_t，形成一个观测序列 $\vec{x} = \{x_1, x_2, \cdots, x_T\}$。一般情况下，状态序列不能直接观察，这样的马尔可夫模型称为隐马尔可夫模型。

马尔可夫模型假设：在给定当前状态的条件下，下一个时刻的状态与之前的所有状态条件独立，即

$$P(y_{t+1} \mid y_t) = P(y_{t+1} \mid y_t, y_{t-1}, \cdots, y_1)$$

(8-25)

这一假设被称为马尔可夫性。

对于上面描述的翻译模型，状态集合为英文单词词库，观测集合为中文单词词库，初始

状态分布为英文单词的概率分布，状态转移概率矩阵为从当前英文单词跳转到下一个英文单词的概率矩阵，观测矩阵为每个英文单词对应的中文翻译的概率分布。中文句子的单词序列是可观测的，而对应的英文单词（状态）则不可观测，需要进行估计，这就是隐马尔可夫模型中"隐"的由来。

隐马尔可夫模型在实际应用中往往对应着三个基本问题（其中第二个问题是核心问题），分别是：

1）计算观测序列的输出概率。即给定模型参数 $\lambda = (A, B, \pi)$ 及观测序列 $\vec{x}$，求从模型产生当前观测的概率 $P(\vec{x}; \lambda)$。

2）估计隐马尔可夫模型的参数。给定一个观测序列集合 $D = \{\vec{x}^1, \vec{x}^2, \cdots, \vec{x}^K\}$，其中 K 为集合的大小，估计隐马尔可夫模型的参数 $\lambda = (A, B, \pi)$。

3）隐变量序列预测。给定隐马尔可夫模型的参数 $\lambda = (A, B, \pi)$ 及观测序列 $\vec{x}$，求观测序列最有可能对应的状态序列 $\vec{y}$。

假设中英文单词词库分别为 {西瓜、爸爸、是、我的、警察} 和 {police, watermelon, father, is, my}。为简化描述，假设初始概率 π_i 均为20%或者近似相等。图8-4 展示了一个机器翻译状态转移图，节点之间的连线表示两个单词之间的转移概率。假设句子的长度为4，从图8-4 中可以用看出 $t=1$ 到 $t=4$ 之间有无数条路径。图8-5 列出了每个状态下对应每个中文单词的概率。

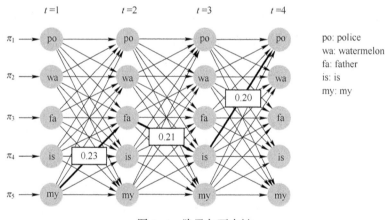

图8-4　隐马尔可夫链

对于一个中文句子，例如"我的~爸爸~是~警察"。通过计算图8-4 中每条路径上输出"我的~爸爸~是~警察"的概率。假设路径"My ~ father ~ is ~ police"（图8-4 中加粗的路径）输出的概率最大，那么就认为"我的~爸爸~是~警察"的英文翻译是"My ~ father ~ is ~ police"，且输出概率为

$$\pi_5 \times 0.97 \times 0.23 \times 0.95 \times 0.21 \times 0.9 \times 0.20 \times 0.988 = 0.0079\pi_5 \qquad (8\text{-}26)$$

在使用计算机求解时，往往会通过对数转化成加法运算。

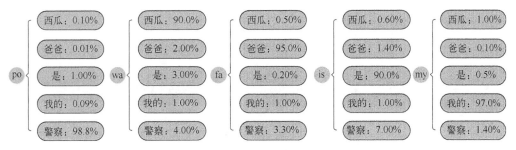

图 8-5 观测概率输出

8.4.1 计算观测概率的输出

给定模型参数 $\lambda = (\boldsymbol{A}, \boldsymbol{B}, \boldsymbol{\pi})$ 及观测序列 $\vec{x} = \{x_1, x_2, \dots, x_T\}$，要计算模型产生当前观测的概率 $P(\vec{x}; \lambda)$。一个朴素的想法就是枚举状态序列 $\vec{y}$ 的所有可能取值，计算 $P(\vec{y}, \vec{x}; \lambda)$ 的和

$$P(\vec{x}; \lambda) = \sum_{\vec{y}} P(\vec{y}, \vec{x}; \lambda) = \sum_{\vec{y}} \pi_{y_1} b_{y_1, x_1} a_{y_1, y_2} b_{y_2, x_2} \cdots a_{y_{T-1}, y_T} b_{y_T, x_T} \tag{8-27}$$

可以估算，上述计算的时间复杂度是 $O(TN^{\mathrm{T}})$，在计算上不可行。

前后向算法 可以发现，上述朴素计算方法当中存在大量的冗余计算，因此可以使用动态规划来进行优化。隐马尔可夫模型中将其称为前后向算法。

前向算法 定义 α_t^i 为 t 时刻状态为 $y_t = s_i$ 的前向概率

$$\alpha_t^i = P(\vec{x}_{[1:t]}, s_t = y_i; \lambda) \tag{8-28}$$

其中 $\vec{x}_{[1:t]} = \{x_1, x_2, \cdots, x_t\}$ 为包含 t 时刻在内的部分观测序列。可以归纳得到

$$\alpha_{t+1}^i = \sum_{j=1}^M \alpha_t^j a_{ji} b_{i, x_{t+1}} \tag{8-29}$$

式（8-29）的含义是：$t+1$ 时刻的状态 i 可由 t 时刻的任一状态 j 转移而来，但是需要满足 $t+1$ 时刻的观测值为 x_{t+1}。

前向概率的初值为

$$\alpha_1^i = \pi_i b_{i, x_1} \tag{8-30}$$

式（8-30）的含义是：状态需要首先从初始概率分布 $\boldsymbol{\pi}$ 中采样得到，同时保证生成正确的观测值 x_1。

最终，$P(\vec{x}; \lambda)$ 为 T 时刻所有状态的前向概率之和

$$P(\vec{x}; \lambda) = \sum_{i=1}^M \alpha_T^i \tag{8-31}$$

后向算法 后向算法中，t 时刻状态为 $y_t = s_i$ 的后向概率与前向概率互补，定义为不包含 t 时刻观测在内的后面部分的观测序列 $\vec{x}_{[t+1:T]}$ 的概率。即

$$\beta_t^i = P(\vec{x}_{[t+1:T]}, y_t = s_i; \lambda) \tag{8-32}$$

可以归纳得到

$$\beta_{t-1}^i = \sum_{j=1}^M a_{ij} b_{j, x_t} \beta_t^j \tag{8-33}$$

结合前向概率，对于观测序列 $\vec{x}$，t 时刻对应的状态 $y_t = s_i$ 的概率为

$$P(\vec{x}, y_t = s_i; \lambda) = \alpha_t^i \beta_t^i \qquad (8\text{-}34)$$

于是有

$$P(\vec{x}; \lambda) = \sum_{i=1}^{M} P(\vec{x}, y_t = s_i; \lambda) = \sum_{i=1}^{M} \alpha_t^i \beta_t^i \qquad (8\text{-}35)$$

当 $t = T$ 时，$P(\vec{x}; \lambda) = \sum_{i=1}^{M} \alpha_T^i \beta_T^i$，又由于 $P(\vec{x}; \lambda) = \sum_{i=1}^{M} \alpha_T^i$，所以后向概率的初值为

$$\beta_T^i = 1 \qquad (8\text{-}36)$$

8.4.2 估计隐马尔可夫模型的参数

可以看到，估计隐马尔可夫模型的参数就是带有隐变量的极大似然估计问题，所以可以用 EM 算法进行参数估计。假设观测序列的样本集合为 $D = \{\vec{x}^k\}_{k=1}^{K}$。假设经过 l 轮迭代得到的参数为 $\lambda^l = (A^l, B^l, \pi^l)$，令随机变量 $\vec{v}$ 表示可能的状态序列，则 Q 函数为

$$\begin{aligned} Q(\lambda, \lambda^l) &= \sum_{k=1}^{K} \sum_{\vec{v}} P(\vec{y}^k = \vec{v} \mid \vec{x}^k; \lambda^l) \log P(\vec{x}^k, \vec{y}^k = \vec{v}; \lambda) \\ &= \sum_{k=1}^{K} \sum_{\vec{v}} P(\vec{y}^k = \vec{v} \mid \vec{x}^k; \lambda^l) \left(\log \pi_{v_1} + \sum_{t=1}^{T} \log b_{v_t, x_t^k} + \sum_{t=1}^{T-1} \log a_{v_t, v_{t+1}} \right) \end{aligned} \qquad (8\text{-}37)$$

因为参数 λ^l 已知，所以 $P(\vec{x}^k; \lambda^l)$ 为常数。于是有隐变量的概率分布

$$P(\vec{y}^k = \vec{v} \mid \vec{x}^k; \lambda^l) = \frac{P(\vec{x}^k, \vec{y}^k = \vec{v}; \lambda^l)}{P(\vec{x}^k; \lambda^l)} \propto P(\vec{x}^k, \vec{y}^k = \vec{v}; \lambda^l) \qquad (8\text{-}38)$$

因此 Q 函数可以写作

$$Q(\lambda, \lambda^l) = \sum_{k=1}^{K} \sum_{\vec{v}} P(\vec{x}^k, \vec{y}^k = \vec{v}; \lambda^l) \left(\log \pi_{v_1} + \sum_{t=1}^{T} \log b_{v_t, x_t^k} + \sum_{t=1}^{T-1} \log a_{v_t, v_{t+1}} \right) \qquad (8\text{-}39)$$

首先通过拉格朗日乘子法求 π_i。由于 $\sum_{i=1}^{M} \pi_i = 1$，所以拉格朗日函数为

$$Lag(\lambda) = Q(\lambda, \lambda^l) + \gamma \left(\sum_{i=1}^{M} \pi_i - 1 \right) \qquad (8\text{-}40)$$

令拉格朗日函数对 π_i 的导数为 0，有

$$\frac{\partial Lag}{\partial \pi_i} = \sum_{k=1}^{K} P(\vec{y}_1^k = s_j, \vec{x}^k; \lambda^l) \frac{1}{\pi_i} + \gamma = 0 \qquad (8\text{-}41)$$

可得

$$\begin{aligned} &- \sum_{k=1}^{K} P(\vec{x}^k, \vec{y}_1^k = s_j; \lambda^l) = \gamma \pi_i \\ \Rightarrow &- \sum_{k=1}^{K} \sum_{j=1}^{M} P(\vec{x}^k, \vec{y}_1^k = s_j; \lambda^l) = \sum_{j=1}^{M} \gamma \pi_i \\ \Rightarrow &- \sum_{k=1}^{K} P(\vec{x}^k; \lambda^l) = \gamma \end{aligned} \qquad (8\text{-}42)$$

于是

$$\pi_i = \frac{\sum\limits_{k=1}^{K} P(\overrightarrow{x}^k, \overrightarrow{y}_1^k = s_j; \lambda^l)}{\sum\limits_{k=1}^{K} P(\overrightarrow{x}^k; \lambda^l)} = \frac{\sum\limits_{k=1}^{K} \alpha_1^j \beta_1^j}{\sum\limits_{k=1}^{K} P(\overrightarrow{x}^k; \lambda^l)} \qquad (8-43)$$

下面通过拉格朗日乘子法求 a_{ij}。由于 $\sum\limits_{i=j}^{M} a_{ij} = 1$，所以拉格朗日函数为

$$Lag(\lambda) = Q(\lambda, \lambda^l) + \gamma \left(\sum_{j=1}^{M} a_{ij} - 1 \right) \qquad (8-44)$$

令拉格朗日函数对 a_{ij} 的导数为 0，有

$$\frac{\partial Lag}{\partial a_{ij}} = \sum_{k=1}^{K} \sum_{t=1}^{T-1} P(\overrightarrow{x}^k, \overrightarrow{y}_t^k = s_i, \overrightarrow{y}_{t+1}^k = s_j; \lambda^l) \frac{1}{a_{ij}} + \gamma = 0 \qquad (8-45)$$

可得

$$- \sum_{k=1}^{K} \sum_{t=1}^{T-1} P(\overrightarrow{x}^k, \overrightarrow{y}_t^k = s_i, \overrightarrow{y}_{t+1}^k = s_j; \lambda^l) = \gamma a_{ij}$$

$$\Rightarrow - \sum_{k=1}^{K} \sum_{t=1}^{T-1} \sum_{j=1}^{M} P(\overrightarrow{x}^k, \overrightarrow{y}_t^k = s_i, \overrightarrow{y}_{t+1}^k = s_j; \lambda^l) = \gamma \sum_{j=1}^{M} a_{ij} \qquad (8-46)$$

$$\Rightarrow - \sum_{k=1}^{K} \sum_{t=1}^{T-1} P(\overrightarrow{x}^k, \overrightarrow{y}_t^k = s_i; \lambda^l) = \gamma$$

于是

$$\begin{aligned} a_{ij} &= \frac{\sum\limits_{k=1}^{K} \sum\limits_{t=1}^{T-1} P(\overrightarrow{x}^k, \overrightarrow{y}_t^k = s_i, \overrightarrow{y}_{t+1}^k = s_j; \lambda^l)}{\sum\limits_{k=1}^{K} \sum\limits_{t=1}^{T-1} P(\overrightarrow{x}^k, \overrightarrow{y}_t^k = s_i; \lambda^l)} \\ &= \frac{\sum\limits_{k=1}^{K} \sum\limits_{t=1}^{T-1} \alpha_t^i a_{ij}^l b_{j,x_{t+1}}^l \beta_{t+1}^j}{\sum\limits_{k=1}^{K} \sum\limits_{t=1}^{T-1} \alpha_t^j \beta_t^j} \end{aligned} \qquad (8-47)$$

最后通过拉格朗日乘子法求 b_{ij}。由于 $\sum\limits_{j=1}^{N} b_{ij} = 1$，所以拉格朗日函数为

$$Lag(\lambda) = Q(\lambda, \lambda^l) + \gamma \left(\sum_{j=1}^{N} b_{ij} - 1 \right) \qquad (8-48)$$

令拉格朗日函数对 b_{ij} 的导数为 0，有

$$\frac{\partial Lag}{\partial b_{ij}} = \sum_{k=1}^{K} \sum_{t=1}^{T} P(\overrightarrow{x}^k, \overrightarrow{y}_t^k = s_j; \lambda^l) I(x_t^k = o_j) \frac{1}{b_{ij}} + \gamma = 0 \qquad (8-49)$$

可得

$$- \sum_{k=1}^{K} \sum_{t=1}^{T} P(\overrightarrow{x}^k, \overrightarrow{y}_t^k = s_j; \lambda^l) I(x_t^k = o_j) = \gamma b_{ij}$$

$$\Rightarrow - \sum_{k=1}^{K} \sum_{t=1}^{T} \sum_{j=1}^{N} P(\overrightarrow{x}^k, \overrightarrow{y}_t^k = s_j; \lambda^l) I(x_t^k = o_j) = \gamma \sum_{j=1}^{N} b_{ij} \qquad (8-50)$$

$$\Rightarrow -\sum_{k-1}^{K}\sum_{t-1}^{T}P(\overrightarrow{x}^k,\overrightarrow{y}^k_t=s_i;\lambda^l)=\gamma$$

于是

$$
\begin{aligned}
b_{ij} &= \frac{\displaystyle\sum_{k=1}^{K}\sum_{t=1}^{T}P(\overrightarrow{x}^k,\overrightarrow{y}^k_t=s_j;\lambda^l)I(x^k_t=o_j)}{\displaystyle\sum_{k=1}^{K}\sum_{t=1}^{T}P(\overrightarrow{x}^k,\overrightarrow{y}^k_t=s_i;\lambda^l)} \\
&= \frac{\displaystyle\sum_{k=1}^{K}\sum_{t=1}^{T-1}\alpha^i_t\beta^j_t I(x^k_t=o_j)}{\displaystyle\sum_{k=1}^{K}\sum_{t=1}^{T}\alpha^j_t\beta^j_t}
\end{aligned}
\tag{8-51}
$$

至此，我们解出了隐马尔可夫模型中所有的参数。该方法称为 Baum-Welch 算法。

8.4.3 隐变量序列预测

给定隐马尔可夫模型的参数 $\lambda=(A,B,\pi)$ 及观测序列 $\overrightarrow{x}=\{x_1,x_2,\cdots,x_T\}$，求观测序列最有可能对应的状态序列 $\overrightarrow{y}=\{y_1,y_2,\cdots,y_T\}$。从中文到英文的翻译问题就属于这种类型。其思想很简单，就是求 $\underset{\overrightarrow{y}}{\mathrm{argmax}}P(\overrightarrow{x},\overrightarrow{y};\lambda)$。

使用枚举法求解该问题的时间复杂度为 $O(TM^T)$。可以通过动态规划进行求解，称为 Viterbi 算法。求解出来的状态序列称为最优路径。记 t 时刻状态为 s_i 的最优路径的观测概率为 h^i_t

$$h^i_t=\max_{\overrightarrow{y}_{[1:t-1]}}P(y_t=s_i,\overrightarrow{y}_{[1:t-1]},\overrightarrow{x}_{[1:t]};\lambda)\tag{8-52}$$

h^i_t 递推公式为

$$h^i_{t+1}=\max_j(h^j_t a_{ji}b_{i,x_{t+1}})\tag{8-53}$$

初始值为

$$h^i_1=\pi_i b_{1,x_1}\tag{8-54}$$

记最优路径为 $\overrightarrow{l}=[l_1,l_2,\cdots,l_T]$。对于第 T 个时刻 $l_T=\underset{i}{\mathrm{argmax}}(h^i_T)$；对于第 $t=1,2,\cdots,T-1$ 个时刻，通过回溯法可得，$l_t=\underset{j}{\mathrm{argmax}}(h^j_t a_{j,l_{t+1}})$。

8.5 实例：基于高斯混合模型实现鸢尾花分类

本节使用 GMM 模型对鸢尾花数据集进行聚类。模型的构造与训练如代码清单 8-1 所示。

代码清单 8-1 GMM 模型的构造与训练

```
from scipy import stats
from sklearn.datasets import load_iris
```

```
from sklearn. mixture import GaussianMixture as GMM
import matplotlib. pyplot as plt
if __name__ == '__main__':
    iris = load_iris()
    model = GMM(n_components = 3)
    pred = model. fit_predict(iris. data)
    print(score(pred, iris. target))
```

代码中使用的 score 函数如代码清单 8-2 所示, 该函数给出聚类模型的 purity 评分。假设某个聚类由 48 个 Setosa 样本、1 个 Versicolour 样本和 1 个 Virginica 样本组成, 那么就认为该聚类对应的类别为 Setosa, purity 评分为 48/50 = 0.96。每个聚类 purity 评分的加权均值即为聚类模型的 purity 评分。根据程序输出, GMM 模型的 purity 评分为 0.97。

代码清单 8-2　purity 评分函数

```
from scipy import stats
def score(pred, gt):
    assert len(pred) == len(gt)
    m = len(pred)

    map_ = {}
    for c in set(pred):
        map_[c] = stats. mode(gt[pred == c])[0]
    score = sum([map_[pred[i]] == gt[i] for i in range(m)])
    return score[0] / m
```

代码清单 8-3 对模型输出进行了可视化, 得到图 8-6, 其中图 8-6a 表示数据集中提供的标签信息, 图 8-6b 为模型预测的类别信息。

代码清单 8-3　聚类结果可视化

```
_, axes = plt. subplots(1, 2)
axes[0]. set_title("ground truth")
axes[1]. set_title("prediction")
for target in range(3):
    axes[0]. scatter(
        iris. data[iris. target == target, 1],
        iris. data[iris. target == target, 3],
        )
    axes[1]. scatter(
        iris. data[pred == target, 1],
        iris. data[pred == target, 3],
        )
plt. show()
```

从图 8-6 可以看出，GMM 模型正确区分了大部分样本。只有 Versicolour 和 Virginica 交界处的几个样本被错误分类。

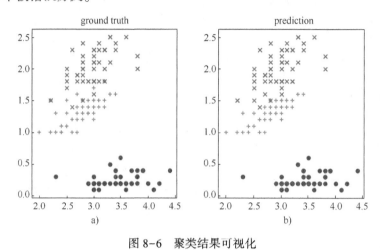

图 8-6 聚类结果可视化

8.6 习题

一、填空题

1）在含有隐变量的模型中，给定观测数据 x，设其对应的隐变量为 z，称 (x,z) 为_____。

2）在 $P(x,\Theta)=\Sigma_z P(x,z;\Theta)$ 中，Θ 为_____，$P(x,z;\Theta)$ 为_____。

3）隐马尔可夫模型是_____，在_____、_____、_____等领域有着广泛的应用。

4）隐马尔可夫模型的参数就是_____。

5）可以用_____算法解出隐马尔可夫模型中的所有参数。

二、判断题

1）含有隐变量的模型往往用于对不完全数据进行建模。（　　）

2）朴素计算方法当中存在大量的冗余计算，因此可以使用动态规划来进行优化。（　　）

3）如果高斯混合模型的各个子模型均值之间距离更小，方差更大，则聚类准确率会更高。（　　）

4）隐马尔科夫模式是经典的序列模型算法。（　　）

5）隐变量序列预测就是给定隐马尔科夫模型的参数即观测序列，求观测序列最有可能对应的状态序列。（　　）

三、单选题

1）EM 算法是（　　）学习算法。

A. 有监督　　　　　B. 无监督　　　　　C. 半监督　　　　　D. 都不是

2）EM 算法的 E 和 M 指（　　）。

A. Expectation-Maximum　　　　　B. Expect-Maximum

C. Extra-Maximum   D. Extra-Max

3）EM 算法可以应用于（   ）。

A. 学习贝叶斯网络的概率

B. EM-聚类

C. 训练 HMM

D. 以上均可

4）EM 算法的核心思想是（   ）。

A. 通过不断地求取目标函数的下界的最优值，从而实现最优化的目标

B. 列出优化目标函数，通过方法计算出最优值

C. 列出优化目标函数，通过数值优化方法计算出最优值

D. 列出优化目标函数，通过坐标下降方法计算出最优值

5）聚类算法包括（   ）。

A. K-means

B. single-linkage

C. Expectation-Maximum

D. 以上都有

四、简答题

1）写出 n 维正态分布的概率密度函数。

2）EM 算法的基本流程是什么？

3）高斯判别分析（Gaussian Discriminative Analysis，GDA）和 GMM 在一定程度上类似。请简述二者异同。

4）GMM 是一种无监督生成式模型。生成式模型和判别式模型有哪些区别？

5）什么是马尔可夫性？

第 9 章 降 维 算 法

给定一个数据集 $D = \{\vec{x_1}, \vec{x_2}, \cdots, \vec{x_m}\}$，其中 $\vec{x_i} = (x_{i1}, x_{i2}, \cdots, x_{in})$。当 n 非常大时，$\vec{x_i}$ 是一个高维的数据。降维的目的就是降低数据的维度，从而方便后续对数据进行存储、可视化、建模等操作。

降维对数据的处理主要包含特征筛选和特征提取。特征筛选是指过滤掉数据中无用或冗余的特征，例如相对于年龄，出生年月就是冗余特征。特征提取是指对现有特征进行重新组合以产生新的特征，例如用质量特征除以体积特征就可以得到密度特征。

如果将每个特征看作是坐标系中的一个轴，降维的最终结果是将原始数据用轴数更少的新坐标系来表示，这样也方便了后续机器学习算法对数据建模。生产实践中直接得到的数据往往需要首先进行降维处理，然后才会用机器学习算法进行数据建模分析。

常用的降维方法有主成分分析、奇异值分解、线性判别分析、T-SNE 等。本章仅介绍主成分分析、奇异值分解。

9.1 主成分分析

主成分分析（Principal Components Analysis，PCA）是一种经典的线性降维分析算法。给定一个 n 维的特征变量 $\vec{x} = \{x_1, x_2, \cdots, x_n\}$，主成分分析希望能够通过旋转坐标系将数据在新的坐标系下表示，如果新的坐标系下某些轴包含的信息太少，则可以将其省略，从而达到降维的目的。例如，如果二维空间中数据点的分布在一条直线周围，那么可以旋转坐标系，将 x 轴旋转到该直线的位置，此时每个数据点在 y 轴方向上的取值基本接近于零。也即 y 方向上数据的方差极小，携带信息量极少，可以将 y 轴略去。这样就相当于在一维空间对数据进行了表示，也相当于将原始数据投影到了该直线上。

对于 n 维特征变量中的每个子变量，主成分分析使用样本集合中对应子变量上取值的方差来表示该特征的重要程度。方差越大，特征的重要程度越大；方差越小，特征的重要程度越小。直观上，方差越大，样本集合中的数据在该轴上的取值分散得越开，混乱度越大，携带信息量越大；反之分布越集中，混乱度越小，携带信息量越小。如上面的例子中，样本集合中的数据在旋转后的新的 y 轴上的方差接近于 0，几乎不携带任何信息量，故可将其省去，以达到降维的目的。

对坐标系进行旋转后，数据的坐标可以用正交变换来描述。假设原始 n 维空间中的数据用特征变量 $\vec{x} = \{x_1, x_2, \cdots, x_n\}$ 表示，旋转过后新的坐标系下的数据用特征变量 $\vec{y} = \{y_1, y_2, \cdots, y_n\}$ 表示，正交变换的矩阵记为 $\boldsymbol{A} = (\vec{a_1}, \vec{a_2}, \cdots, \vec{a_n})$，矩阵 $\boldsymbol{A}$ 中的向量是一组标准正交基，则正交变换过程可写为

$$\vec{y} = \boldsymbol{A}^{\mathrm{T}} \vec{x} \tag{9-1}$$

记特征变量 $\vec{x} = \{x_1, x_2, \cdots, x_n\}$ 的均值为 $\vec{\mu} = \{\mu_1, \mu_2, \cdots, \mu_n\}$，协方差矩阵为 $\boldsymbol{\Sigma}$。主成分分析即迭代求解 A 的过程。首先求旋转过后新坐标系的第一个轴，要求在新的坐标表示下，样本集合的数据在该轴上取值的方差尽可能大。样本集合在该轴上的取值用随机变量 y_1 表示，$y_1 = \vec{a}_1^{\mathrm{T}} \vec{x}$。此时求解过程可描述为

$$\max_{\vec{a}_1} \quad \mathrm{var}(y_1) = \vec{a}_1^{\mathrm{T}} \boldsymbol{\Sigma} \, \vec{a}_1 \tag{9-2}$$

$$s.\,t. \quad \vec{a}_1^{\mathrm{T}} \vec{a}_1 = 1$$

求解该问题可使用拉格朗日乘子法，拉格朗日函数为

$$Lag(\vec{a}_1) = \vec{a}_1^{\mathrm{T}} \boldsymbol{\Sigma} \, \vec{a}_1 - \lambda_1 (\vec{a}_1^{\mathrm{T}} \vec{a}_1 - 1) \tag{9-3}$$

其中，λ_1 为拉格朗日乘子。令 $Lag(\vec{a}_1)$ 对 $\vec{a}_1$ 的导数为 0，可得

$$\boldsymbol{\Sigma} \, \vec{a}_1 = \lambda_1 \, \vec{a}_1 \tag{9-4}$$

可以发现拉格朗日乘子 λ_1 为协方差矩阵 $\boldsymbol{\Sigma}$ 的特征值，而 $\vec{a}_1$ 则为对应的特征向量。则有

$$\mathrm{var}(y_1) = \vec{a}_1^{\mathrm{T}} \boldsymbol{\Sigma} \vec{a}_1 = \vec{a}_1^{\mathrm{T}} \lambda_1 \, \vec{a}_1 = \lambda_1 \, \vec{a}_1^{\mathrm{T}} \vec{a}_1 = \lambda_1 \tag{9-5}$$

求解 $\mathrm{var}(y_1)$ 的最大就转化成了求 $\boldsymbol{\Sigma}$ 的最大特征值。对 $\boldsymbol{\Sigma}$ 进行特征值分解，选择其中最大的特征值作为 λ_1，对应的特征向量即为要求解的 $\vec{a}_1$，这样就确定了第一个坐标轴，称 $y_1 = \vec{a}_1^{\mathrm{T}} \vec{x}$ 为第一主成分。

接下来固定上述第一步确定下来的坐标轴，继续对坐标系进行旋转以确定第二个坐标轴。求解过程可描述为

$$\max_{\vec{a}_2} \quad \mathrm{var}(y_2) = \vec{a}_2^{\mathrm{T}} \boldsymbol{\Sigma} \vec{a}_2 \tag{9-6}$$

$$s.\,t. \quad \vec{a}_1^{\mathrm{T}} \vec{a}_2 = 0$$

$$\vec{a}_2^{\mathrm{T}} \vec{a}_2 = 1$$

同样可以使用拉格朗日乘子法求解，拉格朗日函数为

$$Lag(\vec{a}_2) = \vec{a}_2^{\mathrm{T}} \boldsymbol{\Sigma} \, \vec{a}_2 - \lambda_2 (\vec{a}_2^{\mathrm{T}} \vec{a}_2 - 1) - \theta(\vec{a}_1^{\mathrm{T}} \vec{a}_2 - 0) \tag{9-7}$$

其中，λ_2, θ 为拉格朗日乘子。令 $Lag(\vec{a}_2)$ 对 $\vec{a}_2$ 的导数为 0，可得

$$2\boldsymbol{\Sigma} \, \vec{a}_2 - \theta \vec{a}_1 = 2\lambda_2 \, \vec{a}_2 \tag{9-8}$$

等式两边同时乘以 $\vec{a}_1^{\mathrm{T}}$ 可得

$$\boldsymbol{\Sigma} \, \vec{a}_2 = \lambda_2 \, \vec{a}_2 \tag{9-9}$$

可以发现拉格朗日乘子 λ_2 为协方差矩阵 $\boldsymbol{\Sigma}$ 的另一个特征值，而 $\vec{a}_2$ 则为对应的特征向量。则有

$$\mathrm{var}(y_2) = \vec{a}_2^{\mathrm{T}} \boldsymbol{\Sigma} \vec{a}_2 = \vec{a}_2^{\mathrm{T}} \lambda_2 \, \vec{a}_2 = \lambda_2 \, \vec{a}_2^{\mathrm{T}} \vec{a}_2 = \lambda_2 \tag{9-10}$$

求解 $\mathrm{var}(y_2)$ 的最大就转化成了求 $\boldsymbol{\Sigma}$ 除 λ_1 之外的最大特征值。对 $\boldsymbol{\Sigma}$ 进行特征值分解，选择第二大的特征值作为 λ_2，对应的特征向量即为要求解的 $\vec{a}_2$，这样就确定了第二个坐标轴，称 $y_2 = \vec{a}_2^{\mathrm{T}} \vec{x}$ 为第二主成分。

以此类推直到所有的主成分 $\vec{y} = (\vec{a}_1^{\mathrm{T}} \vec{x}, \vec{a}_2^{\mathrm{T}} \vec{x}, \cdots, \vec{a}_n^{\mathrm{T}} \vec{x})$ 都被确定为止，可以发现 A 即

为协方差矩阵 $\boldsymbol{\Sigma}$ 对应的特征向量组，相应的特征值 $\lambda_1, \lambda_2, \cdots, \lambda_n$ 即为新坐标系下每个轴上的方差，且 $\lambda_1 \geqslant \lambda_2 \geqslant \cdots \geqslant \lambda_n$。

根据矩阵与其特征值之间的关系有 $\sum_{i=1}^{n} \lambda_i = \sum_{i=1}^{n} \sigma_{ii}^2$，其中 σ_{ii}^2 为协方差矩阵 $\boldsymbol{\Sigma}$ 对角线上的元素，也即原始坐标系中第 i 个特征的方差。可以发现将矩阵旋转后，方差的和未发生改变，也即信息量没有发生改变，改变的是每个轴上携带信息量的大小，越重要的轴携带的信息量越大，反之越小。同时新坐标系下，特征之间线性无关。

实践中，数据的维度往往非常高，进行主成分分析后，特征值越小的成分即方差越小的轴基本不携带任何信息，这样就可将特征值最小的几个主成分省略，只保留特征值较大的几个主成分。具体量化保留几个主成分，往往根据实际情况通过计算累计方差贡献率来决定。这个过程其实就是将新坐标系中的样本投影到了一个低维的空间中。

方差 λ_i 的方差贡献率又称为解释方差（Explained Variance），定义为

$$\epsilon_i = \frac{\lambda_i}{\sum_{j=1}^{n} \lambda_j} \tag{9-11}$$

则累计方差贡献率 e_k 为

$$e_k = \sum_{i=1}^{k} \varepsilon_i \tag{9-12}$$

为累计方差贡献率设定一个阈值 t，一般选择 t 为 80% 左右，则要保留的主成分的个数 k^* 为

$$k^* = \underset{k}{\mathrm{argmax}}(e_k > t) \tag{9-13}$$

这样就可以将正交矩阵 $\boldsymbol{A} = (\vec{a_1}, \vec{a_2}, \cdots, \vec{a_n})$ 压缩为 $\boldsymbol{A}_{[1:k^*]} = (\vec{a_1}, \vec{a_2}, \cdots, \vec{a_{k^*}})$，原始的数据用一个 n 维的向量 $\vec{x}$ 进行表示，在经过正交变换后，新的数据 $\vec{y} = \boldsymbol{A}_{[1:k^*]}^{\mathrm{T}} \vec{x}$ 用一个 k^* 维的向量表示，以达到降维的目的。

主成分分析的过程当中用到了总体的协方差矩阵 $\boldsymbol{\Sigma}$，实际中需要根据样本集合对总体的方差进行估计。通常情况下用样本集合对总体的协方差矩阵进行估计时，使用的是协方差矩阵的无偏估计量。

9.1.1 方差即协方差的无偏估计

在概率统计中，设总体 X 的均值和方差分别为

$$\begin{aligned} E(X) &= \mu \\ \mathrm{var}(X) &= \sigma^2 \end{aligned} \tag{9-14}$$

设 $X_1, X_2, \cdots, X_m$ 是来自总体的样本，则每个样本也是随机变量。每个样本之间独立同分布，且与整体具有相同的分布，即 $\mathrm{var}(X_i) = \mathrm{var}(X) = \sigma^2$。对于整体，有

$$\sigma^2 = E[(X - EX)^2] = E[X^2 - 2XEX + (EX)^2] = E[X^2] - \mu^2 \tag{9-15}$$

则

$$E[X_i^2] = E[X^2] = \mu^2 + \sigma^2 \tag{9-16}$$

其中，EX 为 X 的期望。

用统计量 $\overline{X} = \dfrac{1}{m} \sum\limits_{i=1}^{m} X_i$ 表示样本的均值，则样本均值的期望为

$$E[\overline{X}] = E\left[\frac{1}{m}\sum_{i=1}^{m}X_i\right] = \frac{1}{m}\sum_{i=1}^{m}E[X_i] = \mu \tag{9-17}$$

用统计量 $S^2 = \dfrac{1}{m-1}\sum\limits_{i=1}^{m}(X_i - \overline{X})^2$ 表示样本的方差，则样本方差的期望为

$$
\begin{aligned}
E[S^2] &= \frac{1}{m-1}E\left[\sum_{i=1}^{m}(X_i - \overline{X})^2\right] \\
&= \frac{1}{m-1}E\left[\sum_{i=1}^{m}X_i^2 - m\overline{X}^2\right] \\
&= \frac{1}{m-1}E\left[\sum_{i=1}^{m}X_i^2 - \frac{1}{m}\sum_{i=1}^{m}\sum_{j=1}^{m}X_iX_j\right] \\
&= \frac{1}{m-1}E\left[\frac{m-1}{m}\sum_{i=1}^{m}X_i^2 + \sum_{i=1}^{m}\sum_{j=1,j\neq i}^{m}X_iX_j\right] \\
&= \frac{1}{m-1}\left(\frac{m-1}{m}\sum_{i=1}^{m}E[X_i^2] + \sum_{i=1}^{m}\sum_{j=1,j\neq i}^{m}E[X_i]E[X_j]\right) \\
&= \frac{1}{m-1}\left(\frac{m-1}{m}m(\mu^2 + \sigma^2) - \frac{m(m-1)}{m}\mu^2\right) \\
&= \sigma^2
\end{aligned}
\tag{9-18}
$$

称样本统计量 $\overline{X}$ 和 S^2 为总体均值 μ 和方差 σ^2 的无偏估计量。

将方差的估计量推广到主成分分析中，估计协方差矩阵 $\boldsymbol{\Sigma}$ 时有着类似的形式，记协方差矩阵中的元素为 s_{ij}，则有

$$s_{ij} = \frac{1}{n-1}\sum_{k=1}^{n}(x_{ik} - \overline{x}_i)(x_{jk} - \overline{x}_j) \tag{9-19}$$

此外，在主成分分析中，用于描述样本的 n 维特征向量中，每一维的量纲可能不同，这会对方差的估计造成较大的影响，从而影响主成分分析的过程。假设其中一维的特征身高用米来描述，而另一维的特征体重用克来描述。这样计算下来身高的方差往往会远小于体重的方差。所以，在进行主成分分析前，一般需要对样本集合中的所有数据在每一维特征进行规范化，即

$$x_{ij} = \frac{x_{ij} - \mu_j}{\sqrt{\sigma_j^2}} = \frac{x_{ij} - \overline{x}_j}{S_j} \tag{9-20}$$

现将主成分分析的过程描述如算法 9-1 所示。

算法 9-1　主成分分析（PCA）算法

输入：样本集合 $D = \{\vec{x}_1, \vec{x}_2, \cdots, \vec{x}_m\}$，其中 $\vec{x}_i = (x_{i1}, x_{i2}, \cdots, x_{in})$；$n$ 为描述每个样本的特征的个数；用于确定主成分个数的阈值 t

输出：样本集合的 k 个主成分表示

1. 对样本集合进行规范化，为方便描述，规范化后的样本仍用 x_{ij} 表示，即

$$x_{ij} = \frac{x_{ij} - \mu_j}{\sqrt{\sigma_j^2}} = \frac{x_{ij} - \overline{x}_j}{S_j}$$

2. 用规范化后的样本集合估计出特征变量的协方差矩阵 $\boldsymbol{\Sigma}$

$$\boldsymbol{\Sigma} = \{s_{ij}\}_{m \times m}$$

其中

$$s_{ij} = \frac{1}{n-1} \sum_{k=1}^{n} (x_{ik} - \bar{x}_i)(x_{jk} - \bar{x}_j)$$

3. 对协方差矩阵 $\boldsymbol{\Sigma}$ 进行特征值分解，将特征值按照从大到小的顺序排序，得到 n 个特征值 λ_1，$\lambda_2, \cdots, \lambda_n$ 及对应的特征向量 $\vec{a}_1$，$\vec{a}_2, \cdots, \vec{a}_n$

4. 根据 t，计算累计方差贡献率，确定要返回的特征向量的个数 k^*

$$k^* = \underset{k}{\mathrm{argmax}} \sum_{i=1}^{k} \lambda_i / \sum_{j=1}^{n} \lambda_j \geq t$$

return $\vec{Y} = A^{\mathrm{T}} \vec{X}, A = (\vec{a}_1, \vec{a}_2, \cdots, \vec{a}_{k^*})$ // 返回样本集合的 k^* 个主成分表示

9.1.2 实例：基于主成分分析实现鸢尾花数据降维

本节以鸢尾花数据集的分类来直观理解 PCA。代码清单 9-1 首先加载鸢尾花数据集并对每一个属性维度的数据进行标准化。经过 scale 函数处理的数据，均值为 0，方差为 1。

代码清单 9-1　鸢尾花数据集加载与归一化

```
from sklearn. datasets import load_iris
from sklearn. preprocessing import scale
iris = load_iris( )
data, targets = scale( iris. data), iris. target
```

鸢尾花数据集中的每个样本有四个特征。对于四维数据，无法对其进行可视化，故使用 PCA 降维，选择两个主成分将四维数据降低到二维，再进行数据可视化，如代码清单 9-2 所示。

代码清单 9-2　PCA 降维鸢尾花数据集

```
from sklearn. decomposition import PCA
pca = PCA( n_components = 2)
y = pca. fit_transform( data)
```

降维后的第一个主成分的方差贡献率为 0.7296，第二个主成分的方差贡献率为 0.2285。两者的累计方差贡献率为 0.9581。如图 9-1 所示，只用第一个主成分和第二个主成分就能较好地在二维空间表示原始数据。

为直观理解主成分分析中坐标轴旋转的过程，本例只挑选出花瓣长度和花瓣宽度两个属性进行阐述。通过计算，第一主成分（first principle）轴的方向为 $\left(\frac{\sqrt{2}}{2}, \frac{\sqrt{2}}{2} \right)$，主成分分析相当于将原始坐标系绕原点逆时针旋转了 45°后旋转到红色的坐标轴，如图 9-2 所示。

将图 9-2 中红色坐标轴摆正，得到数据集的主成分表示，如图 9-3 所示。该坐标系中，第一主成分的贡献率为 0.9814，第二主成分（second principle）的贡献率为 0.0186。可见第

一主成分贡献了绝大部分信息。从图 9-3 中也可以看出，第一主成分上样本的取值分散程度要远大于第二主成分。

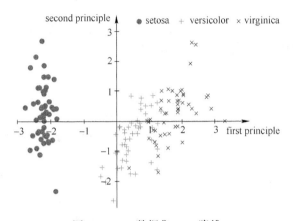

图 9-1　iris 数据集 PCA 降维

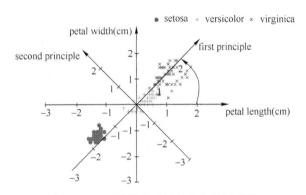

图 9-2　iris 数据集花瓣长度和花瓣宽度

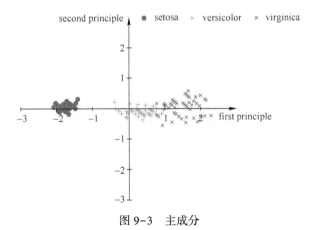

图 9-3　主成分

9.2　奇异值分解

奇异值分解（Singular Value Decomposition，SVD）是一种机器学习中的常用算法，被广泛应用于数据降维、数据压缩等。奇异值分解是指，对于任意一个矩阵 $A_{m \times n}$，都可以将其分解为三个矩阵乘积的形式。即

$$A_{m \times n} = U \Sigma V^{\mathrm{T}} \tag{9-21}$$

其中，$U = (\vec{u}_1, \vec{u}_2, \cdots, \vec{u}_m)$ 和 $V = (\vec{v}_1, \vec{v}_2, \cdots, \vec{v}_n)$ 分别为 m 阶和 n 阶正交方阵。$\Sigma = \mathrm{diag}(\sigma_1, \sigma_2, \cdots, \sigma_{\min(m,n)})$ 是大小为 $m \times n$ 的对角阵，且对角线上的元素从大到小排列。称 U 为左奇异矩阵，V 为右奇异矩阵，Σ 为奇异值矩阵。

9.2.1　奇异值分解的构造

根据 A 可以构造一个实对称矩阵 AA^{T}，且有 $\mathrm{rank}(A^{\mathrm{T}}A) = \mathrm{rank}(A) = r$。对 AA^{T} 进行特征值分解并按照从大到小的顺序对特征值进行排列，可以得到 n 个单位特征值，记为

$$\lambda_1 \geqslant \lambda_2 \geqslant \cdots \geqslant \lambda_r > \lambda_{r+1} = \lambda_{r+1} = \cdots = \lambda_n = 0 \tag{9-22}$$

其中包含 r 个非 0 的特征值，以及 $n-r$ 个 0 特征值，对应的单位特征向量记为 $V = \{\vec{v}_1, \vec{v}_2, \cdots, \vec{v}_r, \vec{v}_{r+1}, \cdots, \vec{v}_n\}$，其中前 r 个单位特征向量固定，后 $n-r$ 个特征向量可以是齐次线性方程组 $A^{\mathrm{T}}A\,\vec{x} = 0$ 的任意单位基础解系。可以证明

$$\|A\vec{v}_i\|^2 = (A\vec{v}_i)^{\mathrm{T}}(A\vec{v}_i) = \vec{v}_i^{\mathrm{T}}A^{\mathrm{T}}A\vec{v}_i = \vec{v}_i^{\mathrm{T}}\lambda_i\vec{v}_i = \lambda_i\|\vec{v}_i\|^2 = \lambda_i \tag{9-23}$$

将 $A^{\mathrm{T}}A\vec{v}_i = \lambda_i\vec{v}_i$ 等式两端同时乘以 A 得到 $AA^{\mathrm{T}}(A\vec{v}_i) = \lambda_i(A\vec{v}_i)$，可以看到 λ_i 同时也是方阵 AA^{T} 的特征值，其对应的特征向量为 $A\vec{v}_i$。记 $\sigma_i = \sqrt{\lambda_i}$，$\vec{u}_i = \dfrac{A\vec{v}_i}{|A\vec{v}_i|} = \dfrac{A\vec{v}_i}{\sigma_i}$，则

$$\begin{aligned} AV_r &= (A\vec{v}_1, A\vec{v}_2, \cdots, A\vec{v}_r) \\ &= (\sigma_i\vec{u}_1, \sigma_i\vec{u}_2, \cdots, \sigma_i\vec{u}_r) \\ &= U_r \Sigma_r \end{aligned} \tag{9-24}$$

其中，$U_r = \{\vec{u}_1, \vec{u}_2, \cdots, \vec{u}_r\}$；$\Sigma_{r \times r} = \mathrm{diag}(\sigma_1, \sigma_2, \cdots, \sigma_r)$。则有

$$A = U_r \Sigma_r V_r^{\mathrm{T}} \tag{9-25}$$

这样就通过构造法构造了矩阵 A 的一个奇异值分解。同时也间接证明了奇异值分解的存在性。$U_r \Sigma_r V_r^{\mathrm{T}}$ 又称为矩阵的满秩分解。

若将 Σ 通过增加全 0 行或全 0 列的方式表示成 $m \times n$ 阶矩阵 $\Sigma_{m \times n}$ 的形式，并计算齐次线性方程组 $AA^{\mathrm{T}}\,\vec{x} = 0$ 的任意一个单位基础解系，表示为 $U_{r+1:m} = \{\vec{u}_{r+1}, \vec{u}_{r+2}, \cdots, \vec{u}_m\}$；计算齐次线性方程组 $A^{\mathrm{T}}A\,\vec{x} = 0$ 的任意一个单位基础解系，表示为 $V_{r+1:n} = \{\vec{v}_{r+1}, \vec{v}_{r+2}, \cdots, \vec{v}_n\}$，令 $U_{m \times m} = (U_r, U_{r+1:m})$，$V_{n \times n} = (V_r, V_{r+1:n})$，则有

$$A = U \Sigma V = (U_r, U_{r+1:m}) \begin{pmatrix} \Sigma_r & 0 \\ 0 & 0 \end{pmatrix} \begin{pmatrix} V_r \\ V_{r+1:n} \end{pmatrix} = U_r \Sigma_r V_r^{\mathrm{T}} \tag{9-26}$$

当矩阵 AA^{T} 或者 $A^{\mathrm{T}}A$ 不是满秩矩阵时，由于 $AA^{\mathrm{T}}\,\vec{x} = \lambda\,\vec{x} = \vec{0}$ 及 $A^{\mathrm{T}}A\,\vec{x} = \vec{0}$ 存在多个基

础解系, 可以看出矩阵的奇异值分解可能有不止一种表示, 当且仅当 AA^T 为满秩矩阵时, 矩阵 A 的奇异值分解存在唯一解。

9.2.2 奇异值分解用于数据压缩

矩阵的 F-范数 定义矩阵 $A_{m \times n}$ 的 F-范数（Frobenius 范数）为矩阵中所有元素的平方和的再开方

$$\|A\|_F = \left(\sum_{i=1}^m \sum_{j=1}^n a_{ij}^2 \right)^{\frac{1}{2}} \tag{9-27}$$

根据矩阵加法的性质, 矩阵的奇异值分解还可以表示成如下形式

$$A = U\Sigma V^T = \sum_{i=1}^r \sigma_i \vec{u}_i \vec{v}_i^T \tag{9-28}$$

其中, 每个 $\vec{u}_i \vec{v}_i^T$ 是秩为 1 的 $m \times n$ 阶矩阵, σ_i 是其对应的权重。从这个角度上讲, 任何一个矩阵都可以写成是若干个子矩阵加权求和的形式

$$\|A\|_F^2 = (U\Sigma V^T)^2 = \left(\sum_{i=1}^r \sigma_i \vec{u}_i \vec{v}_i^T \right)^2 = \sum_{i=1}^r \sigma_i^2 \vec{u}_i \vec{v}_i^T \vec{v}_i \vec{u}_i^T = \sum_{i=1}^r \sigma_i^2 \tag{9-29}$$

可以证明, 从集合 $\{1, 2, \cdots, r\}$ 中任选 k 个不同的元素 $\{p_1, p_2, \cdots, p_k\}$, 有

$$\text{rank}\left(\sum_{i=1}^k \sigma_{p_i} \vec{u}_{p_i} \vec{v}_{p_i}^T \right) = k \tag{9-30}$$

对于式（9-29）的展开式, 记其前 j 项累加和为 B_j, 即

$$B_j = \sum_{i=1}^j \sigma_i \vec{u}_i \vec{v}_i^T \tag{9-31}$$

有 $\text{rank}(B_j) = j$。可以证明 B_j 是所有秩为 j 的矩阵中, 能使 $A - B_j$ 的 F-范数 $\|A - B_j\|_F$ 达到最小的, 即 L2 损失函数最小, 且损失值为 $\sum_{i=j+1}^p \sigma_i^2$。据此, 可以对矩阵在 L2 损失指导下进行压缩, 压缩后的矩阵是在 L2 损失为 $\sum_{i=j+1}^r \sigma_i \vec{u}_i \vec{v}_i^T$ 情况下的近似。可以参考主成分分析中的累计方差贡献率, 只保留 σ 最大的前 k 项, 完成数据压缩。压缩后的数据表示为

$$A = U_k \Sigma_k V_k^T \tag{9-32}$$

式（9-32）称为矩阵 A 的截断奇异值分解。

在进行数据压缩时, 原始数据需要的存储空间记为 $s = m \times n$。压缩后需要的存储空间是存储三个矩阵需要的空间大小, 记为 $t = m \times k + k + n \times k$。要想达到数据压缩的目的, 需要满足 $t < s$, 即 $k < \dfrac{mn}{m+n+1}$。实际应用中往往有 $k \ll m$ 使得该式成立。

9.2.3 SVD 与 PCA 的关系

实际上, 如果将矩阵 $A_{m \times n}$ 看作是一个样本集合, 其中的行看作特征随机变量, 列看作每一个样本。当对数据集进行规范化后, 矩阵 $A^T A$ 就是样本集合的协方差矩阵。这样, SVD 分解后的右奇异矩阵 V^T 就是 PCA 分析中的特征向量组成的矩阵。

9.2.4 奇异值分解的几何解释

在标准坐标系中，一个 n 维的向量 $\vec{x}$ 可以用如下形式表示

$$\vec{x} = x_1\vec{e}_1 + x_2\vec{e}_2 + \cdots + x_n\vec{e}_n = \sum_{i=1}^{n} x_i\vec{e}_i = (\vec{e}_1, \vec{e}_2, \cdots, \vec{e}_n) \begin{pmatrix} x_1 & & & \\ & x_2 & & \\ & & \ddots & \\ & & & x_n \end{pmatrix} \quad (9\text{-}33)$$

其中，$E = (\vec{e}_1, \vec{e}_2, \cdots, \vec{e}_n)$ 为 n 维空间的一个基或一组坐标轴；$(x_1, x_2, \cdots, x_n)$ 是在每个坐标轴上的取值，称为 $\vec{x}$ 在基 E 下的描述。

对向量 $\vec{x}$ 使用矩阵 A 进行线性变换得到向量 $\vec{z}$，有

$$\vec{z} = A\vec{x} = U\Sigma V^T \vec{x} \quad (9\text{-}34)$$

由 PCA 分析，式 (9-34) 中 $V^T\vec{x}$ 表示旋转坐标系，将 $\vec{x}$ 转化为新坐标系下表述的过程，记为 $\vec{y} = V^T\vec{x} = (y_1, y_2, \cdots, y_n)^T$。这样 $A\vec{x}$ 可以写作（假设 A 用满秩奇异值分解表示，即 $A = U_r \Sigma_r V_r^T$）

$$\vec{z} = A\vec{x} = U\Sigma V^T \vec{x} = U\Sigma\vec{y} = (\vec{u}_1, \vec{u}_2, \cdots, \vec{u}_r) \begin{pmatrix} \sigma_1 y_1 & & & \\ & \sigma_2 y_2 & & \\ & & \ddots & \\ & & & \sigma_r y_r \end{pmatrix} \quad (9\text{-}35)$$

可以发现 $(\sigma_1 y_1, \sigma_2 y_2, \cdots, \sigma_r y_r)$ 相当于是在基 $U = (\vec{u}_1, \vec{u}_2, \cdots, \vec{u}_r y_r)$ 下对向量 $\vec{z}$ 的描述。也即 $(y_1, y_2, \cdots, y_r)$ 是基 $U' = \left(\dfrac{\vec{u}_1}{\sigma_1}, \dfrac{\vec{u}_2}{\sigma_2}, \cdots, \dfrac{\vec{u}_r}{\sigma_r}\right)$ 下的描述。那么 U' 即为将 $\vec{x}$ 所在的坐标系经过 V^T 旋转得到的坐标系。

所以 $\vec{z} = A\vec{x}$ 可以描述为，首先对 $\vec{x}$ 所在的坐标系进行旋转，并将 $\vec{x}$ 表示为新坐标系 U' 下的表示 $\vec{y}$，然后将 y_i 沿新坐标系下的第 i 个轴 $\vec{u}_i'$ 伸缩为原来的 σ_i 倍。如果在原始坐标系 $E = (\vec{e}_1, \vec{e}_2, \cdots, \vec{e}_n)$ 中，随机变量 $\vec{x}$ 分布在一个半径为 R 的超球面上，那么 $\vec{z}$ 将会是新坐标系 U 下的一个超椭圆，且第 i 个轴上的半径为 $R\sigma_i$。

9.2.5 实例：基于奇异值分解实现图片压缩

Lenna 图[⊖]是计算机图形学中广为使用的示例图片，如图 9-4 所示。

本节使用 SVD 对 Lenna 图进行压缩。压缩使用的核心代码如代码清单 9-3 所示。在 SVD 类的构造函数中，会根据传入的 img_path 参数读取 Lenna 图并进行 SVD 分解。相反的过程被封装在 compress_img 中。假设在压缩图片时使用了 k 个奇异值，compress_img 可以根据这些数据恢复原始图像。

⊖　图片来源：http://\omega\omega\omega.lenna.org/full/l_hires.jpg

图 9-4　Lenna 图

代码清单 9-3　使用 SVD 压缩图片

```python
import numpy as np
from PIL import Image

class SVD:
    def __init__(self, img_path):
        with Image.open(img_path) as img:
            img = np.asarray(img.convert('L'))
        self.U, self.Sigma, self.VT = np.linalg.svd(img)

    def compress_img(self, k: "# singular value") -> "img":
        return self.U[:, :k] @ np.diag(self.Sigma[:k]) @ self.VT[:k, :]
```

调用代码如代码清单 9-4 所示。

代码清单 9-4　调用 SVD

```python
model = SVD('lenna.jpg')
result = [
    Image.fromarray(model.compress_img(i))
    for i in [1, 10, 20, 50, 100, 500]
]
```

代码运行结果如图 9-5 所示，其中每个子图为 Lenna 图在不同 k 值下的压缩效果。可以看到当 $k \approx 100$ 时，就已经能够很好地表示原始图像了。

图 9-5 SVD 分解用于图像压缩，k 表示保留奇异值的个数

9.3 习题

一、填空题

1）列举常用的降维方法有_____、_____、_____、_____等。

2）奇异值分解被广泛应用于_____、_____等。

3）主成分分析的过程当中用到了_____，生产实际中需要我们根据_____。

4）_____是一种机器学习中的常用算法，被广泛应用于数据降维、数据压缩等。

5）降维对数据的处理主要包含_____和_____。特征筛选是指过滤掉数据中无用或冗余的特征，例如相对于年龄，出生年月就是冗余特征。

二、判断题

1）降维的目的就是降低数据的维度从而方便后续对数据的储存、可视化、建模等操作。（   ）

2）特征提取是指对现有特征进行重新组合产生新的特征，例如相对于年龄，出生年月就是冗余特征。（   ）

3）对于 n 维特征变量中的每个子变量，主成分分析使用样本集合中对应子变量上取值的方差来表示该特征的重要程度。方差越大，特征的重要程度越高；方差越小，特征的重要程度越低。（   ）

4）奇异值分解指对于任意一个矩阵 A_{mxn}，我们都可以将其分解为 4 个矩阵乘积的形式。（   ）

5）奇异值分解是一种机器学习中的常用算法，被广泛应用于数据降维、数据压缩等。（   ）

三、单选题

1）下列可以用于降维的机器学习方法是（　　　）。

A. 决策树　　　　　B. KNN　　　　　C. PCA　　　　　D. K-means

2）下列机器学习中降维任务的描述中准确的为（　　　）。

A. 依据某个准则对项目进行排序

B. 将其映射到低维空间来简化输入

C. 预测每个项目的实际值

D. 对数据对象进行分组

3）下列可以通过机器学习解决的任务为（　　　）。

A. 聚类、降维

B. 回归、迭代

C. 分类、抽象

D. 派生、推荐

4）下列关于主成分分析的表述错误的是（　　　）。

A. 主成分分析方法是一种数据降维的方法

B. 通过主成分分析，可以将多个变量缩减为少数几个新的变量，而信息并没有损失，或者说信息损失很少

C. 通过主成分分析，可以用较少的新的指标来代替原来较多的指标反映的信息，并且新的指标之间是相互独立的

D. 主成分分析是数据增维的方法

5）下列关于奇异值分解的表述正确的是（　　　）。

A. 只有方阵能进行奇异值分解

B. 只有非奇异矩阵能进行奇异值分解

C. 任意矩阵都能进行奇异值分解

D. 对称矩阵的奇异值就是其特征值

四、简答题

1）特征降维和特征选择是特征工程中的两个常见概念。两者有哪些区别？

2）自然语言处理中常见的词向量嵌入也可以视为降维。词向量嵌入是如何实现的？

3）本章推导 PCA 时假设降维后的数据方差越大，其中包含的信息越多。这样的假设是否合理？

4）接上问，是否可以基于其他假设推导 PCA？

5）线性判别分析（Linear Discriminative Analyze，LDA）有时也被用于降维，其与 PCA 有何区别？

第 10 章 聚 类 算 法

聚类的目的是对样本集合进行自动分类，以发掘数据中隐藏的信息、结构，从而发现可能的商业价值。聚类时，相似的样本被划分到相同的类别，不同的样本被划分到不同的类别。聚类的宗旨是：类内距离最小化，类间距离最大化。即同一个类别中的样本应该尽可能靠拢，不同类别的样本应该尽可能分离，以避免误分类的发生。

聚类任务的形式化描述为：给定样本集合 $D = \{ \vec{x}_1, \vec{x}_2, \cdots, \vec{x}_m \}$，通过聚类算法将样本划分到不同的类别，使得特征相似的样本被划分到同一个簇，不相似的样本划分到不同的簇，最终形成 k 个簇 $C = \{ C_1, C_2, \cdots, C_k \}$。聚类分为硬聚类和软聚类。对于硬聚类，聚类之后形成的簇互不相交，即对任意的两个簇 C_i 和 C_j，有 $C_i \cap C_j = \varnothing$；对于软聚类，同一个样本可能同时属于多个类别。

10.1 距离度量

聚类过程中需要计算样本之间的相似程度，即样本之间距离的度量。常用的距离度量方式有：闵可夫斯基距离、余弦相似度、马氏距离、汉明距离等。

10.1.1 闵可夫斯基距离

闵可夫斯基距离（Minkowski Distance）将样本看作高维空间中的点来进行距离的度量。设给定样本点的集合 D，对于其中任意的 n 维向量 $\vec{x}_i = (x_i^1, x_i^2, \cdots, x_i^n)^{\mathrm{T}}$ 和 $\vec{x}_j = (x_j^1, x_j^2, \cdots, x_j^n)^{\mathrm{T}}$，闵可夫斯基距离定义为

$$m_{ij} = \left(\sum_{k=1}^{n} |x_i^k - x_j^k|^p \right)^{\frac{1}{p}} \tag{10-1}$$

其中，$p \geq 1$，$|x_i^k - x_j^k|^p$ 为 $x_i^k - x_j^k$ 的 p 范数。当 $p = 1$ 时，有

$$m_{ij} = \sum_{k=1}^{n} |x_i^k - x_j^k| \tag{10-2}$$

此时，又称为曼哈顿距离（Manhattan Distance），即绝对值之和。直观上，当 $n = 2$ 时，曼哈顿距离表示从 $\vec{x}_i$ 出发，只能沿水平或竖直方向前进到达 $\vec{x}_j$ 的最短距离。当 $p = 2$ 时，有

$$m_{ij} = \left(\sum_{k=1}^{n} |x_i^k - x_j^k|^2 \right)^{\frac{1}{2}} \tag{10-3}$$

此时，又称为欧几里得距离或者欧式距离（Euclidean Distance）。直观上，当 $n = 2$ 时，欧式距离表示二维空间上两点之间的直线距离。当 $p = \infty$ 时，有

$$m_{ij} = \max_k |x_i^k - x_j^k| \tag{10-4}$$

此时，又称为切比雪夫距离（Chebyshev Distance）。直观上，当 $n = 2$ 时，切比雪夫距离表示

横坐标和纵坐标方向上分量之差的绝对值的最大值。

不同种类的闵可夫斯基距离比较如图 10-1 所示。

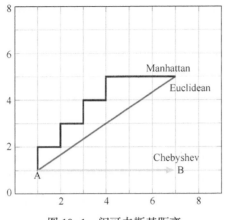

图 10-1　闵可夫斯基距离

使用闵可夫斯基距离作为距离度量时，两个样本之间的距离越小，相似度越大；两个样本点之间的距离越大，相似度越小。

10.1.2　余弦相似度

余弦相似度（Cosine Similarity）通过将样本看作是高维空间的向量进行度量。给定样本向量 $\vec{x}_i$ 和 $\vec{x}_j$，两者之间的余弦相似度定义为

$$c_{ij} = \frac{\sum_{k=1}^{n} x_i^k x_j^k}{\sqrt{\sum_{k=1}^{n} x_i^k \sum_{k=1}^{n} x_j^k}} \tag{10-5}$$

当 $n=2$ 时，余弦相似度表示二维空间中两条直线之间夹角的余弦值。使用余弦相似度进行距离度量时，两个样本之间的夹角越小，相似度越大；夹角越大，相似度越小。

10.1.3　马氏距离

马哈拉诺比斯距离（Mahalanobis Distance），又称马氏距离。生产环境中，变量之间往往存在一定的相关性，如人的身高和体重，马氏距离能够同时考虑变量之间的相关性且又独立于尺度。

给定用矩阵表示的样本集合 $X = (x_{ij})_{m \times n}$，矩阵中的每列表示样本的一个特征分量，每行表示一个样本。样本集合的协方差矩阵记为 Σ，则对于任意给定样本 $\vec{x}_i$ 和 $\vec{x}_j$，两者之间的马氏距离定义为

$$m_{ij} = \sqrt{(\vec{x}_i - \vec{x}_j)^{\mathrm{T}} \Sigma^{-1} (\vec{x}_i - \vec{x}_j)} \tag{10-6}$$

可以看到，当样本的各个特征分量两两无关，即矩阵 $\vec{x}$ 的协方差矩阵为单位矩阵时，马氏距离退化为欧式距离，即欧式距离是马氏距离的特例。使用马氏距离作为度量时，两个样本之间的距离越小，相似度越大；距离越大，相似度越小。

10.1.4 汉明距离

令样本各分量的取值只能为 0 或 1 时,即 $x_i^k \in \{0, 1\}$,则样本 $\vec{x}_i$ 和 $\vec{x}_j$ 之间的汉明距离定义为

$$h_{ij} = \sum_{k=1}^{n} I\{x_i^k \neq x_j^k\} \tag{10-7}$$

汉明距离规定样本各分量的取值只能为 0 或者 1,通过比较两个样本的每个特征分量是否相同来进行距离度量。使用汉明距离进行度量时,距离越小,相似度越大;距离越大,相似度越小。

不同的距离度量方式有着各自不同的适用场景,例如,欧式距离计算的是高维空间中两点之间的距离,而余弦相似度计算的则是两个高维向量之间的余弦夹角。假设表示两个样本的向量 $\vec{x}_i$ 和 $\vec{x}_j$ 线性相关,即 $\vec{x}_i = \lambda \vec{x}_j$,则它们的余弦相似度为 1,表示两者完全相同,但欧式距离不一定为 0(欧式距离为 0 时,两者完全相同)。

10.2 层次聚类

层次聚类是一种按照不同的尺度逐层进行聚类的一种聚类方法,聚类后的模型呈树状结构,每个样本处于树中叶节点的部分,非叶节点表示不同尺度下的类别。特别的,树的根节点表示将所有的样本都划分到同一个类别。聚类后,依据预先设定的类别数目,在相应的尺度上对树进行"剪枝",剪枝下来的每棵子树中的所有节点形成一个类,用该类中所有节点的均值作为类的中心点 C_i^*,即该类的标记。在预测时,对于新的样本点,可以计算样本点与每个类别中心点的相似度,将其划分到距离最小的类别。考虑到不同的类别规模可能不同,在距离度量方式使用欧式距离的时候,也可以在欧式距离的基础上减去每个类的半径后再进行分类,类的半径定义为类中距类的中心点距离最远的样本到类的中心点的距离,即

$$r_i = \max_{c=1,2,\cdots,|C_k|} d_{ic} \tag{10-8}$$

其中,d_{ic} 表示第 i 个类别的中心点与类中第 c 个样本之间的相似度;$|C_k|$ 表示类别 C_k 中样本的数目。

层次聚类可自底向上进行,也可以自顶向下进行。在自顶向下进行时,首先将所有的样本都划分到同一个类别作为树的根节点,然后依据一定的距离度量方式将根节点划分成两棵子树,在子树上递归进行划分直到子树中只剩一个样本为止,此时的子树为叶节点。在自底向上进行时,首先将每一个样本都划分到一个单独的类,然后依据一定的距离度量方式每次将距离最近的两个类别进行合并,直到所有的样本都合并为一个类别为止。

定义两个类别 C_i 和 C_j 之间的最小距离函数为两个类别中距离最小的两个样本之间的距离,即

$$d_{\min}(C_i, C_j) = \min\{d(\vec{x}_p, \vec{x}_q) \mid \vec{x}_p \in C_i, \vec{x}_q \in C_j\} \tag{10-9}$$

定义两个类别 C_i 和 C_j 之间的最大距离函数为两个类别中距离最大的两个样本之间的距离,即

$$d_{\max}(C_i, C_j) = \max\{d(\vec{x}_p, \vec{x}_q) \mid \vec{x}_p \in C_i, \vec{x}_q \in C_j\} \qquad (10\text{-}10)$$

定义两个类别 C_i 和 C_j 之间的平均距离函数为两个类别中所有样本之间距离的平均距离，即

$$d_{avg}(C_i, C_j) = \frac{1}{|C_i||C_j|} \sum_{\vec{x}_p \in C_i} \sum_{\vec{x}_q \in C_j} d(\vec{x}_p, \vec{x}_q) \qquad (10\text{-}11)$$

定义两个类别 C_i 和 C_j 之间的中心距离为两个类别中心点 $\vec{x}_i$ 和 $\vec{x}_j$ 之间的距离，即

$$d_{cen}(C_i, C_j) = d(\vec{x}_i, \vec{x}_j) \qquad (10\text{-}12)$$

其中

$$\vec{x}_i = \frac{1}{|C_i|} \sum_{\vec{x}_p \in C_i} \vec{x}_p$$
$$\vec{x}_j = \frac{1}{|C_j|} \sum_{\vec{x}_q \in C_j} \vec{x}_q \qquad (10\text{-}13)$$

层次聚类一般使用类间的最小距离作为距离的度量。自底向上的层次算法的描述如算法 10-1 所示。

算法 10-1 层次聚类

输入： 样本集合 $D = \{\vec{x}_1, \vec{x}_2, \cdots, \vec{x}_m\}$；聚类的类别数目 K

输出： 层次化聚类形成的簇的集合

1. 初始化过程:将每个样本初始化为一个类

$$C_i = \{\vec{x}_i\}, \quad i \in \{1, 2, \cdots, m\}$$

返回结果的集合的初始化

$$A_1 = \bigcup_{i=1}^{m} \{C_i\}$$

初始化类别索引集合

$$I = \{1, 2, \cdots, m\}$$

并计算两两之间的距离

$$D(i,j) = d(C_i, C_j), \quad i,j \in \{1, 2, \cdots, m\}$$

2. 不断合并距离最小的类别，形成新类，直到所有的样本都合并为一个类别

for $k = 1, 2, \cdots, m-1$ // 记录迭代次数

    $p, q = \underset{i,j \in I, i \neq j}{\arg\min} D(i,j)$ // 找到距离最近的两个类的索引

    $C_{m+k} = C_p \cup C_q$

    $I = (I \backslash \{p, q\}) \cup \{m+k\}$ // 更新类的索引集合

    $D_{i,m+k} = d(C_i, C_{m+k}), \quad i \in I - \{m+k\}$

    $A_{k+1} = (A_k \backslash \{C_p, C_q\}) \cup \{C_{m+k}\}$

end for

Return A_{m+1-K} // 对任意给定的聚类数目 K，返回聚类形成的簇的集合

上面介绍的算法需要用所有的样本建立一棵完整的树。实际建立树的过程中，如果预先

指定了聚类的数目K，则在整个样本集合被分成K个类别时即可停止建树的过程。

10.3 K-Means 聚类

K-Means 聚类又称 K-均值聚类。对于给定的欧式空间中的样本集合，K-Means 聚类将样本集合划分为不同的子集，每个样本只属于其中的一个子集。K-Means 算法是典型的 EM 算法，通过不断迭代更新每个类别的中心，直到每个类别的中心不再改变或者满足指定的条件为止。

K-Means 聚类需要指定聚类的类别数目K。首先，任意初始化K个不同的点，当作每个类别的中心点，将样本集合中的每个样本划分到距离其最近的类别。然后对每个类别，以其中样本的均值作为新的类别中心，继续将每个样本划分到距离其最近的类别，直到类别中心不再发生显著变化为止。K-Means 算法的过程描述如算法 10-2 所示。

算法 10-2 K-Means 聚类

输入：样本集合$D = \{\vec{x}_1, \vec{x}_2, \cdots, \vec{x}_m\}$；聚类的类别数目$K$；阈值$\epsilon$

输出：K-Means 聚类形成的簇的中心

1. 从D中抽取K个不同的样本作为每个类别的中心点，每个类别的中心用C_i^*表示

$$C_i^* = \text{Random}(D), \quad i \in \{1, 2, \cdots, K\}$$

while 每个类别中心的变化$\Delta C_i^* > \epsilon, \quad i \in \{1, 2, \cdots, K\}$

2. 将每个样本划分到与其距离最近的样本

$$C_i = \{x_j \mid i = \underset{k \in \{1, 2, \cdots, K\}}{\text{argmin}} d(x_j, C_k^*)\}$$

3. 更新每个类别的中心

$$C_i^* = \frac{1}{|C_i|} \sum_{x \in C_i} x$$

end while

Return $\{C_i^* \mid i = 1, 2, \cdots, K\}$ // 返回聚类形成的每个类别的中心

可以证明，K-Means 聚类是一个收敛的算法，证明过程本书略。K-Means 聚类不能保证收敛到全局最优解，所以每次随机选取的类别中心不同，聚类的结果也会不同。关于K值的选取，一般需要根据实际问题指定，也可以多次尝试不同的K值，从而选取其中效果最佳的值。

K-Means 聚类是一个广泛使用的聚类算法，以人脸聚类为例。假定现有一片杂乱无章的照片，需要将同一个人的照片都划分到相同的类别。首先，通过人脸识别算法为每张照片中的人脸提取特征向量；然后，使用 K-Means 聚类算法对人脸特征向量进行聚类，这样就能够实现一个智能相册。

10.4 K-Medoids 聚类

K-Medoids 聚类与 K-Means 聚类的原理相似，不同的是，K-Means 聚类可以用不在样

本集合中的点表示每个类别的中心，而 K-Medoids 聚类则要求每个类别的中心必须是样本中的点。K-Medoids 算法的过程描述如算法 10-3 所示。

算法 10-3　K-Medoids 聚类

输入：样本集合 $D = \{\vec{x}_1, \vec{x}_2, \cdots, \vec{x}_m\}$；聚类的类别数目 K

输出：K-Medoids 聚类形成的簇的中心

1. 从 D 中抽取 K 个不同的样本作为每个类别的中心点，每个类别的中心用 C_i^* 表示

$$C_i^* = \text{Random}(\{1, 2, \cdots, m\}), \quad i \in \{1, 2, \cdots, K\}$$

缓存每个样本点之间的距离 d_{ij}

$$d_{ij} = d_{ji} = d(\vec{x}_i, \vec{x}_j), \quad i, j \in \{1, 2, \cdots, m\}$$

repeat

2. 将每个样本划分到与其距离最近的样本

$$C_i = \{x_j \mid i = \operatorname*{argmin}_{k \in \{1, 2, \cdots, K\}} d_{j, C_k^*}\}$$

3. 更新每个类别的中心

$$C_i^* = \operatorname*{argmin}_{j \in C_i} \sum_{p \in C_i} d_{pj}$$

until $\{C_i^* \mid i = 1, 2, \cdots, K\}$ 不再发生变化

Return $\{C_i^* \mid i = 1, 2, \cdots, K\}$ 　// 返回聚类形成的每个类别的中心

10.5　DBSCAN

基于密度的聚类方法通过空间中样本分布的密度进行聚类，能够对任意形状的簇进行聚类，而基于距离的聚类方法（如 K-Means）形成的簇则呈球状。直观上，在二维空间中，K-Means 聚类的结果是，每个簇都是一个圆形，而基于密度的聚类方法则能够实现对任意形状的簇的聚类。

DBSCAN 是一种典型的基于密度的聚类方法。该方法由两个参数确定，ϵ 表示半径，MinPts 表示点的数目阈值，通常参数使用一个二元组 $(\epsilon, \text{MinPts})$ 表示。在描述 DBSCAN 算法之前，首先进行如下定义。

1）ϵ-邻域：样本集合 D 中任意一点 $\vec{x}_i$ 的 ϵ-邻域，表示以 $\vec{x}_i$ 为中心，到 $\vec{x}_i$ 的半径不超过 ϵ 的样本点组成的集合，记为 $N_\epsilon(\vec{x}_i) = \{\vec{x}_j \mid d(\vec{x}_i, \vec{x}_j) \leq \epsilon\}$。

2）核心点（Core Point）：对任意的样本点 $\vec{x}_i$，如果 $\vec{x}_i$ 的 ϵ-邻域内包含的点的数目大于等于 MinPts，即 $N_\epsilon(\vec{x}_i) \geq \text{MinPts}$，则称 $\vec{x}_i$ 为一个核心点。

3）边界点（Border Point），如果样本 $\vec{x}_i$ 不是核心点，但是它被包含在至少一个其他核心点的 ϵ-邻域内，则称 $\vec{x}_i$ 为边界点。

4）噪声点（Noise Point）：如果样本 $\vec{x}_i$ 既不是核心点也不是边界点，则该样本为噪声点，聚类时将被忽略。可见 DBSCAN 聚类具有一定的抗干扰能力。

5）密度直达（Directly Density-reachable）：如果样本 $\vec{x}_j$ 位于样本 $\vec{x}_i$ 的 ϵ-邻域内，则

称由 $\vec{x}_i$ 到 $\vec{x}_j$ 可密度直达。

6）密度可达（Density-reachable）：对于样本 $\vec{x}_i$ 和样本 $\vec{x}_j$，如果存在一个密度直达样本序列 $\vec{x}_i, \vec{p}_1, \vec{p}_2, \cdots, \vec{p}_n, \vec{x}_j$，则称由 $\vec{x}_i$ 到 $\vec{x}_j$ 密度可达。

7）密度相连（Density-connected）：对于样本 $\vec{x}_i$ 和样本 $\vec{x}_j$，如果存在一个样本点 $\vec{p}$，使得 $\vec{x}_i$ 和 $\vec{x}_j$ 都由 $\vec{p}$ 密度可达，则称样本 $\vec{x}_i$ 和样本 $\vec{x}_j$ 密度相连。

DBSCAN 算法的过程描述如算法 10-4 所示。

算法 10-4　DBSCAN 聚类

输入：样本集合 D，聚类参数二元组 $(\epsilon, \mathrm{MinPts})$

输出：DBSCAN 聚类形成的簇的集合

初始化核心对象的集合

$$\Omega = \bigcup_{N_\epsilon(\vec{x}_j) \geq \mathrm{MinPts}} \{\vec{x}_i\}$$

$C = \varnothing$ 　// 聚类形成的簇的集合

while $\Omega \neq \varnothing$

　　从 Ω 中取出一个样本 $\vec{x}$，即 $\Omega = \Omega - \{\vec{x}\}$，并初始化一个队列 $Q = \{\vec{x}\}$

　　$C_k = \{\vec{x}\}$

　　while $Q \neq \varnothing$

　　　　从 Q 中取出队首元素 q

　　　　$C_k = C_k \cup (N_\epsilon(q) \cap \Omega)$

　　　　$Q = Q \cup (N_\epsilon(q) \cap \Omega)$

　　　　$\Omega = \Omega - N_\epsilon(q)$

　　end while

　　$C = C \cup \{C_k\}$

end while

return C

DBSCAN 聚类的聚类过程可描述为：给定参数 ϵ 和 MinPts，任选一个核心点作为种子，并以此为基础，依据密度可达的标准形成一个簇。之后不断选择未被使用的核心点作为新的种子并形成新的簇，直到所有的核心点都被使用完毕，聚类结束。可以看到 DBSCAN 聚类算法不需要指定聚类的数目。对于密度太低的点，DBSCAN 具有一定的抗干扰能力。

图 10-2 是通过数据采样工具随机生成的两个月牙形的簇和一个圆形的簇。现分别在其上运行 K-Means 聚类和 DBSCAN 聚类算法进行对比。如图 10-3a 所示，当指定聚类个数 $K=3$ 时，K-Means 聚类结果显然不符合数据的实际分布。如图 10-3b 所示，当指定 DBSCAN 聚类的参数为 $\epsilon = 0.25, \mathrm{MinPts} = 10$ 时，可以自动聚类得到 4 个类别，其中 * 为 DBSCAN 识别出来的噪声点，显示了 DBSCAN 聚类算法的抗干扰能力。除此之外，DBSCAN 将剩余的点正确聚为 3 个类别，与样本真实分布整体接近。

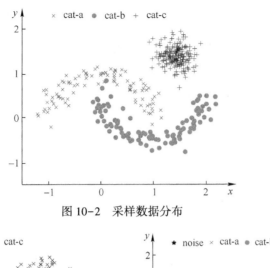

图 10-2　采样数据分布

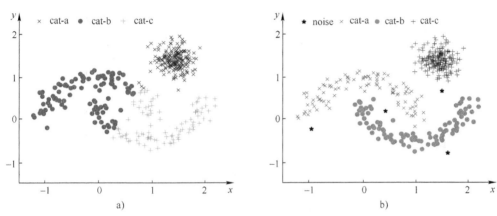

a)　　　　　　　　　　　　　　　　　　b)

图 10-3　K-Means 聚类对比 DBSCAN 聚类

对于 DBSCAN 聚类，若 ϵ 太大，则可能会导致聚类数目较少，若干相邻的簇可能会被合并为一个，极端情况下，会将所有样本聚为一个簇；若 MinPts 太大，同样可能会导致聚类数目较少。选择合适的参数非常重要。

10.6　实例：基于 K-Means 实现鸢尾花聚类

本节基于鸢尾花数据集实现 K-Means 聚类，整体流程与 8.5 节类似。模型训练与评估代码如代码清单 10-1 所示。

代码清单 10-1　K-Means 模型的训练与评估

```python
from sklearn. cluster import KMeans
from sklearn. datasets import load_iris
import matplotlib. pyplot as plt
if __name__ == '__main__':
    iris = load_iris()
    model = KMeans(n_clusters=3)
    pred = model. fit_predict(iris. data)
    print(score(pred, iris. target))
```

程序输出显示，模型的 purity 评分为 0.893。图 10-4 展示了模型的聚类结果。可以发现 Setosa（用 • 表示）的聚类效果较好，而另外两类样本（用×、+表示）由于本身差别不明显，所以聚类效果较差。

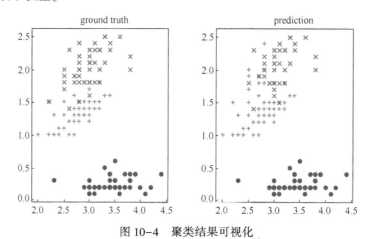

图 10-4　聚类结果可视化

10.7　习题

一、填空题

1）聚类过程中需要计算样本之间的_____，即样本之间距离的_____。常用的距离度量方式有：闵可夫斯基距离、余弦相似度、马氏距离、汉明距离等。

2）闵可夫斯基距离将样本看作_____来进行距离的度量。

3）汉明距离规定样本各分量的取值只能为_____或者_____，通过比较两个样本的每个特征分量是否相同来进行距离度量。

4）聚类的宗旨是：类内距离_____，类间距离_____。同一个类别中的样本应该尽可能靠拢，不同类别的样本应该尽可能分离，以避免误分类的发生。

5）K-Means 聚类又称_____。对于给定的欧式空间中的样本集合，K-Means 聚类将样本集合划分为不同的子集，每个样本只属于其中的一个子集。

二、判断题

1）使用马氏距离作为度量时，两个样本之间的距离越小，相似度越小；距离越大，相似度越大。（　　）

2）聚类的目的是对样本集合进行自动分类，以发掘数据中隐藏的信息、结构，从而发现可能的商业价值。（　　）

3）层次聚类只能自底向上进行。（　　）

4）层次聚类是一种按不同的尺度逐层进行聚类的一种聚类方法，聚类后的模型呈树状结构，每个样本处于树中叶子节点的部分，非叶子节点表示不同尺度下的类别。（　　）

5）K-Means 算法是典型的 EM 算法，通过不断迭代更新每个类别的中心，直到每个类别的中心不再改变或者满足指定的条件为止。（　　）

三、单选题

1）欧氏距离是闵可夫斯基距离阶为（　　　）的特殊情况。

A. 0.5　　　　　　B. 1　　　　　　C. 2　　　　　　D. ∞

2）在层次聚类中（　　　）。

A. 需要用户预先设定聚类的个数

B. 需要用户预先设定聚类个数的范围

C. 对于 N 个数据点，可形成 1 到 N 个簇

D. 对于 N 个数据点，可形成 1 到 N/2 个簇

3）关于 K-Means 算法的表述不正确的是（　　　）。

A. 算法开始时，K-Means 算法需要指定质心

B. K-Means 算法的效果不受初始质心选择的影响

C. K-Means 算法需要计算样本与质心之间的距离

D. K-means 属于无监督学习

4）K-Medoids 聚类与 K-Means 聚类最大的区别在于（　　　）。

A. 中心点的选取规则

B. 距离的计算方法

C. 聚类效果

D. 应用层面

5）DBSCAN 算法属于（　　　）。

A. 划分聚类　　　　B. 层次聚类　　　　C. 完全聚类　　　　D. 不完全聚类

四、简答题

1）什么是聚类？聚类和分类有什么区别？试用自己的语言描述。

2）K-Means 算法属于 EM 算法，试说明原因。

3）如果数据集中的某些样本包含类别标注，而大多数样本没有标注。应该如何修改 K-Means 算法使之有效利用标注信息进行聚类？

4）DBSCAN 可以对任意形状的簇进行聚类，为什么 K-Means 却不行？

5）试列举聚类分析的应用场景。

第11章 神经网络与深度学习

近些年来神经网络在计算机视觉、自然语言处理、语音识别等领域产生了突破性的进展，已经成功应用于生产实践并引发了新一轮人工智能的科技变革。人工智能逐渐赋能在各行各业，如智能交通、自动驾驶、智能制造、智慧医疗、智能客服、智能物流等。人们正在进入人工智能时代。

11.1 神经元模型

神经网络的基本组成单位是神经元模型，用于模拟生物神经网络中的神经元。生物神经网络中，神经元的功能是感受刺激传递兴奋。每个神经元通过树突接受来自其他被激活神经元通过轴突释放出来的化学递质，改变当前神经元内的电位，然后将其汇总。当神经元内的电位累计到一个水平时就会被激活，产生动作电位，然后通过轴突释放化学物质。

机器学习中的神经元模型类似于生物神经元模型，由一个线性模型和一个激活函数组成。表示为

$$y=f(\vec{\omega}^{\mathrm{T}}\vec{x}+b) \tag{11-1}$$

其中$\vec{x}$为上一层神经元的输出，$\vec{\omega}^{\mathrm{T}}$为当前神经元与上一层神经元的连接权重，$b$为偏置，$f$为激活函数。激活函数的作用是进行非线性化，这是因为现实世界中的数据仅通过线性化建模，往往不能够反映其规律。

常用的激活函数有 Sigmoid、ReLU、PReLU、Tanh、Softmax 等。下面是对部分激活函数的介绍。

（1）Sigmoid

$$\mathrm{Sigmoid}(x)=\frac{1}{1+\mathrm{e}^{-x}} \tag{11-2}$$

如图 11-1 所示，Sigmoid 函数的输出介于 0 到 1 之间。当$x=0$时，y接近于 0.5；当x远离原点 0 时，y快速向左逼近 0 或者向右逼近 1。Sigmoid 函数的优点有易于求导$\frac{\mathrm{d}y}{\mathrm{d}x}=y(1-y)$；输出区间固定，训练过程不易发散；可作为二分类问题的概率输出函数。当一个输入x有多个输出时，可以在神经网络的输出层使用多个 Sigmoid 函数计算其属于或不属于某个类别的概率。Sigmoid 函数的缺点在于当x远离原点时，Sigmoid 导数快速趋近于 0，当神经网络层数较深时容易造成梯度消失，这种现象称为饱和。

（2）ReLU

$$\mathrm{ReLU}(x)=\max(0,x) \tag{11-3}$$

ReLU（Rectified Linear Unit）函数是目前广泛使用的一种激活函数。如图 11-2 所示，ReLU 函数在$x>0$时导数值恒为 1，所以不存在梯度消失的问题。对比 Sigmoid 函数，ReLU 函数还有运算简单、求导简单等优点。此外，ReLU 还能起到很好的稀疏化作用，对$x\geqslant0$的

特征进行保留，对 $x<0$ 的特征则进行裁剪。ReLU 的缺点在于其会导致一些神经元无法激活，且输出分布不以 0 为中心。LeakyReLU（带泄露修正线性单元，是 ReLU 的变体）在 $x<0$ 时的输出值为 σx，其中 σ 是一个极小值，在保证能起到非线性化作用的情况下，使得神经元在 $x<0$ 时仍然能够被激活。

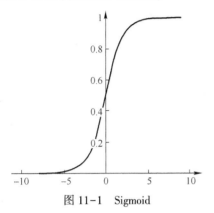

图 11-1　Sigmoid

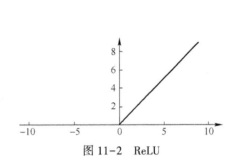

图 11-2　ReLU

（3）Tanh

$$y = \tanh x = \frac{e^x - e^{-x}}{e^x + e^{-x}} \qquad (11\text{-}4)$$

如图 11-3 所示，Tanh 的取值范围在 $(-1,1)$ 之间，其函数曲线与 Sigmoid 函数类似。Tanh 的导数为 $\frac{dy}{dx} = 1 - y^2$。Tanh 的值域要大于 Sigmoid，梯度更大，所以使用 Tanh 的神经网络往往收敛更快。

（4）Softmax

$$y_i = \text{Softmax}(\overrightarrow{x}, i) = \frac{e^{x_i}}{\sum_{j=1}^{n} e^{x_j}} \qquad (11\text{-}5)$$

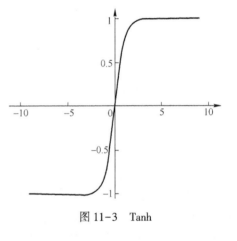

图 11-3　Tanh

Softmax 函数常用于将函数的输出转化为概率分布。例如，多分类问题中使用 Softmax 函数将模型的输出转化为每个类别的概率分布，如图 11-4 所示。直观上，当对一个样本进行分类时，使用 arg max 是最佳的选择。但是由于 arg max 不可导，所以需要用一个"软"的 max 来近似，这就是 Softmax 中 Soft 的由来。Softmax 可以看作是 arg max 的一个平滑近似。

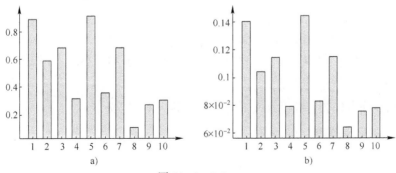

图 11-4　Softmax

11.2 多层感知机

多层感知机通过堆叠多个神经元模型组成，是最简单的神经网络模型。这里以一个 3 层的二分类感知机为例。图 11-5 中 $\vec{x}=(x_1,x_2)$ 称为输入层，包含两个节点，对应数据的两个特征；$\vec{y}=(y_1,y_2)$ 称为输出层，包含两个节点；除输入层 $\vec{x}$ 和输出层 $\vec{y}$ 之外的层称为隐藏层，图中只有一个隐藏层 $\vec{h}$，神经元节点个数为 4。输入层与隐藏层、隐藏层与输出层之间的神经元节点两两都有连接。输入层 $\vec{x}$ 没有激活函数，假设隐藏层 $\vec{h}$ 的激活函数为 Sigmoid，输出层的激活函数为 Softmax 函数。记输入层到隐藏层的参数为 $\vec{\alpha}^{\mathrm{T}}=(\vec{\alpha}_1^{\mathrm{T}},\vec{\alpha}_2^{\mathrm{T}},\cdots,\vec{\alpha}_4^{\mathrm{T}})$，其中 $\vec{\alpha}_i=(\alpha_{i1},\alpha_{i2})$；记隐藏层到输出层的参数为 $\vec{\beta}^{\mathrm{T}}=(\vec{\beta}_1^{\mathrm{T}},\vec{\beta}_2^{\mathrm{T}})$，其中 $\vec{\beta}_i=(\beta_{i1},\beta_{i2},\cdots,\beta_{i4})$。则整个多层感知机神经网络 $\vec{y}=f(\vec{x})$ 可以描述为

$$
\begin{aligned}
\vec{a} &= \vec{\alpha}^{\mathrm{T}}\ \vec{x} \\
\vec{h} &= \mathrm{Sigmoid}(\vec{a}) \\
\vec{z} &= \vec{\beta}^{\mathrm{T}}\ \vec{h} \\
\vec{y} &= \mathrm{Softmax}(\vec{z})
\end{aligned}
\tag{11-6}
$$

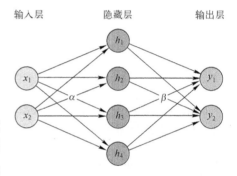

图 11-5　多层感知机

即 $\vec{y}=f(\vec{x})=\mathrm{Softmax}(\vec{\beta}^{\mathrm{T}}\mathrm{Sigmoid}(\vec{\alpha}^{\mathrm{T}}\vec{x}))$。这样就得到了一个简单的二分类多层感知机模型，该模型的输入是原始数据的特征 $\vec{x}$，输出是 $\vec{x}$ 属于每个类别的概率分布。

目前模型 f 的参数是未知的，需要选择一种优化算法、一个损失函数，通过大量样本对模型的参数进行估计。整体上，任何机器学习或深度学习任务都可归结为分类或者回归任务，由此产生了两个主要的损失函数：交叉熵损失函数和平方误差损失函数，并产生了反向传播算法其是一种广泛使用的神经网络模型训练算法。

11.3 损失函数

损失函数被用于对神经网络模型的性能进行度量，其评价的是模型预测值与真实值之间的差异程度，记为 $J(\hat{y},y;\vec{\theta})$，其中 y 是样本 $\vec{x}$ 的真实标签，$\hat{y}$ 是模型的预测结果。

不同的任务往往对应不同的损失函数，常用损失函数主要包括：交叉熵损失函数、平方误差损失函数。交叉熵损失函数主要用于分类任务当中，如图像分类、行为识别等；平方误差损失函数主要用于回归任务中。

对于一个 K-分类任务，假设输入 $\vec{x}$ 的类别标签为 y。定义 $\vec{q}=[q_1,q_2,\cdots,q_y,\cdots,q_K]$ 表示 $\vec{x}$ 属于每个类别的期望概率分布，则

$$
q_i=\begin{cases}1, & i=y \\ 0, & \text{其他}\end{cases}
\tag{11-7}
$$

记神经网络模型的输出

$$f(\vec{x}) = \vec{p} = [p_1, p_2, \cdots, p_y, \cdots, p_K] \tag{11-8}$$

交叉熵损失函数用于衡量两个分布 $\vec{q}$ 和 $\vec{p}$ 之间的差异性，值越小越好

$$J(\vec{x}; \vec{\theta}) = -\sum_{i=1}^{K} q_i \log p_i = -\log p_y \tag{11-9}$$

对于一个回归任务，假设输入 $\vec{x}$ 的标签为 y。$f(\vec{x})$ 是模型的预测值，平方误差损失函数用于描述模型的预测值与真实标签之间的欧式距离，距离越小越好

$$J(\vec{x}; \vec{\theta}) = \frac{1}{2}(y - f(\vec{x}))^2 \tag{11-10}$$

11.4 反向传播算法

反向传播算法[9]即梯度下降法。之所以称为反向传播，是由于在深层神经网络中，需要通过链式法则将梯度逐层传递到底层。

11.4.1 梯度下降法

梯度下降法是一种迭代优化算法。假设函数 $l(x)$ 是下凸函数，我们要求解的是函数 $l(x)$ 的最小值。根据泰勒公式将 $l(x)$ 进行展开，得到

$$l(x) = l(x_0) + l'(x_0)(x-x_0) + \frac{l''(x_0)}{2!}(x-x_0)^2 + \cdots + \frac{l^{(n)}(x_0)}{n!} + R_n(x) \tag{11-11}$$

根据函数的数学性质，函数值沿着梯度的反方向下降最快。假设迭代开始时，数据点位于 x_0 处，则其向梯度指向的方向更新能够最快接近最优解，更新幅度称为学习率（记为 η），则梯度下降法中 x 的更新公式为

$$x = x - \eta l'(x) \tag{11-12}$$

经过若干次迭代，就能近似得到模型的最小值及其对应的 $\vec{x}^*$。

当模型 f 为深度网络，其中包含多个参数时，需要使用链式法则进行求导，这就是反向传播算法。为简化描述，以样本 $(\vec{x}, y)$ 的一次迭代为例描述反向传播算法的计算过程，如算法 11-1 所示。

算法 11-1　反向传播算法

输入：输入样本及其标签 $(\vec{x}, y)$，神经网络模型 $f(\vec{x}; \vec{\theta})$，损失函数 J

输出：更新模型后的模型 $f(\vec{x}; \theta^*)$

1. 将 $\vec{x}$ 输入模型，进行前向计算得到预测值 $\hat{y}$

$$\hat{y} = f(\vec{x})$$

2. 将模型的预测值 $\hat{y}$ 和真实标签 y 输入到损失函数 J，计算损失

$$J(\hat{y}, y; \vec{\theta})$$

3. 使用链式法则从后向前,计算每一层的参数的梯度,并更新有参数的层的参数值(假设每种计算都视作一个层,如 $f = \text{ReLU}(\overrightarrow{\omega}^{\text{T}} \overrightarrow{x}) + b$ 视作一个线性层和一个激活函数层)

for $l = L, L-1, \cdots, 1$

$$\nabla_{f^l} J = \nabla_{f^L} J \odot \nabla_{f^{L-1}} f^L \cdots \nabla_{f^l} f^{l+1}$$

4. 如果 l 层有参数,则计算该层参数并更新,否则进入下一轮计算

if f^l 层包含参数 θ^l

$$\nabla_{\overrightarrow{\theta_i}} J = \nabla_{f^l} J \odot \nabla_{\overrightarrow{\theta_i}} f^l$$

$$\overrightarrow{\theta_i}^* = \overrightarrow{\theta_i} - \eta \nabla_{\overrightarrow{\theta_i}} J$$

       end if

end for

return $f(\overrightarrow{x}; \theta^*)$ // 返回更新参数后的模型

对于前述多层感知机的例子,以参数 α_{11} 为例来说明模型的更新过程。假设输入 $\overrightarrow{x}$ 的类别标签为 1,则有

$$
\begin{aligned}
\frac{\partial J}{\partial \alpha_{11}} &= \frac{\partial J}{\partial \hat{y}_1} \frac{\partial \hat{y}_1}{\partial h_1} \frac{\partial h_1}{\partial a_1} \frac{\partial a_1}{\partial \alpha_{11}} \\
&= -\frac{1}{\hat{y}_1} \left(\frac{\partial \hat{y}_1}{\partial z_1} \frac{\partial z_1}{\partial h_1} \frac{\partial h_1}{\partial a_1} \frac{\partial a_1}{\partial \alpha_{11}} + \frac{\partial \hat{y}_1}{\partial z_2} \frac{\partial z_2}{\partial h_1} \frac{\partial h_1}{\partial a_1} \frac{\partial a_1}{\partial \alpha_{11}} \right) \\
&= -\frac{1}{\hat{y}_1} (\hat{y}_1(1-\hat{y}_1)\beta_{11} h_1(1-h_1)x_1 - \hat{y}_1 \hat{y}_2 \beta_{21} h_1(1-h_1)x_1)
\end{aligned}
\tag{11-13}
$$

之后使用学习率 η 对参数进行更新即可

$$\alpha_{11} \leftarrow \alpha_{11} - \eta \frac{\partial J}{\partial \alpha_{11}} \tag{11-14}$$

实际训练神经网络的过程中往往需要进行很多轮迭代才能让神经网络参数达到收敛。对于多个样本的情形,假设样本集合的容量为 m,则损失函数为 $\sum_{i=1}^{m} J(\hat{y}_i, y_i; \overrightarrow{\theta})$。反向传播算法优化的也是这个损失函数,称为批梯度下降(Batch Gradient Descent, BGD)。实际优化神经网络参数的过程中,由于计算机硬件内存的限制,往往选择小批次梯度下降法(Mini Batch Gradient Descent),每次只将一部分样本送入到模型中,用这一部分样本对模型进行一次迭代优化。相比批梯度下降法,小批次梯度下降法的优点有:可以将少部分样本都放入内存中;每次用不同的样本训练模型,模型不易陷入局部最优解。其缺点在于:需要耗费的时间较长,批梯度下降法可以通过增量的方式将所有样本都送入网络并迭代更新每层输出的均值及损失函数,最终只进行一次梯度反传及参数更新,而小批次梯度下降法则需要每次都进行梯度反传及参数更新。当小批次梯度下降法输入样本的个数为 1 时,称其为随机梯度下降法(Stochastic Gradient Descent, SGD),此时参数更新的过程会发生较剧烈的震荡。神经网络的训练中最常用的优化算法是小批次梯度下降法。一般的深度学习框架不对三者进行区分,统一称为随机梯度下降法 SGD。

除了原始的梯度下降法,为加速神经网络的收敛速度,提高模型的准确率,人们还发明

了梯度下降法的变种，其中以带有动量的随机梯度下降法（Stochastic Gradient Descent with Momentum，SGDM）最为常用。SGDM 更新梯度时使用的是先前每个小批次值的滑动平均，梯度计算及参数更新过程如下

$$\nabla_{\overrightarrow{\theta_l}} J = \nabla_{f^l} J \, \nabla_{\overrightarrow{\theta_l}} f^l$$

$$\overrightarrow{v} = \lambda \overrightarrow{v} + (1-\lambda) \nabla_{\overrightarrow{\theta_l}} J \tag{11-15}$$

$$\overrightarrow{\theta_l^*} = \overrightarrow{\theta_l} - \eta \overrightarrow{v}$$

其中 $\overrightarrow{v}$ 为累积梯度，其初始值为 0；λ 为滑动平均系数，控制当前梯度及先前累计梯度之间的比例。由于使用累计梯度进行参数更新，SGDM 能够很好地防止模型训练过程中梯度方向的剧烈震荡，从而加速神经网络的收敛速度。

由于 SGD 中，每次只将一个小批次的数据送入到模型中去训练，所以每个批次的损失函数均不一样，不易作图。图 11-6 中是一个含有两个参数的模型参数的优化过程，图中的 SGD 及 SGDM 分别表示批梯度下降和动量批梯度下降（即每次都使用全部样本训练）。可以看到，SGD 能够直接收敛到最优解附近，速度较慢，而 SGDM 优化速度较快，但是由于惯性，不易直接收敛到最优解。对于小批次梯度下降法，使用动量法可以很好地避免由于每次输入样本的不同而造成的梯度震荡。

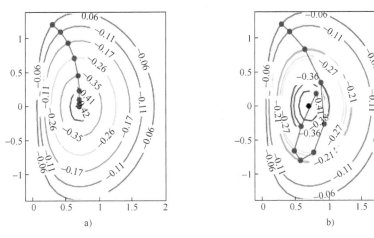

图 11-6　批梯度下降法和带动量的随机梯度下降法
a）SGD　b）SGDM

11.4.2　梯度消失及梯度爆炸

神经网络的优化过程中，梯度消失及梯度爆炸是两个较为常见的问题。其中以梯度消失问题尤为常见。

梯度消失问题是指，在反向传播算法中使用链式法则进行连乘时，靠近输入层的参数梯度几乎为 0，即几乎消失的情况。例如，如果深层神经网络的激活函数都选用 Sigmoid，因为 Sigmoid 函数极容易饱和（梯度为 0），所以越靠近输入层的参数在经过网络中夹杂着的连续若干个 Sigmoid 的导数连乘后，梯度将几乎接近于 0。这样进行参数更新时，参数将几乎不发生变化，就会使得神经网络难以收敛。缓解梯度消失问题的主要

方法有：更换激活函数，如选择 ReLU 这种梯度不易饱和的函数；调整神经网络的结构，减少神经网络的层数等。

梯度爆炸问题与梯度消失问题正好相反。如果神经网络中的参数的初始化不合理，由于每层的梯度与其函数形式、参数、输入均有关系，当连乘的梯度均大于 1 时，就会造成底层参数的梯度过大，导致更新时参数无限增大，直到超出计算机所能表示的数的范围，即模型不稳定且不收敛。实际情况中，人们一般都将输入进行规范化，初始化权重往往分布在原点周围，所以梯度爆炸发生的频率一般要低于梯度消失。缓解梯度爆炸问题的主要方法有：对模型参数进行合适的初始化，一般可以通过在其他大型数据集上对模型进行预训练以完成初始化，例如图像分类任务中人们往往会将在 ImageNet 数据集上训练好的模型参数迁移到自己的任务当中；进行梯度裁剪，即当梯度超过一定阈值时就将梯度进行截断，这样就能够控制模型参数的无限增长，从而限制了梯度不至于太大；参数正则化，正则化能够对参数的大小进行约束，使得参数不至太大等。

11.5 卷积神经网络

卷积神经网络（Convolutional Neural Network，CNN）是深度神经网络中的一种，受生物视觉认知机制启发而产生，神经元之间使用类似动物视觉皮层组织的链接方式，大多数情况下用于处理计算机视觉相关的任务，如分类、分割、检测等。与传统方法相比较，卷积神经网络不需要利用先验知识进行特征设计，预处理步骤较少，在大多数视觉相关任务上获得了不错的效果。卷积神经网络最先出现于 20 世纪 80 年代到 90 年代，LeCun 提出了 LeNet 用于解决手写数字识别的问题。随着深度学习理论的不断完善，计算机硬件水平的提高，卷积神经网络也随之快速发展。卷积神经网络主要用于计算机视觉相关的任务中。

11.5.1 卷积

介绍卷积神经网络之前，首先介绍卷积的概念。我们在这里仅讨论二维卷积，对于高维卷积，情况类似。

给定一张大小为 $m \times n$ 的图像，设 $\vec{x}$ 是图像上的一个 $k \times k$ 的区域，即

$$\vec{x} = \begin{pmatrix} x_{11} & x_{12} & \cdots & x_{1k} \\ x_{21} & x_{22} & \cdots & x_{2k} \\ \vdots & \vdots & \ddots & \vdots \\ x_{k1} & x_{k2} & \cdots & x_{kk} \end{pmatrix} \qquad (11-16)$$

设 $\vec{\omega}$ 是与 $\vec{x}$ 具有相同形状的权重矩阵，其中的元素记为 ω_{ij}；b 为偏置参数。则卷积神经元的计算可以描述为

$$y = f\Big(\sum_{i=1}^{n} \sum_{j=1}^{n} \omega_{ij} x_{ij} + b \Big) \qquad (11-17)$$

其中 f 为激活函数。

卷积层使用卷积核在特征图上滑动并不断计算卷积输出，从而获得特征图每层卷积的计算结果。卷积核可以视为一个特征提取算子。卷积神经网络的每一层往往拥有多个卷积核用

于从上一层的特征图中提取特征，组成当前层的特征图，每个卷积核只提取一种特征。为保证相邻层的特征图具有相同的长宽尺度，有时还需要对上一层的输出补齐（Padding）后再计算当前层的特征图，常用的补齐方式是补零。记上一层的特征图的大小为 $W_{l-1} \times H_{l-1} \times C_{l-1}$，其中 C_{l-1} 为特征图的通道数，补齐零的宽度和高度分别为 P_{l-1}^w 和 P_{l-1}^h，当前层用于提取特征的卷积核个数为 C_l，每个卷积核的尺度是 $K_l^w \times K_l^l$，则当前层的特征图大小为 $W_l \times H_l \times C_l$，其中

$$W_l = \left\lfloor \frac{W_{l-1}+2P_{l-1}^w-K_l^w}{S_l^w} \right\rfloor + 1$$

$$H_l = \left\lfloor \frac{H_{l-1}+2P_{l-1}^h-K_l^h}{S_l^h} \right\rfloor + 1 \tag{11-18}$$

其中 S 称为步长，表示在卷积核滑动过程中，每 S 步执行一次卷积操作。

单通道的卷积过程如图 11-7 所示，x_{11} 所在的行列的白色区域表示补齐零。

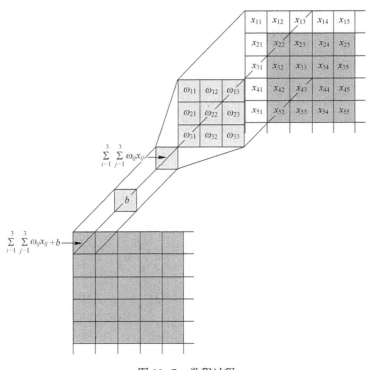

图 11-7　卷积过程

11.5.2　池化

池化（Pooling）的目的在于降低当前特征图的维度，常见的池化方式有最大池化和平均池化。池化需要一个池化核，池化核的概念类似于卷积核。对于最大池化，在每个通道上，选择池化核中的最大值作为输出。对于平均池化，在每个通道上，对池化核中的均值进行输出。图 11-8 是一个单通道的最大池化的例子，其中池化核大小为 2×2。

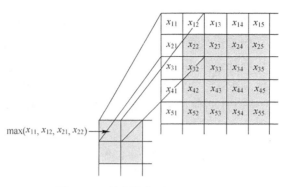

图 11-8　最大池化（MaxPooling）

相比多层感知机网络，卷积神经网络的特点是局部连接、参数共享。在多层感知机模型中，当前层的所有节点与上一层的每一个节点都有连接，这样就会产生大量的参数。而在卷积神经网络中，当前层的每个神经元节点仅与上一层的局部神经元节点有连接。当前层中，每个通道的所有神经元共享一个卷积核参数，提取同一种特征，通过共享参数的形式大大降低了模型的复杂度，防止了参数的冗余。

11.5.3　网络架构

卷积神经网络通常由一个输入层（Input Layer）和一个输出层（Output Layer）以及多个隐藏层组成。隐藏层包括卷积层（Convolutional Layer）、激活层（Activation Layer）、池化层（Pooling Layer）以及全连接层（Fully-connected Layer）等。如图 11-9 所示为一个 LeNet 卷积神经网络的结构。目前许多研究者针对于不同任务对层结构或网络结构进行设置，从而获得更优的效果。

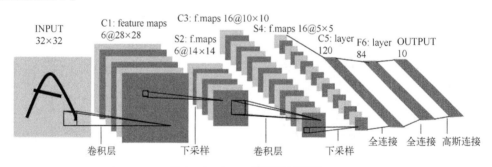

图 11-9　LeNet 卷积神经网络

卷积神经网络的输入层可以对多维数据进行处理，常见的二维卷积神经网络可以接受二维或三维数据作为输入。对于图片类任务，一张 RGB 图片作为输入的大小可写为 $H \times W \times C$，其中 C 为通道数，H 为长度，W 为宽度。对于视频识别类任务，一段视频作为输入的大小可写为 $T \times H \times W \times C$，其中 T 为视频帧的数目。对于三维重建任务，例如一个三维体素模型，其作为输入的大小可写为 $1 \times H \times L \times W$，其中 H、L、W 分别为模型的高、长、宽。与其他神经网络算法相似，在训练时会使用梯度下降法对参数进行更新，因此所有的输入都需要在通道或时间维度进行预处理（归一化、标准化等）。归一化是通过计算极值将所有样本的特征值映射到 $[0,1]$ 之间，而标准化是通过计算均值、方差，将数据分布转化为标准正态分布。

卷积层是卷积神经网络所特有的一种子结构。一个卷积层包含多个卷积核，卷积核在输入数据上进行卷积计算，从而提取得到特征。一个卷积操作一般由四个超参数组成，即卷积核大小 K（kernel size）、步长 S（stride）、填充 P（padding）以及卷积核数目 C（number of kernels）。具体来说，假设输入的特征大小为 $W' \times H' \times C'$，则输出特征的维度 $W \times H \times C$ 为

$$W = \left\lfloor \frac{W' + 2P - F}{S} \right\rfloor + 1$$

$$H = \left\lfloor \frac{H' + 2P - F}{S} \right\rfloor + 1 \tag{11-19}$$

激活层在前几章中已经进行了介绍，如图 11-10 所示，有 Sigmoid、ReLU、Tanh 等常用的激活函数可供使用。

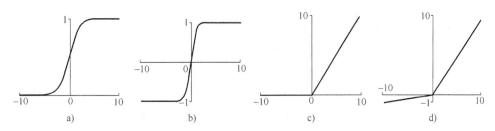

图 11-10　常用的激活函数
a) Sigmoid　b) Tanh　c) ReLU　d) Leaky ReLU

池化层一般包括两种，一种是平均池化层（Average Pooling），另一种是最大值池化层（Max Pooling）。池化层可以起到保留主要特征，减小小一层的参数量和计算量的作用，从而防止过拟合风险。

全连接层一般用于分类网络的最后面，起到类似于"分类器"的作用，将数据的特征映射到样本标记特征。相比卷积层的某一位置的输出仅与上一层中相邻位置有关，全连接层中的每一个神经元都会与前一层的所有神经元有关，因此全连接层的参数量也是很大的。

归一化层包括了 BatchNorm、LayerNorm、InstanceNorm、GroupNorm 等方法，本节仅介绍 BatchNorm。BatchNorm 在批次（batch）的维度上进行归一化，使得深度网络中间卷积的结果也满足正态分布，整个训练过程更快，网络更容易收敛。

前面介绍的这些部件组合起来就能构成一个深度学习的分类器，基于大量的训练集从而在某些任务上可以获得与人类相当的准确性。科学家们也在不断实践如何去构建一个深度学习的网络，如何设计并搭配这些部件，从而获得更优异的分类性能。下面是较为经典的一些网络结构，甚至其中有一些依旧活跃在科研的一线。

LeNet 卷积神经网络由 LeCun 在 1998 年提出，这个网络仅由两个卷积层、两个池化层以及两个全连接层组成，在当时用以解决手写数字识别的任务，也是早期最具有代表性的卷积神经网络之一，同时也奠定了卷积神经网络的基础架构，包含了卷积层、池化层、全连接层。

2012 年，Alex 提出的 Alexnet 在 ImageNet 比赛上取得了冠军，其正确率远超第二名。AlexNet 成功使用 ReLU 作为激活函数，并验证了在较深的网络上，ReLU 效果好于 Sigmoid，

同时成功实现了在 GPU 上加速卷积神经网络的训练过程。另外 Alex 在训练中使用了 dropout 和数据扩增以防止过拟合的发生，这些处理成为后续许多工作的基本流程。此事件开启了深度学习在计算机视觉领域的新一轮爆发。

GoogleNet 是 2014 年 ImageNet 比赛的冠军模型，证明了使用更多的卷积层可以得到更好的结果。其巧妙地在不同的深度增加了两个损失函数来保证梯度在反向传播时不会消失。

VGGNet 是牛津大学计算机视觉组和 Google DeepMind 公司的研究员一起研发的深度卷积神经网络。它探索了卷积神经网络的性能与深度的关系，通过不断叠加 3×3 的卷积核与 2×2 的最大池化层，成功构建了一个 16 到 19 层深的卷积神经网络，并大幅降低了错误率。虽然 VGGNet 简化了卷积神经网络的结构，但训练中需要更新的参数量依旧非常巨大。

卷积深度的不断上升带来了效果的提升，但当深度超过一定数目后梯度消失的现象越来越明显，反而导致无法提升网络的效果。ResNet 提出了残差模块来解决这一问题，允许原始信息直接输入到后面的网络层之中。传统的卷积层或全连接层在进行信息传递时，每一层只能接受其上一层的信息，导致信息丢失的可能。ResNet 在一定程度上缓解了该问题，通过残差的方式，提供了让信息从输入传到输出的途径，保证了信息的完整性。

使用深度模型时需要注意的一点是，由于模型参数较多，因此数据集也不能太小，否则会出现过拟合的现象。还有一种使用深度模型的方法是，使用在 ImageNet 上预训练好的模型，固定除了全连接层外所有的参数，只在当前数据集下训练全连接层参数，这种方式可以大大减小训练的参数量，使深度模型在较小的数据集上也能得到应用。

卷积神经网络近些年来在计算机视觉领域取得了重要进展。研究者设计了许多不同的神经网络结构用于提高不同视觉任务的效率及精度。不少智能技术成功地从实验室走向生产应用，如人脸识别、目标检测、人脸结构化分析、视频分类、图像文字描述、视频文字描述、光学字符识别等。

11.6 循环神经网络

卷积神经网络主要用于处理图像数据，循环神经网络还可以对序列数据进行建模，如处理句子的单词序列数据、语音数据的帧序列、视频的图像序列、基因的脱氧核糖核苷酸序列、蛋白质的氨基酸序列等。

循环神经网络（Recurrent Neural Network，RNN）中每个时刻 t 的输入是原始的输入数据 $\vec{x}_t$ 及 $t-1$ 时刻提取的隐藏特征 h_{t-1}。图 11-11 展示了一个由多层感知机表示的简单循环神经网络及其时序展开。$\vec{W}_1, \vec{W}_0, \vec{W}_S$ 分别表示输入、输出及隐藏层的转化参数矩阵。s_i 为每个时刻的状态。初始时，状态记为 s_0，是一个全 0 的向量。

循环神经网络中的代表网络结构是长短期记忆网络（Long Short-Term Memory，LSTM）[11]。一个 LSTM 的单元结构如图 11-12 所示。LSTM 的数据流计算如下

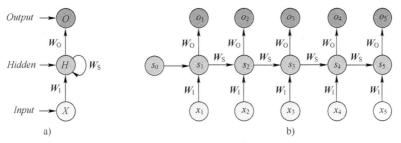

图 11-11 RNN 及其时序展开

a) RNN b) RNN 时序展开

$$\vec{f}_t = \sigma(\vec{\omega}_f[\vec{h}_{t-1}, \vec{x}_t] + \vec{b}_f)$$

$$\vec{i}_t = \sigma(\omega_i[h_{t-1}, x_t] + b_i)$$

$$\widetilde{\vec{C}}_t = \tanh(\vec{\omega}_C[\vec{h}_{t-1}, \vec{x}_t] + \vec{b}_C)$$

$$\vec{C}_t = \vec{f}_t \vec{C}_{t-1} + \vec{i}_t \widetilde{\vec{C}}_t \qquad (11-20)$$

$$\vec{o}_t = \sigma(\vec{\omega}_o[\vec{h}_{t-1}, \vec{x}_t] + \vec{b}_o)$$

$$\vec{h}_t = \vec{o}_t \tanh(\vec{C}_t)$$

其中 $\vec{C}$ 是 LSTM 中的核心，表示信息在 LSTM 中的流动。LSTM 中包含了输入门 $\vec{i}_t$、输出门 $\vec{o}_t$、遗忘门 $\vec{f}_t$。输入门 $\vec{i}_t$ 表示上个时刻传递下来的隐藏层信息 $\vec{h}_{t-1}$ 和当前时刻输入的信息 $\vec{x}_t$，哪些需要被输入，输出门 $\vec{o}_t$ 表示哪些信息需要被输出，遗忘门 $\vec{f}_t$ 表示哪些信息需要被遗忘。$\vec{h}_t$ 是隐藏层，同时也是 t 时刻的输出层 $\vec{y}_t$。图 11-12 中的×表示向量元素级别的乘法，+表示向量元素级别的加法。

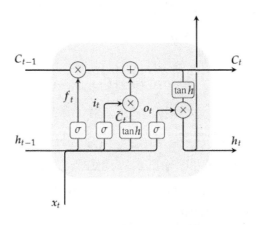

图 11-12 长短时记忆网络

由于 LSTM 中若干门单元的作用，LSTM 在一定程度上实现了对距离当前时刻较远之前的信息的保留，而普通的 RNN 则更倾向于只记住距离当前时刻较近的时刻输入的信息。所以，LSTM 比经典的 RNN 更适合于对序列进行上下文建模。

LSTM 在机器翻译、词性标注、情感计算、语音识别、生物信息学等领域有着广泛的应用。将循环神经网络中的全连接特征提取网络替换为提取图像信息的卷积神经网络，可以对视频图像序列进行建模，如视频分类、手语识别等。

11.7 生成对抗网络

生成对抗网络（Generative Adversarial networks，GAN）[12] 是近些年来发展快速的一种神经网络模型，主要用于图片、文本、语音等数据的生成。生成对抗网络最早在计算机视觉领域中被提出。本节以图像生成为例介绍生成对抗网络。

如图 11-13⊖ 所示，生成对抗网络包含两个部分：生成器 G（Generator）和判别器 D（Discriminator）。其中生成器 G 从给定数据分布中进行随机采样并生成一张图片，判别器 D 用来判断生成器生成的数据的真实性。例如，生成器负责生成一张鸟的图片，而判别器的作用就是判断这张生成的图片是否真得像鸟。

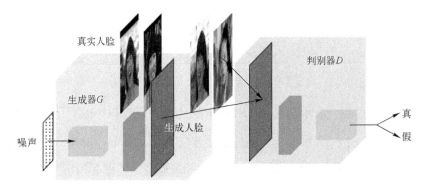

图 11-13　生成对抗网络

给定一个真实样本的数据集，假设其中的样本服从分布 $\vec{x} \sim P_r(\vec{x})$。再给定一个噪声分布 $\vec{z} \sim P_{\vec{z}}(\vec{z})$、一个未训练的生成器 G、一个未训练的判别器 D。训练生成器和判别器的目标是

$$\min_G \max_D V(G,D) = E_{\vec{x} \sim p_r(\vec{x})} \left[\log D(\vec{x}) \right] + E_{\vec{z} \sim p_{\vec{z}}(\vec{z})} \left[\log(1 - D(G(\vec{z}))) \right] \quad (11\text{-}21)$$

首先考察目标函数的第一项 $E_{\vec{x} \sim p_r(\vec{x})} \left[\log D(\vec{x}) \right]$。对于真实样本 $\vec{x}$，判别器 D 输出的值越接近 1，该项整体越大。接下来考察第二项 $E_{\vec{z} \sim p_{\vec{z}}(\vec{z})} \left[\log(1 - D(G(\vec{z}))) \right]$。对于生成器生成的图像 $G(\vec{z})$，判别器 D 需要尽量输出 0；而生成器 G 的目标是最小化这一项，所以需要输出一个使判别器 D 输出为 1 的图像 $G(\vec{z})$。于是，生成器 G 与判别器 D 就构成了对抗的关系，这就是生成对抗网络得名的过程。

GAN 的训练分为两步。第一步是固定生成器 G 的参数，训练生成器 D，即 $\max_D V(G,D)$，希望判别器 D 能够尽量区分真实数据 $\vec{x}$ 和生成 $G(\vec{x})$，也就是使 $D(\vec{x})$ 尽可能趋近于 1，D

⊖　人脸图片来源：http://vis-www.cs.umass.edu/lfw

$(G(\vec{x}))$ 尽可能趋近于 0；第二步是固定判别器 D 的参数，训练生成器 G，即 $\min\limits_{G}\max\limits_{D}V(G,$ $D)$，希望生成器 G 能够生成尽量逼真的真实图片。现给出生成对抗网络的一次迭代的训练描述算法，如算法 11-2 所示。

算法 11-2　生成对抗网络的训练过程

输出：真实样本分布 $\vec{x} \sim P_r(\vec{x})$，噪声分布 $\vec{z} \sim \vec{P}_z(\vec{z})$，生成器模型 G，判别器模型 D

输出：训练好的生成器 G 和判别器 D

---

1. 小批次数据采样

从真实分布中采样得到 m 个真实样本 $\{\vec{x}_i\}_{i=1}^{m}$；

从噪声分布中进行采样得到 m 个噪声样本 $\{\vec{z}_i\}_{i=1}^{m}$。

2. 通过反向传播算法训练判别器 D

分别将采样得到的真实数据 $\{\vec{x}_i\}_{i=1}^{m}$ 和噪声数据 $\{\vec{z}_i\}_{i=1}^{m}$ 送入到判别器和生成器中，计算损失函数，并对判别器 D 的参数 $\vec{\theta}_D$ 求导，然后以学习率 η_1 进行参数更新。

$$\vec{\theta}_D = \vec{\theta}_D + \eta_1 \nabla_{\vec{\theta}_D} \frac{1}{m} \sum_{i=1}^{m} \left[\log(D(\vec{x}_i)) + \log(1 - D(G(\vec{z}_i))) \right]$$

3. 通过反向传播算法训练生成器 G

只将采样的噪声数据 $\{\vec{z}_i\}_{i=1}^{m}$ 送入到生成器中，计算损失函数，并对生成器 G 的参数 $\vec{\theta}_G$ 求导，然后以学习率 η_2 进行参数更新。

$$\vec{\theta}_G = \vec{\theta}_G + \eta_2 \nabla_{\vec{\theta}_G} \frac{1}{m} \sum_{i=1}^{m} \log(1 - D(G(\vec{z}_i)))$$

return 训练好的 G、D

实际训练生成对抗网络模型的过程中，有时会训练 k 次判别器后，训练一次生成器 D，k 是一个超参数。

11.8　图卷积神经网络

生产实践中，我们还会经常碰到的一类数据是图，如社交网络、知识图谱、文献引用等。图卷积神经网络（Graphic Convolutional network，GCN）[13] 被设计用来处理图结构的数据。GCN 能够对图中的节点进行分类、回归，分析连接节点之间的边的关系。

给定一个图 $G(E,V)$，E 表示边的集合，V 表示顶点的集合，记 $N=|V|$ 为图中节点个数，$\widetilde{D}_{N \times N}$ 表示图的度矩阵。每个节点使用一个 n 维的特征向量表示，则所有节点的特征可表示为一个矩阵 $X_{N \times n}$。用图的邻接矩阵 $A_{N \times N}$ 来表示节点之间的连接关系，其中

$$a_{ij} = I\{\text{节点 } v_i \text{ 与节点 } v_j \text{ 相邻}\} \tag{11-22}$$

类似于卷积神经网络，可以使用一个 n 维向量表示卷积核 $\vec{\omega}_i$，以提取每个神经元 j 的一种特征，即 $\vec{x}_j^T \vec{\omega}_i$，使用 K 个卷积核就可以提取 K 种不同的特征，对所有神经元提取多种不同的特征写成矩阵的乘法形式是 $X\vec{\omega}$，其中 $\vec{\omega} = \{\vec{\omega}_1, \vec{\omega}_2, \cdots, \vec{\omega}_K\}$。$X\vec{\omega}$ 中的每一行表示节点在新特征下的表示。

图卷积中的神经元就是图节点本身，为在节点传递信息，图卷积假设第 j 个节点的特征由其本身及与直接连接的节点通过线性组合而构成。图的邻接矩阵中不包含自身到自身的连接，所以定义

$$\widetilde{A} = A + I \tag{11-23}$$

也就是在邻接矩阵的基础上加上一个表示节点指向自身连接的单位阵 I。该矩阵类似于拉普拉斯矩阵，不同之处在于拉普拉斯矩阵加的是节点的度矩阵 D 而不是单位阵 I。这样第 j 个节点的特征更新过程可以描述为 $\widetilde{A} X \vec{\omega}$。如果 $\widetilde{A}$ 中每一行的和不等于 1，在经过若干轮迭代后，得到的每个特征的表示会逐渐增大，所以需要对 $\widetilde{A}$ 进行标准化。最直接的方式就是除以每一行的和，而每一行的和即为该行表示的节点的度，写成矩阵表达的形式就是 $\widetilde{A} \widetilde{D}^{-1}$，其中 $\widetilde{D}$ 表示的是图的度矩阵，为对角阵。$\widetilde{A} \widetilde{D}^{-1}$ 又可以写成 $\widetilde{D}^{-\frac{1}{2}} \widetilde{A} \widetilde{D}^{-\frac{1}{2}}$ 的形式。$\widetilde{D}^{-\frac{1}{2}} \widetilde{A} \widetilde{D}^{-\frac{1}{2}}$ 是一个对称归一化的矩阵，许多图卷积网络都使用这种标准化形式。这样就可以得到图卷积神经网络的特征更新公式

$$H^{l+1} = \sigma \left(\widetilde{D}^{-\frac{1}{2}} \widetilde{A} \widetilde{D}^{-\frac{1}{2}} H^l \vec{\omega}^l \right) \tag{11-24}$$

图 11-14 为 GCN 中一个神经元的计算过程。

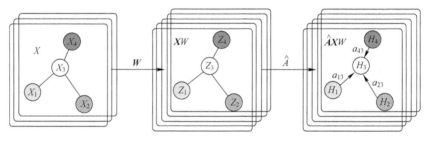

图 11-14　图卷积

可以堆叠多个图卷积层形成一个图卷积网络，图 11-15 是一个简单的图卷积神经网络，H^{l+1} 为表示第 $l+1$ 个隐藏层节点的特征，$H^0 = X$。σ 为激活函数。$\widetilde{D}^{-\frac{1}{2}} \widetilde{A} \widetilde{D}^{-\frac{1}{2}}$ 为固定值，可预先计算好，记为 $\hat{A} = \widetilde{D}^{-\frac{1}{2}} \widetilde{A} \widetilde{D}^{-\frac{1}{2}}$。

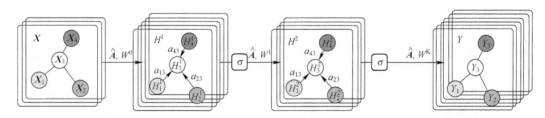

图 11-15　图卷积神经网络

下面以节点分类问题为例，对图卷积神经网络的学习过程进行描述。给定一张图，设图中节点集合的输入特征为 $\vec{x}$，有标记的节点的标记为 $\mathcal{y}_L$，总共包含 F 个类别，每个标记用一个热独编码表示为 $Y_{lf} = (0, 0, \cdots, 1, \cdots, 0, 0)$，其中 l 和 f 分别是有标记样本的索引和其对应的标签的索引。Y_{lf} 中仅在第 f 个位置取值为 1。构造一个两层的图卷积网络，模型可表示为

$$Z = f(\boldsymbol{X}, \boldsymbol{A}) = \mathrm{Softmax}\left(\hat{\boldsymbol{A}}\mathrm{ReLU}\left(\hat{\boldsymbol{A}}\boldsymbol{X}\vec{\omega}^{0}\right)\vec{\omega}^{1}\right) \qquad (11\text{-}25)$$

使用交叉熵损失函数作为损失函数训练模型

$$L = -\sum_{l \in \epsilon}\sum_{f=1}^{F} Y_{lf}\log Z_{lf} \qquad (11\text{-}26)$$

之后便可以使用批随机梯度下降法对模型进行训练。

11.9 深度学习发展

尽管神经网络近些年来取得了重要进展，但是在理论方面，神经网络目前还缺乏可解释性，主要包括：神经网络提取出来的特征难以理解；如何对特征的表达能力进行评估；如何用理论指导神经网络架构设计、对神经网络进行调参等。对于神经网络的可解释性的研究还有很长的路要走。

11.10 实例：基于卷积神经网络实现手写数字识别

2012 年随着 ImageNet 的提出，卷积神经网络处理计算机视觉相关的任务出现了一轮大爆发，类似于图片分类、分割、目标检测等任务不断打破它们自己原有的上限，甚至逐渐超越人类。本节通过手写数字识别这一任务，为读者介绍深度神经网络最基本的组件，读者也可以像搭积木一样构造属于你的卷积神经网络。

11.10.1 MINST 数据集

MINST 数据库[⊖]是机器学习领域非常经典的一个数据集，由 Yann 提供的手写数字数据集构成，包含了 0~9 共 10 类手写数字图片。每张图片都做了尺寸归一化，都是 28×28 大小的灰度图。每张图片中像素值大小在 0~255 之间，其中 0 是黑色背景，255 是白色前景。如代码清单 11-1 所示编写程序导入数据集并展示。

代码清单 11-1 导入 MNIST 数据集并展示

```python
from sklearn.datasets import fetch_mldata
from matplotlib import pyplot as plt

mnist = fetch_mldata('MNIST original', data_home='./dataset')
X, y = mnist["data"], mnist["target"]
print("MNIST 数据集大小为:{}".format(X.shape))

for i in range(25):
    digit = X[i * 2500]
    # 将图片恢复到 28 * 28 大小
    digit_image = digit.reshape(28, 28)
```

⊖ 数据来源：http://yann.lecun.com/exdb/mnist/

```
        plt. subplot(5, 5, i + 1)
        # 隐藏坐标轴
        plt. axis('off')
        # 按灰度图绘制图片
        plt. imshow(digit_image, cmap='gray')

    plt. show( )
```

在控制台可以看到的输出为：MNIST 数据集大小为：（70000, 784）。一共有 70000 张数字图片，且 784 = 28×28，即每一张手写数字图片存成了一维的数据格式。可视化前 25 张图片以及中间的数据可得如图 11-16 所示的效果。

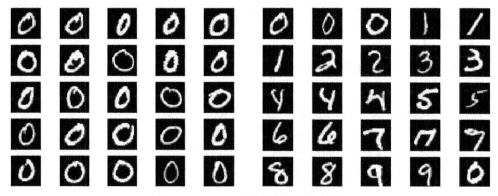

图 11-16 MNIST 数据集可视化效果

手写数字的识别也是一个多分类任务，与前面介绍的分类任务的不同之处在于，一张手写数字图片的特征提取任务也需要我们自己实现，将 28×28 的图片直接序列化为 784 维的向量也是一种特征提取的方式，但经过一些处理，可以获得更好地反映出图片内容的信息，例如在原图中使用 SIFT、SURF 等算子后的特征，或者使用最新的一些深度学习预训练模型来提取特征。MNIST 数据集的样例数目较多且为图片信息，近些年随着深度学习技术的发展，对于大多数视觉任务，通过构造并训练卷积神经网络可以获得更高的准确率，本节将基于 PyTorch 框架完成网络的训练以及识别的任务。

11.10.2 基于卷积神经网络的手写数字识别

MNIST 数据集中图片的尺寸仅为 28×28，相比 ImageNet 中 224×224 的图片尺寸显得十分小，因此在模型的选取上，不能选择太过于复杂、参数量过多的模型，否则会带来过拟合的风险。本书自定义了一个仅包含两个卷积层的卷积神经网络以及经过一些调整的 AlexNet。首先是定义网络的类，该类在 mnist_models. py 内，继承了 torch. nn. Module 类，并需要重新实现 forword 函数，即用一张图作为输入，如何通过卷积层得到最后的输出。

代码清单 11-2　定义卷积网络结构

```
class ConvNet(torch. nn. Module):
    def __init__(self):
        super(ConvNet, self).__init__()
```

```
self. conv1 = torch. nn. Sequential(
    torch. nn. Conv2d(1, 10, 5, 1, 1),
    torch. nn. MaxPool2d(2),
    torch. nn. ReLU(),
    torch. nn. BatchNorm2d(10)
)
self. conv2 = torch. nn. Sequential(
    torch. nn. Conv2d(10, 20, 5, 1, 1),
    torch. nn. MaxPool2d(2),
    torch. nn. ReLU(),
    torch. nn. BatchNorm2d(20)
)
self. fc1 = torch. nn. Sequential(
    torch. nn. Linear(500, 60),
    torch. nn. Dropout(0.5),
    torch. nn. ReLU()
)
self. fc2 = torch. nn. Sequential(
    torch. nn. Linear(60, 20),
    torch. nn. Dropout(0.5),
    torch. nn. ReLU()
)
self. fc3 = torch. nn. Linear(20, 10)
```

如代码清单 11-2 所示,在构造函数中,定义了网络的结构,主要包含了两个卷积层以及三个全连接层的参数设置。

代码清单 11-3 定义网络前向传播方式

```
def forward(self, x):
    x = self. conv1(x)
    x = self. conv2(x)
    x = x. view(-1, 500)
    x = self. fc1(x)
    x = self. fc2(x)
    x = self. fc3(x)
    return x
```

代码清单 11-3 中 forward 函数中 x 为该网络的输入,经过前面定义的网络结构按顺序进行计算后,返回结果。

代码清单 11-4 定义 AlexNet 结构

```
class AlexNet(torch. nn. Module):
    def __init__(self, num_classes = 10):
```

```
super( AlexNet, self). __init__( )
self. features = torch. nn. Sequential(
    torch. nn. Conv2d( 1, 64, kernel_size = 5, stride = 1, padding = 2),
    torch. nn. ReLU( inplace = True),
    torch. nn. MaxPool2d( kernel_size = 3, stride = 1),
    torch. nn. Conv2d( 64, 192, kernel_size = 3, padding = 2),
    torch. nn. ReLU( inplace = True),
    torch. nn. MaxPool2d( kernel_size = 3, stride = 2),
    torch. nn. Conv2d( 192, 384, kernel_size = 3, padding = 1),
    torch. nn. ReLU( inplace = True),
    torch. nn. Conv2d( 384, 256, kernel_size = 3, padding = 1),
    torch. nn. ReLU( inplace = True),
    torch. nn. Conv2d( 256, 256, kernel_size = 3, padding = 1),
    torch. nn. ReLU( inplace = True),
    torch. nn. MaxPool2d( kernel_size = 3, stride = 2),
)
self. classifier = torch. nn. Sequential(
    torch. nn. Dropout( ),
    torch. nn. Linear( 256 * 6 * 6, 4096),
    torch. nn. ReLU( inplace = True),
    torch. nn. Dropout( ),
    torch. nn. Linear( 4096, 4096),
    torch. nn. ReLU( inplace = True),
    torch. nn. Linear( 4096, num_classes),
)
```

同样，可以定义 AlexNet 的网络结构以及 forword 函数如代码清单 11-4、代码清单 11-5 所示。

代码清单 11-5　定义 AlexNet 前向传播过程

```
def forward( self, x):
    x = self. features( x)
    x = x. view( x. size( 0), 256 * 6 * 6)
    x = self. classifier( x)
return x
```

定义完网络结构后，新建一个新的 Python 脚本完成网络训练和预测的过程。一般来说，一个 Pytorch 项目主要包含几大模块，包括数据集加载、模型定义及加载、损失函数以及优化方法设置、训练模型、打印训练中间结果、测试模型。对于 MNIST 这样小型的项目，可以将除了数据集加载和模型定义外所有的代码使用一个函数实现。如代码清单 11-6 所示，首先是加载相应的包以及设置超参数，EPOCHS 指在数据集上训练多少个轮次，而 SAVE_PATH 指中间以及最终模型保存的路径。

代码清单 11-6　设置超参数以及导入相关的包

```
import torch
from torchvision. datasets import mnist
from mnist_models import AlexNet, ConvNet
import torchvision. transforms as transforms
from torch. utils. data import DataLoader
import matplotlib. pyplot as plt
import numpy as np
from torch. autograd import Variable


#设置模型超参数
EPOCHS = 50
SAVE_PATH = './models'
```

代码清单 11-7 所示为核心训练函数，该函数以模型、训练集、测试集作为输入。首先定义损失函数为交叉熵函数以及优化方法选取了 SGD，初始学习率为 1e-2。

代码清单 11-7　训练网络函数 Part1

```
def train_net(net, train_data, test_data):
    losses = []
    acces = []
    # 测试集上 Loss 变化记录
    eval_losses = []
    eval_acces = []
    # 损失函数设置为交叉熵函数
    criterion = torch. nn. CrossEntropyLoss()
    # 优化方法选用 SGD,初始学习率为 1e-2
    optimizer = torch. optim. SGD(net. parameters(), 1e-2)
```

接下来，一共有 50 个训练轮次，使用 for 循环实现，如代码清单 11-8、代码清单 11-9 所示，在训练过程中记录在训练集以及测试集上 Loss 以及 Acc 的变化情况。在训练过程中，net. train() 是指将网络前向传播的过程设为训练状态，在类似 Droupout 以及归一化层中，对于训练和测试的处理过程是不一样的，因此每次进行训练或测试时，最好显式地进行设置，防止出现一些意料之外的错误。

代码清单 11-8　训练网络函数 Part2

```
for e in range(EPOCHS):
    train_loss = 0
    train_acc = 0
    # 将网络设置为训练模型
    net. train()
    for image, label in train_data:
        image = Variable(image)
```

```
label = Variable(label)
# 前向传播
out = net(image)
loss = criterion(out, label)
# 反向传播
optimizer.zero_grad()
loss.backward()
optimizer.step()
# 记录误差
train_loss += loss.data
# 计算分类的准确率
_, pred = out.max(1)
num_correct = (np.array(pred, dtype=np.int) == np.array(label, dtype=np.int)).sum()
acc = num_correct / image.shape[0]
train_acc += acc
```

代码清单 11-9   训练网络函数 Part3

```
losses.append(train_loss / len(train_data))
acces.append(train_acc / len(train_data))
# 在测试集上检验效果
eval_loss = 0
eval_acc = 0
net.eval()    # 将模型改为预测模式
for image, label in test_data:
    image = Variable(image)
    label = Variable(label)
    out = net(image)
    loss = criterion(out, label)
    # 记录误差
    eval_loss += loss.data
    # 记录准确率
    _, pred = out.max(1)
    num_correct = (np.array(pred, dtype=np.int) == np.array(label, dtype=np.int)).sum()
    acc = num_correct / image.shape[0]
    eval_acc += acc

eval_losses.append(eval_loss / len(test_data))
eval_acces.append(eval_acc / len(test_data))
print('epoch: {}, Train Loss: {:.6f}, Train Acc: {:.6f}, Eval Loss: {:.6f}, Eval Acc: {:.6f}'
    .format(e, train_loss / len(train_data), train_acc / len(train_data),
        eval_loss / len(test_data), eval_acc / len(test_data)))
torch.save(net.state_dict(), SAVE_PATH + '/Alex_model_epoch' + str(e) + '.pkl')
```

```
        return eval_losses, eval_acces
```

在训练集上训练完一个轮次之后，在测试集上进行验证，并记录结果，保存模型参数，并打印数据，方便后续进行调参。训练完成后，返回测试集上 Loss 和 Acc 的变化情况。

最后完成 Loss 和 Acc 变化曲线的绘制函数以及主函数 main，如代码清单 11-10、代码清单 11-11 所示。

代码清单 11-10　在 main 函数中完成调用过程

```python
if __name__ == "__main__":
    train_set = mnist.MNIST('./data', train=True, download=True, transform=transforms.ToTensor())
    test_set = mnist.MNIST('./data', train=False, download=True, transform=transforms.ToTensor())

    train_data = DataLoader(train_set, batch_size=64, shuffle=True)
    test_data = DataLoader(test_set, batch_size=64, shuffle=False)

    a, a_label = next(iter(train_data))
    net = AlexNet()
    eval_losses, eval_acces = train_net(net, train_data, test_data)
    draw_result(eval_losses, eval_acces)
```

代码清单 11-11　绘制 Loss 和正确率变化折线图

```python
def draw_result(eval_losses, eval_acces):
    x = range(1, EPOCHS + 1)
    fig, left_axis = plt.subplots()
    p1, = left_axis.plot(x, eval_losses, 'ro-')
    right_axis = left_axis.twinx()
    p2, = right_axis.plot(x, eval_acces, 'bo-')
    plt.xticks(x, rotation=0)

    # 设置左坐标轴以及右坐标轴的范围、精度
    left_axis.set_ylim(0, 0.5)
    left_axis.set_yticks(np.arange(0, 0.5, 0.1))
    right_axis.set_ylim(0.9, 1.01)
    right_axis.set_yticks(np.arange(0.9, 1.01, 0.02))

    # 设置坐标及标题的大小、颜色
    left_axis.set_xlabel('Labels')
    left_axis.set_ylabel('Loss', color='r')
    left_axis.tick_params(axis='y', colors='r')
    right_axis.set_ylabel('Accuracy', color='b')
    right_axis.tick_params(axis='y', colors='b')
    plt.show()
```

运行脚本，等待控制台逐渐输出训练过程的中间结果，如图 11-17 所示，随着训练的进行，可以发现在测试集上分类的正确率不断上升且 Loss 稳步下降，到第 20 轮左右后，正确率基本不再变化，网络收敛。

【小技巧】在进行深度学习方法进行训练时，一定要将中间结果打印出来，因为模型训练往往会比较慢，如果中间感到哪里不对时可以及时停止，节省时间。另外，训练的中间模型一定要保存下来。

```
epoch: 0, Train Loss: 1.410208, Train Acc: 0.513659, Eval Loss: 0.350297, Eval Acc: 0.941381
epoch: 1, Train Loss: 0.681639, Train Acc: 0.770522, Eval Loss: 0.132352, Eval Acc: 0.969148
epoch: 2, Train Loss: 0.511084, Train Acc: 0.829707, Eval Loss: 0.092504, Eval Acc: 0.975219
epoch: 3, Train Loss: 0.436462, Train Acc: 0.852162, Eval Loss: 0.075111, Eval Acc: 0.980195
epoch: 4, Train Loss: 0.397029, Train Acc: 0.866071, Eval Loss: 0.064513, Eval Acc: 0.982882
epoch: 5, Train Loss: 0.367091, Train Acc: 0.877116, Eval Loss: 0.058863, Eval Acc: 0.984076
epoch: 6, Train Loss: 0.349804, Train Acc: 0.885161, Eval Loss: 0.054199, Eval Acc: 0.984674
epoch: 7, Train Loss: 0.330363, Train Acc: 0.891658, Eval Loss: 0.048918, Eval Acc: 0.986365
epoch: 8, Train Loss: 0.315867, Train Acc: 0.894689, Eval Loss: 0.048814, Eval Acc: 0.987062
epoch: 9, Train Loss: 0.305941, Train Acc: 0.898937, Eval Loss: 0.049366, Eval Acc: 0.986067
epoch: 10, Train Loss: 0.295570, Train Acc: 0.900736, Eval Loss: 0.040770, Eval Acc: 0.988356
epoch: 11, Train Loss: 0.292002, Train Acc: 0.900820, Eval Loss: 0.042456, Eval Acc: 0.988555
epoch: 12, Train Loss: 0.285730, Train Acc: 0.904068, Eval Loss: 0.043145, Eval Acc: 0.987958
epoch: 13, Train Loss: 0.272309, Train Acc: 0.907733, Eval Loss: 0.041198, Eval Acc: 0.989152
epoch: 14, Train Loss: 0.270461, Train Acc: 0.908166, Eval Loss: 0.041936, Eval Acc: 0.988555
epoch: 15, Train Loss: 0.269044, Train Acc: 0.908549, Eval Loss: 0.040801, Eval Acc: 0.988555
epoch: 16, Train Loss: 0.259841, Train Acc: 0.911697, Eval Loss: 0.038691, Eval Acc: 0.989053
epoch: 17, Train Loss: 0.257612, Train Acc: 0.912513, Eval Loss: 0.036028, Eval Acc: 0.989849
epoch: 18, Train Loss: 0.252930, Train Acc: 0.912880, Eval Loss: 0.039637, Eval Acc: 0.989351
epoch: 19, Train Loss: 0.251038, Train Acc: 0.914239, Eval Loss: 0.042213, Eval Acc: 0.989550
epoch: 20, Train Loss: 0.250204, Train Acc: 0.913863, Eval Loss: 0.038448, Eval Acc: 0.990048
epoch: 21, Train Loss: 0.248055, Train Acc: 0.913846, Eval Loss: 0.041348, Eval Acc: 0.989053
epoch: 22, Train Loss: 0.239153, Train Acc: 0.916211, Eval Loss: 0.037426, Eval Acc: 0.990844
epoch: 23, Train Loss: 0.241672, Train Acc: 0.914695, Eval Loss: 0.036528, Eval Acc: 0.990346
epoch: 24, Train Loss: 0.232018, Train Acc: 0.917494, Eval Loss: 0.037779, Eval Acc: 0.990545
epoch: 25, Train Loss: 0.233888, Train Acc: 0.916878, Eval Loss: 0.036705, Eval Acc: 0.990943
epoch: 26, Train Loss: 0.232257, Train Acc: 0.917661, Eval Loss: 0.036787, Eval Acc: 0.990744
epoch: 27, Train Loss: 0.232892, Train Acc: 0.917394, Eval Loss: 0.037767, Eval Acc: 0.989550
epoch: 28, Train Loss: 0.228626, Train Acc: 0.919343, Eval Loss: 0.032566, Eval Acc: 0.991441
epoch: 29, Train Loss: 0.227480, Train Acc: 0.918010, Eval Loss: 0.036922, Eval Acc: 0.991640
```

图 11-17　训练过程中的输出结果

等待程序运行结束，可以得到绘制结果如图 11-18 所示，最终分类正确率可达 99.1% 左右。

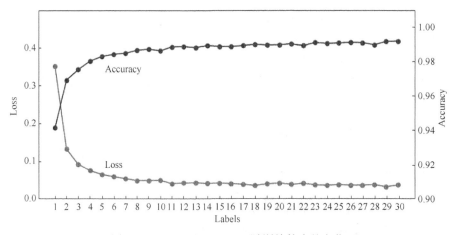

图 11-18　Loss 和 Accuracy 随训练轮次的变化

请读者将 main 函数中的 net 换为 AlexNet，再次运行程序，看看最后的输出结果是什么。

11.11 习题

一、填空题

1）神经元通过_____接受其他神经元的通过_____释放出来的化学递质，改变当前神经元内的电位，然后将其汇总。

2）当神经元内的电位累计到一个水平时就会被激活，产生_____，然后通过轴突释放化学物质。

3）机器学习中的神经元模型类似于生物神经元模型，由一个_____和一个_____组成。

4）机器学习的神经元模型 $y=f(\omega^{\mathrm{T}}x+b)$，$x$ 为上一层_____，T 为_____，b 为_____，f 为_____。

5）池化（Pooling）的目的在于降低当前特征图的维度，常见的池化方式有最大池化（MaxPooling）和平均池化。池化需要一个池化核，池化核的概念类似于_____。

二、判断题

1）多层感知机只需要一个神经元模型组成，是最简单的神经网络模型。（   ）

2）反向传播算法回即梯度下降法。之所以称为反向传播．是由于在深层神经网络中，需要通过链式法则将梯度逐层传递到底层。（   ）

3）梯度下降法是一种迭代优化算法。（   ）

4）卷积神经网络通常由多个输入层和一个输出层以及多个隐藏层组成。隐藏层包括卷积层激活层、池化层以及全连接层等。（   ）

5）卷积的目的在于降低当前特征图的维度。（   ）

三、单选题

1）下列关于标准神经元模型的说法错误的是（   ）。

A. 具有多个输入端，每个输入端具有相同的权重

B. 神经元具有 Sigmoid 或类似的可导激活函数

C. 神经元能够根据误差信号通过梯度下降法调整权重，实现学习

D. 具有一个或多个输出端，且输出端信号一致

2）下列关于多层感知机的描述正确的是（   ）。

A. 由于激活函数的非线性特点，导致反向传播过程中梯度消失的问题

B. 激活函数不必可导

C. 没有前馈计算也可以进行反向传播计算

D. ReLU 激活函数导致的神经元死亡指的是该节点以后都不可能被激活

3）误差反向传播算法属于（   ）学习规则。

A. 无导师   B. 有导师   C. 死记忆   D. 混合

4）下列关于卷积神经网络说法错误的是（   ）。

A. 是目前网络深度最深、应用最成功的深度学习模型

B. 卷积神经网络模拟了人类视觉信息处理的过程

C. 图像的卷积，很类似视觉皮层对图像进行某种特定功能的处理

D. 模拟大脑的视觉处理过程就是卷积神经网络的思路

5）下列关于生成对抗网络的描述错误的是（　　　）。

A. 生成对抗网络包括两部分，即生成器和判别器

B. 生成对抗网络的判别器进行训练时，其输入为生成器生成的图像和来自训练集中的真实图像，并对其进行判别

C. 生成对抗网络的生成器从随机噪声中生成图像（随机噪声通常从均匀分布或高斯分布中获取）

D. 既然生成对抗网络是无监督模型，则不需要任何训练数据

四、简答题

1）深度学习是由机器学习引申出来的一个新的研究方向。深度学习与传统机器学习的区别有哪些？

2）1986 年，多层感知器的提出结束了机器学习历史上的第一次寒冬。为什么多层感知器可以解决异或问题？激活函数在其中的作用是什么？

3）Sigmoid 激活函数是神经网络研究早期被广泛使用的一种激活函数，它存在哪些问题？Tanh 激活函数中是否解决了这些问题？

4）正则化方法在深度学习模型中应用广泛，它的目的是什么？Dropout 是如何实现正则化的？

5）优化器是模型训练算法的封装，常见的优化器有 SGD、Adam 等。试比较不同优化器的性能差异。

6）完成图 11-19 中的卷积运算结果。

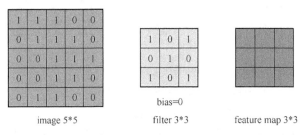

image 5*5　　　　　filter 3*3　　　　feature map 3*3

图 11-19　卷积运算

7）循环神经网络可以保存序列化数据中的上下文状态，这样的记忆功能是如何实现的？处理长序列时可能遇到什么问题？

8）生成对抗网络是一种深度生成网络框架，请简述其训练原理。

9）梯度爆炸和梯度消失是深度学习中常见的问题。它们的产生原因是什么？需要如何避免？

第12章 案例1：基于回归问题、XGBoost 的房价预测

随着机器学习的蓬勃发展，各种算法层出不穷，它们在不断被应用于预测、筛选等实际场景的同时，也在飞速改进着。Python 语言以其优秀的可扩展性和简单易上手的特性备受机器学习研究人员青睐，用 Python 实现机器学习也因此变得十分便捷。无需手动实现算法，只需引入外部封装好的包，调用其提供的函数接口即可运用机器学习模型完成任务。

本项目来源于 Kaggle[⊖] 上的一个比赛，该网站提供了美国爱荷华州埃姆斯市的住宅数据集，每座住宅有 79 个变量（如面积、位置）描述了（几乎）住宅的各个方面。比赛提供的训练数据集里给出了对应的房屋价格，而测试集则没有价格特征。比赛目标是根据 79 个描述住宅特征的变量预测每个住宅的最终价格。预测准确率由 Kaggle 网站评判，Kaggle 上所得的分数（score）越小，预测效果越好。

本项目属于回归任务，分类和回归是监督学习的代表，与之相对的无监督学习则包括聚类任务等。监督学习和无监督学习是根据训练数据是否含有标记信息（如本项目中的房价）划分的。简单来说，分类是预测标签（离散值），而回归则是预测数量（连续值）。常见的机器学习算法如线性回归、岭回归、决策树、随机森林、SVM、神经网络是解决分类和回归问题的主要工具。而在该项目中，则选择了 XGBoost 模型作为重点介绍。

12.1 XGBoost 模型介绍

XGBoost 属于集成学习中的 Boosting 分支，Boosting 算法的思想是将许多弱分类器集成在一起形成一个强分类器。XGBoost 所用到的弱分类器可以是 CART 回归树模型。

CART 回归树，可理解为一棵通过不断将特征进行分裂的二叉树。比如当前树节点是基于第 i 个特征值进行分裂的，设该特征值小于 p 的样本划分为左子树，大于 p 的样本划分为右子树。只要遍历所有特征的的所有切分点，就能找到最优的切分特征和切分点。最终得到一棵回归树。一棵回归树就对应着输入空间（特征空间）的一个划分以及在划分单元上的输出值。

XGBoost 算法的思想就是不断地添加树，希望树群的预测尽量接近真实值。每次添加一棵树，其实是学习一个新函数，去拟合上次预测的残差，而且每次是在上一次的预测基础上取最优进一步建树的。预测一个样本的值，其实就是根据这个样本的特征，在每棵树中被划分到对应的一个叶节点，最后只需要将叶节点对应的分数加起来就得到该样本的预测值。

⊖ 数据来源：https://www.kaggle.com/c/house-prices-advanced-regression-techniques

12.2 技术方案

12.2.1 数据分析

首先，对本实验的数据集进行分析，可得出以下特点：

1）训练集规模小，仅有约 1500 行。

2）训练集特征种类多，有 79 个（去除 Id 和 SalePrice）。

3）训练集中并非全为数值类型，有字符串类型的数据。

所以在训练之前需要对数据进行预处理。首先针对特点 3，建立一个字典，自己定义字符串到 float 类型的映射。如代码清单 12-1 所示。

代码清单 12-1　数据预处理

```
dic={} #字符串到float类型映射的字典
ref=0
#读取训练集和测试集
train=csv.reader(open('train.csv','r'))
test=csv.reader(open('test.csv','r'))
X=[]        #保存训练集的特征(如位置、面积等)
Y=[]        #保存训练集的房价
label=0
#对训练集中的字符串数据进行处理
for i in train:
    if label==0:
        label=1
        continue
    for j in i[1:80]:
        try:
            X.append(float(j))
        except:
            #用字典dic把字符串类型的数据映射到float上
            try:
                X.append(dic[j])
            except:
                dic[j]=ref
                ref=ref+1
                X.append(ref)
    Y.append(float(i[80]))
```

输出得到的字典如图 12-1 所示。

针对特点 2，需要从 79 个维度的信息里提取更有用的信息，这里提供两种方法：一种是 PCA 降维（降维前对数据进行标准化处理），另一种是计算各变量和房价的相关系数，取相关系数（绝对值）最大的若干特征进行训练和预测。第一种方法又叫 PCA 主成分分析法。

{'Fa': 66, 'MnWw': 137, 'TwnhsE': 98, 'Othr': 167, 'IR3': 150, 'Hip': 71, 'Blmngtn': 146, 'CemntBd': 99, 'AllPub': 5, 'RRAe': 90, '2Story': 11, '1.5Unf': 69, 'RL': 0, 'FR2': 31, 'BrkFace': 15, 'RRNn': 101, 'Veenker': 32, 'Mix': 162, 'IR2': 79, 'AsphShn': 155, 'NoSeWa': 169, 'Detchd': 46, 'N': 96, 'None': 36, 'MeadowV': 97, 'Min2': 143, 'Gable': 12, 'Timber': 108, 'GdPrv': 84, 'SLvl': 116, 'Maj2': 163, 'Roll': 171, 'TenC': 174, 'BrDale': 147, 'WdShing': 74, 'FV': 111, 'CollgCr': 8, 'ImStucc': 153, 'NWAmes': 57, 'ClyTile': 172, 'FuseF': 64, 'Mod': 113, 'BrkSide': 67, 'Wood': 52, 'Plywood': 80, 'Mn': 40, 'GasA': 22, 'Gar2': 160, 'Normal': 30, 'Stone': 56, 'CWD': 149, 'NPkVill': 135, 'Abnorml': 47, 'Low': 114, 'SFoyer': 110, 'NA': 2, 'PosA': 123, '2.5Unf': 120, '1Fam': 10, 'FuseA': 83, 'GLQ': 20, 'C (all)': 102, 'GdWo': 82, 'Mitchel': 50, 'P': 109, 'Con': 156, 'BrkTil': 45, 'Gilbert': 112, '2Types': 136, 'ConLD': 127, 'CulDSac': 85, 'Slab': 87, 'OthW': 170, 'Rec': 72, 'Wd Shng': 44, 'ConLI': 139, 'NridgHt': 73, 'Bnk': 94, 'Somerst': 35, 'Mansard': 130, 'Min1': 65, 'WdShake': 142, 'FR3': 157, 'IR1': 39, 'Y': 24, 'GasW': 125, 'No': 19, 'Maj1': 140, 'RRNe': 148, 'Lvl': 4, 'BLQ': 60, 'PConc': 18, 'BrkComm': 164, 'Metal': 134, 'FuseP': 106, 'Ex': 23, 'Corner': 41, 'Grav': 141, 'Stucco': 122, 'Unf': 21, 'Brk Cmn': 145, 'SBrkr': 25, 'RFn': 28, 'Av': 49, 'AdjLand': 107, 'Crawfor': 42, 'SawyerW': 89, 'Inside': 6, 'Gambrel': 103, 'NoRidge': 48, 'Sawyer': 70, 'Norm': 9, 'Feedr': 33, 'Wd Sdng': 43, 'Gtl': 7, 'ConLw': 154, 'Alloca': 129, 'AsbShng': 105, 'LwQ': 91, 'RRAn': 121, 'Partial': 78, 'Wall': 159, 'VinylSd': 14, 'NAmes': 81, 'RH': 158, '1.5Fin': 51, 'Floor': 115, 'Twnhs': 117, 'MetalSd': 35, 'WD': 29, 'SWISU': 151, 'CarPort': 88, 'Fin': 76, 'PosN': 58, 'ALQ': 38, 'RM': 61, 'Tar&Grv': 161, '2fmCon': 68, 'CompShg': 13, 'Family': 138, 'Artery': 63, 'Duplex': 86, 'Attchd': 27, 'ClearCr': 124, 'IDOTRR': 95, 'HdBoard': 59, 'Sev': 132, 'CBlock': 37, 'Oth': 168, 'BrkCmn': 126, 'WdShngl': 115, '2.5Fin': 144, 'OldTown': 62, 'Membran': 152, '1Story': 34, 'Reg': 3, 'BuiltIn': 75, 'New': 77, 'Po': 131, 'Other': 165, 'StoneBr': 119, 'HLS': 118, 'Shed': 54, 'COD': 92, 'CmentBd': 100, 'Flat': 133, 'MnPrv': 53, 'Gd': 16, 'Typ': 26, 'Basment': 128, 'Edwards': 104, 'Pave': 1, 'Grvl': 93, 'Bluesta': 166, 'TA': 17}

图 12-1　自定义字典输出

代码清单 12-2　PCA 主成分分析法

```
from sklearn. decomposition import PCA
pca = PCA( n_components = 8)
x_train = pca. fit_transform( x_train)
```

如代码清单 12-2 所示，将 79 维的 x_train 降维到 8 维。然而效果并不好，所以放弃该方法。读者可以自行尝试。

第二种方法经检验，表现更为出色，如代码清单 12-3 所示。

代码清单 12-3　相关系数法

```
d = getdata('train. csv')              #getdata 返回经处理过的数据
corrmat = d. corr( )                   #计算相关系数
rela = list( corrmat[ 'SalePrice']. abs( ). sort_values( ). index)[ :-1]      #将特征列按相关性大小排序
features = 68
select_feat = rela[ -features:]        #取相关性好的前 68 列
```

12.2.2　XGBoost 模型参数

XGBoost 包含三类参数，分别为用于调控整个方程的 General Parameters，调控每步树变化的 Booster Parameters，调控优化表现的 Learning Task Parameters。参数主要有：

（1）General Parameters

1）silent = True，不打印运行信息。

2）nthread = 4，运行线程数。

（2）Booster Parameters

1）max_depth = 12，树的最大深度。

2）learning_rate = 0.05，为防止过拟合，更新过程中用到的收缩步长。在每次提升计算之后，算法会直接获得新特征的权重。通过缩减特征的权重，使提升计算过程更加保守。

3）subsample = 1，训练每棵树时，使用的数据占全部训练集的比例。

4）colsample_bytree = 0.9，每棵树随机选取的特征的比例。

5）colsample_bylevel＝0.9，树的每一级的每一次分裂，对列数的采样的占比。

6）scale_pos_weight＝1，样本不平衡时加快收敛。

7）reg_alpha＝1，L1 正则化的权重，加快多特征时算法运行效率。

8）reg_lambda＝1，L2 正则化权重，防止过拟合。

9）max_delta_step＝0，允许每棵树的权重被估计的值，为 0 时没有限制。

（3）Learning Task Parameters

1）Objective＝"multi：softmax"，多分类问题。

2）gamma＝0，惩罚系数。

3）seed＝2018，随机数种子。

4）num_class＝11，类别个数。

5）n_estimators＝978，总共迭代的次数，即决策树的个数。

6）base_score＝0.5，所有实例的初始化预测分数，全局偏置。

12.2.3 调参过程

在参数调整过程中，随机抽取 0.1 的样本作为验证集，通过观察 f1_score 判断模型效果。每个参数通过调到较大的值和较小的值并向中间靠近，得出最好的值。

设置初始值，通过固定较大的 learning_rate，得到合适的 n_estimators；然后依次调整以下参数，最后再降低学习率，增加树的个数，进行进一步调整。如代码清单 12-4 所示。

代码清单 12-4 调整参数列表

```
max_depth,
gamma,
subsample,colsample_bytree,colsample_bylevel,
reg_alpha,reg_lambda
```

以上是手动调参的思路，其实 Python 的扩展包 sklearn 里也提供了寻找最优参数的方法 GridSearchCV( )，如代码清单 12-5 所示。

代码清单 12-5 使用 GridSearchCV 调整超参数

```
from sklearn. model_selection import GridSearchCV
def selectmodel(train,label):          #返回最优的模型以及评测得分
    #XGBoost 的基分类器:选用树或线性分类
    params = {'booster':['gbtree', 'gblinear', 'dart']}
    #寻找最优基分类器以及对应的最优参数
    mymodel = GridSearchCV(xgb( ), params, error_score=1,refit=True)
    mymodel. fit(train,label)
    return mymodel,mymodel. best_score_
```

该方法寻找的参数自然不能保证是最优组合，因为它其实采用的是贪心策略：每次拿当前对模型影响最大的参数调优，直到最优化，直至所有参数都调整完毕。这种策略简单，在小数据集上有效，但问题是容易陷入局部最优解而非全局最优解。

12.3　完整代码及结果展示

完整代码如代码清单 12-6 所示，注意 train. csv 和 test. csv[⊖]要和该 Python 文件处于同一目录下。

代码清单 12-6　完整代码

```python
import numpy as np
import pandas as pd
import csv
from sklearn.model_selection import GridSearchCV
from xgboost import XGBRegressor as xgb
import math



dic = {}
ref = 0


#读取训练集数据并处理
def getdata(f):
    global ref, dic
    d = pd.read_csv(f)
    #print(d['Id'])
    d.drop(['Id'], axis = 1, inplace = True)
    tmphead = list(d.head())
    tmplist = list(d.values)
    rlist = []
    #对训练集中的字符串数据进行处理
    for i in tmplist:
        tmp = []
        for t in i:
            try:
                if(math.isnan(float(t))):
                    #用字典 dic 把字符串类型的数据映射到 float 上
                    try:
                        tmp.append(dic['NA'])
                    except:
                        dic['NA'] = ref
                        ref += 1
                        tmp.append(dic['NA'])
```

⊖ 下载地址：https://www.kaggle.com/c/house-prices-advanced-regression-techniques/data

```python
            else:
                tmp.append(float(t))
        except:
            try:
                tmp.append(dic[t])
            except:
                dic[t] = ref
                ref += 1
                tmp.append(dic[t])
        rlist.append(tmp)
    return pd.DataFrame(rlist, columns=tmphead)


#读取测试集数据并处理
def gettarget(f):
    global dic
    d = pd.read_csv(f)
    tmphead = list(d.head())
    tmplist = list(d.values)
    rlist = []
    for i in tmplist:
        tmp = []
        for t in i:
            try:
                if(math.isnan(float(t))):
                    tmp.append(dic['NA'])
                else:
                    tmp.append(float(t))
            except:
tmp.append(dic[t])
        rlist.append(tmp)

    return pd.DataFrame(rlist, columns=tmphead)


#文件写入操作
def writedata(idi, data, file):
    with open(file, 'w', newline='') as f:
        writer = csv.writer(f)
        writer.writerow(['Id', 'SalePrice'])
        for i in range(len(data)):
            writer.writerow([int(idi[i]), data[i]])


def getresult(mymodel, target):
```

```
        return mymodel. predict(target)

    #选择模型最优参数并训练、预测
    def selectmodel(train, label):
        #XGBoost 的基分类器:选用树或线性分类
        params = {'booster':['gbtree', 'gblinear', 'dart']}
        mymodel = GridSearchCV(xgb( ), params, error_score = 1, refit = True)
        mymodel. fit(train, label)
        return mymodel, mymodel. best_score_


    d = getdata('train. csv')                                            #getdata 返回经处理过的数据
    corrmat = d. corr( )                                                  #计算相关系数
    rela = list(corrmat['SalePrice']. abs( ). sort_values( ). index)[ :-1]    #将特征列按相关性大小排序
    features = 68
    select_feat = rela[ -features: ]                                      #取相关性好的前 68 列

    train, label = d. drop(['SalePrice'], axis = 1, inplace = False), d['SalePrice']
    train = train[select_feat]
    d = gettarget('test. csv')
    idi, target = d['Id'], d. drop(['Id'], axis = 1, inplace = False)
    target = target[select_feat]


    mymodel, score = selectmodel(train, label)
    print(score)


    #将预测值整理到 submission1. csv,提交 submission1. csv 在 Kaggle 平台评测
    result = getresult(mymodel, target)
    writedata(idi, result, ' submission1. csv')
```

最后就是在 Kaggle 平台上进行评测。submission1. csv 在 Kaggle 平台上的得分如图 12-2
所示，排名如图 12-3 所示。

图 12-2　Kaggle 平台评测得分

图 12-3　Kaggle 平台评测排名

第13章 案例2：影评数据分析与电影推荐

这一章将提供一个利用机器学习进行影评数据分析的案例，并结合分析结果实现对用户进行电影推荐。数据分析是信息时代的一个基础而又重要的工作，面对飞速增长的数据，如何从这些数据中挖掘到更有价值的信息成为一个重要的研究方向。机器学习在各个领域的应用也逐渐成熟，已成为数据分析和人工智能的重要工具。而数据分析和挖掘一个很重要的应用领域就是推荐。推荐已经开始渐渐影响我们的日常生活，从饮食到住宿、从购物到娱乐，都可以看到不同类型的推荐服务。而本章就是利用机器学习，从影评数据的分析着手，实现电影推荐，从而展示数据分析的整个过程。

一般来说，数据分析可以简单划分为几个步骤：明确目标，数据采集、清洗和整理，数据建模和分析，结果展示或服务部署。在本章的实践中，这些步骤都会有所体现。

13.1 明确目标与数据准备

分析目标往往是根据实际的研究或者业务需要提出的，可以分为阶段性目标和总目标。而数据准备就是根据要实现的目标要求，收集、积累、清洗和整理所需要的数据。在实际操作时，有时候明确目标和数据准备并没有完全严格的时间界限。例如，在建立分析目标时，数据已经有所积累，而所确定的目标往往就会基于当前已有的数据进行制定或细化，如果数据不够充分或无法完全满足需求，则需要对数据进行补充、整理。

本案例的目标相对来说比较明确，最终就是要根据用户对不同电影的评分情况实现新的电影推荐，而要实现这个目标，其阶段性的目标就可能要包含"找出和某用户有类似观影爱好的用户""找出和某一个电影有相似的观众群的电影"等阶段性目标。而要完成这些目标，接下来要做的就是准备分析所需要的数据。

在进行数据采集时，需要根据实际的业务环境来采用不同的方式，例如使用爬虫、对接数据库、使用接口等。在进行监督学习时，有时候需要对采集的数据进行手工标记。根据实现目标，本案例需要的是用户对电影的评分数据，可以使用爬虫获取豆瓣电影影评数据。需要注意的是，用户信息相关的数据需要进行脱敏处理。本案例使用的是开源的数据，而且爬虫不是本章的重点，所以在此不再进行说明。

获取的数据有两个文件：包含加密的用户 ID、电影 ID、评分值的用户评分文件 ratings. csv 和包含电影 ID、电影名称的电影信息文件 movies. csv。本案例的数据较为简单，所以基本上可以省去特征方面的复杂处理过程。

实际操作中，如果获取的数据质量无法保证，就需要对数据进行清洗，包括对数据格式的统一、对缺失数据的补充等。在数据清洗完成后还需要对数据进行整理，例如根据业务逻辑进行分类、去除冗余数据等。而且在数据整理完成之后需要选择合适的特征，而且特征的选择也会根据后续的分析进行变化。而关于特征的处理有一个专门的研究方向，就是特征工程，这也是数据分析过程中很重要而且耗时的部分。

提示

13.2 工具选择

在实现目标之前，我们需要对数据进行统计分析，从而了解数据的分布情况，以及数据的质量是否能够支撑我们的目标。而很适合来完成这项工作的一个工具就是 Pandas。

Pandas（Python Data Analysis Library）是一个强大的分析结构化数据的工具集，它的使用基础是 Numpy（提供高性能的矩阵运算），用于数据挖掘和数据分析，同时也提供数据清洗功能。Pandas 的主要数据结构是 Series（一维数据）与 DataFrame（二维数据），这两种数据结构足以处理金融、统计、社会科学、工程等领域里的大多数数据。本案例中使用的是二维数据，所以更多操作是 DataFrame 相关的。DataFrame 是 Pandas 中的一个表格型的数据结构，包含有一组有序的列，每列可以是不同的值类型（如数值、字符串、布尔型等），DataFrame 既有行索引也有列索引，可以被看作是由 Series 组成的字典。

开发工具选择比较适合尝试性开发的工具 Jupyter Notebook。Jupyter Notebook 是一个交互式笔记本，支持运行 40 多种编程语言。Jupyter Notebook 的本质是一个 Web 应用程序，便于创建和共享文学化程序文档，支持实时代码、数学方程、可视化和 markdown。由于其灵活交互的优势，所以很适合探索性质的开发工作。其安装和使用比较简单，这里就不做详细介绍，而是推荐使用很方便的使用方式，就是使用 VS Code 开发工具，可以直接支持 Jupyter，而不需要手动启动服务，界面如图 13-1 所示。

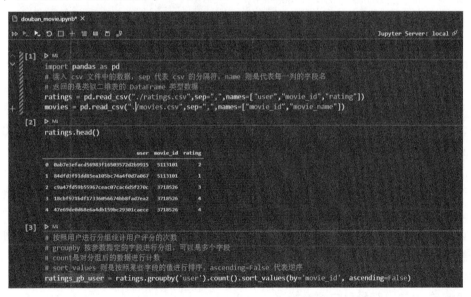

图 13-1　VS Code Jupyter Notebook 界面展示

13.3 初步分析

准备好环境和数据之后先需要对数据进行初步的分析，一方面可以初步了解数据的构成，另一方面可以判断数据的质量。数据初步分析往往是统计性的、多角度的，带有很大的尝试性。然后再根据得到的结果进行深入的挖掘，从而得到更有价值的结果。对于当前的数据，可以分别从用户和电影两个角度入手。而在进入初步分析之前，需要先导入基础的用户评分数据和电影信息数据，如代码清单 13-1 所示。其中读入 csv 文件中的数据，sep 代表 csv 的分隔符，name 代表每一列的字段名，返回的是类似二维表的 DataFrame 类型数据。

代码清单 13-1　导入基础用户评分数据和电影信息数据

```
import pandas as pd
ratings = pd. read_csv(". /ratings. csv",sep=",",names=["user","movie_id","rating"])
movies = pd. read_csv(". /movies. csv",sep=",",names=["movie_id","movie_name"])
```

13.3.1　用户角度分析

首先可以先使用 pandas 的 head( ) 函数来查看 rating 的结构，如代码清单 13-2 所示。head 是 DataFrame 的成员函数，用于返回前 n 行数据。其中 n 是参数，代表选择的行数，默认是 5。

代码清单 13-2　查看评分数据的结构

```
>>> ratings. head( )
        user                              movie_id    rating
0       0ab7e3efacd56983f16503572d2b9915   5113101     2
1       84dfd3f91dd85ea105bc74a4f0d7a067   5113101     1
2       c9a47fd59b55967ceac07cac6d5f270c   3718526     3
3       18cbf971bdf17336056674bb8fad7ea2   3718526     4
4       47e69de0d68e6a4db159bc29301caece   3718526     4
```

可以看到，用户 ID 是经过长度一致的字符串（实际是经过 MD5 处理的字符串），影片 ID 是数字，所以在之后的分析过程中，影片 ID 可能会被当作数字来进行运算。如果想查看一共有多少条数据，可以查看 rating. shape，输出的（1048575, 3）代表一共有将近 105 万条数据，3 则是对应的上面提到的 3 列。

然后可以查看用户的评论情况，例如数据中一共有多少人参与评论，每个人评论的次数。由于 ratings 数据中每个用户可以对多部影片进行评分，所以可以按用户进行分组，然后使用 count( ) 来统计数量。而为了查看方便，可以对分组计数后的数据进行排序。再使用 head( ) 函数查看排序后的情况。如代码清单 13-3 所示。其中 groupby 是按参数指定的字段进行分组，可以是多个字段，count 是对分组后的数据进行计数，sort_values 则是按照某些字段的值进行排序，ascending=False 代表逆序。

代码清单 13-3　查看用户评论情况

```
>>> ratings_gb_user = ratings. groupby('user'). count( ). sort_values(by='movie_id', ascending=
False)
>>> ratings_gb_user. head( )
user                                movie_id    rating
535e6f7ef1626bedd166e4dfa49bc0b4    1149        1149
425889580eb67241e5ebcd9f9ae8a465    1083        1083
```

3917c1b1b030c6d249e1a798b3154c43	1062	1062
b076f6c5d5aa95d016a9597ee96d4600	864	864
b05ae0036abc8f113d7e491f502a7fa8	844	844

可以看出评分最多的用户 ID 是 535e6f7ef1626bedd166e4dfa49bc0b4，一共评论了 1149 次。这里 movie_id 和 rating 的数据是相同的，是由于其计数规则是一致的，所以属于冗余数据。但是 head( ) 函数能看到的数据太少，所以可以使用 describe( ) 函数来查看统计信息，如代码清单 13-4 所示。

代码清单 13-4 查看用户评分统计信息

```
>>> ratings_gb_user. describe( )
              movie_id              rating
count     273826. 000000        273826. 000000
mean           3. 829348            3. 829348
std           14. 087626           14. 087626
min            1. 000000            1. 000000
25%            1. 000000            1. 000000
50%            1. 000000            1. 000000
75%            3. 000000            3. 000000
max         1149. 000000         1149. 000000
```

从输出的信息中可以看出，一共有 273826 个用户参与评分，用户评分的平均次数是 3.829348 次。标准差是 14.087626，相对来说还是比较大的。而从最大值、最小值和中位数可以看出大部分用户对影片的评分次数还是很少的。

如果想更直观地看数据的分布情况，则可以查看直方图，如代码清单 13-5 所示。

代码清单 13-5 查看用户评分直方图

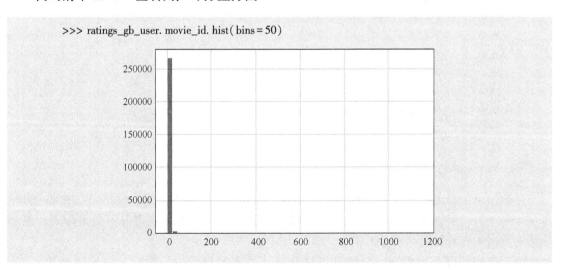

从图中可以看出大部分用户还是集中在评分次数很少的区域，大于 100 的数据基本上看不到。而如果想查看某一个区间的数据就可以使用 range 参数，例如想查看评论次数在 1 到

10 之间的用户分布情况，参数 range 就可以设置为［1，10］。如代码清单 13-6 所示。

代码清单 13-6　查看小范围的用户评分直方图

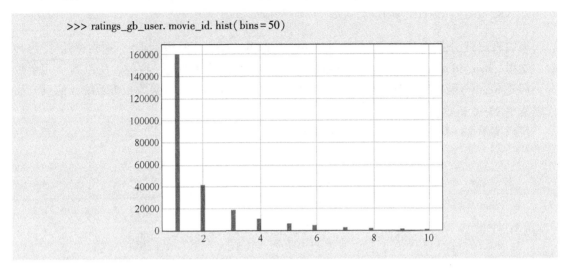

可以看到，无论是整体还是局部，评论次数多的用户数越来越少，而且结合之前的分析，大部分用户（约 75%）的评分次数都是小于 4 次的。这基本上符合我们对常规的认知。

除了从评论次数上进行分析，也可以从评分值上进行统计。如代码清单 13-7 所示，其中 groupby 是按参数指定的字段进行分组，可以是多个字段，count 是对分组后的数据进行计数，sort_values 则是按照某些字段的值进行排序，ascending＝False 代表逆序。

代码清单 13-7　查看评分值的分布情况

```
>>> user_rating = ratings. groupby('user'). mean(). sort_values(by='rating', ascending=False)
>>> user_rating. rating. describe()
count       273826. 00000
mean            3. 439616
std             1. 081518
min             1. 000000
25%             3. 000000
50%             3. 500000
75%             4. 000000
max             5. 000000
Name：rating, dtype：float64
```

从数据可以看出，所有用户的评分的均值是 3.439616，而且大部分人（约 75%）的评分在 4 分左右，所以整体的评分还是比较高的，说明用户对电影的态度并不是很苛刻，或者收集的数据中影片的总体质量不错。

之后可以将评分次数和评分值进行结合，从二维的角度进行观察。如代码清单 13-8 所示。其中 groupby 是按参数指定的字段进行分组，可以是多个字段，count 是对分组后的数据进行计数，sort_values 则是按照某些字段的值进行排序，ascending＝False 代表逆序。

代码清单 13-8 查看评分值的分布散点图

```
>>> user_rating = ratings.groupby('user').mean().sort_values(by='rating', ascending=False)
>>> ratings_gb_user = ratings_gb_user.rename(columns={'movie_id_x':'movie_id','rating_y':'rating'})
>>> ratings_gb_user.plot(x='movie_id', y='rating', kind='scatter')
```

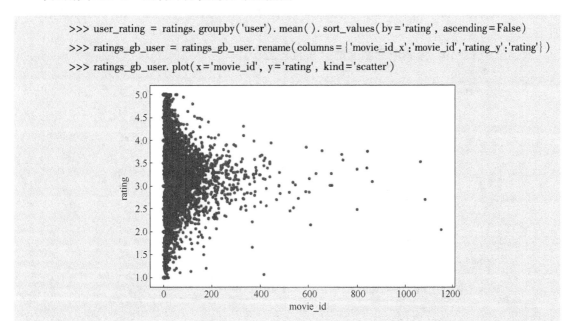

从输出的图中可以看到，分布基本上呈"＞"形状，确实表示出大部分用户都是评分较少，而且中间分数的偏多。

13.3.2 电影角度分析

接下来可以用相似的办法，从电影的角度来查看数据的分布情况，例如每一部电影被评论的次数。要获取每一部电影的评分次数就需要通过对影片的 ID 进行分组和计数，但是为了提高数据的可观性，可以通过关联操作将影片的名称显示出来。通过 Pandas 的 merge 函数，可以很容易实现数据的关联操作。如代码清单 13-9 所示。merge 函数中，how 参数代表关联的方式，例如 inner 是内关联，left 是左关联，right 代表有关联；on 是关联时使用的键名，由于 ratings 和 movies 对应的电影的字段名是一样的，所以可以只传入 movie_id 这一个参数，否则需要使用 left_on 和 right_on 参数。

代码清单 13-9 关联影片名称

```
>>> ratings_gb_movie = ratings.groupby('movie_id').count().sort_values(by='user', ascending=False)
>>> ratings_gb_movie = pd.merge(ratings_gb_movie, movies, how='left', on='movie_id')
>>> ratings_gb_movie.head()
```

	movie_id	user	rating	movie_name
0	3077412	320	320	寻龙诀
1	1292052	318	318	肖申克的救赎 – 电影
2	25723907	317	317	捉妖记
3	1291561	317	317	千与千寻
4	2133323	316	316	白日梦想家 – 电影

可以看到，被评分次数最多的电影是《寻龙诀》，一共被评分320次。同样，user 和 rating 的数据是一致的，属于冗余数据。然后查看详细的统计数据和直方图。如代码清单13-10 所示。

代码清单13-10　查看电影数据的分布直方图

```
>>> ratings_gb_movie. user. describe( )
count        22847. 00000
mean         45. 895522
std          61. 683860
min          1. 000000
25%          4. 000000
50%          17. 000000
75%          71. 000000
max          320. 000000
>>> ratings_gb_user. movie_id. hist( bins = 50 )
```

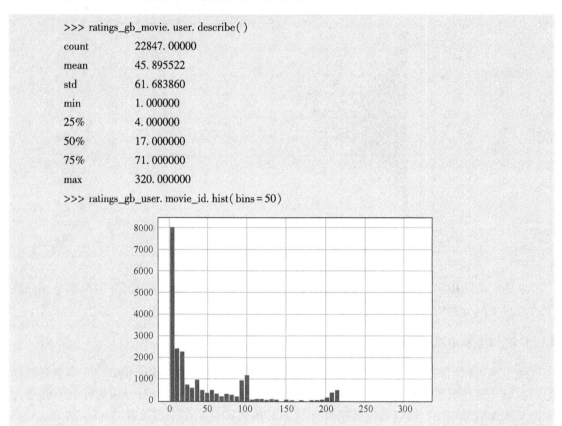

可以看到，一共有22847部电影被用户评分，平均被评分次数接近46次，大部分影片（约75%）被评论在71次左右。从直方图中可以看到，大约被评分80次之前的数据基本上是随着次数增加而评论次数在减少，但是在评论100次和200次左右的影片却有不太正常的增加，再加上从统计数据中可以看到分布的标准差也比较大，可以知道其实数据质量并不是太高，但整体上的趋势还是基本符合常识的。

接下来同样要对评分值进行观察，如代码清单13-11所示。

代码清单13-11　查看电影数据的分布描述

```
>>> movie_rating = ratings. groupby('movie_id'). mean( ). sort_values( by = 'rating', ascending = False)
>>> movie_rating. describe( )
count        22847. 000000
mean         3. 225343
std          0. 786019
min          1. 000000
25%          2. 800000
```

50%	3.333333
75%	3.764022
max	5.000000

从统计数据中可以看出所有电影的平均分数和中位数很接近，大约是3.3左右，说明整体的分布比较均匀。然后可以将评分次数和评分值结合进行观察，如代码清单13-12所示。

代码清单13-12　查看电影数据的分布散点图

```
>>> ratings_gb_movie = pd.merge(ratings_gb_movie, movie_rating, how='left', on='movie_id')
>>> ratings_gb_movie.head()
```

	movie_id	user	rating_x	movie_name	rating_y
0	3077412	320	320	寻龙诀	3.506250
1	1292052	318	318	肖申克的救赎-电影	4.672956
2	25723907	317	317	捉妖记	3.192429
3	1291561	317	317	千与千寻	4.542587
4	2133323	316	316	白日梦想家	3.990506

```
>>> ratings_gb_movie.plot(x='user', y='rating', kind='scatter')
```

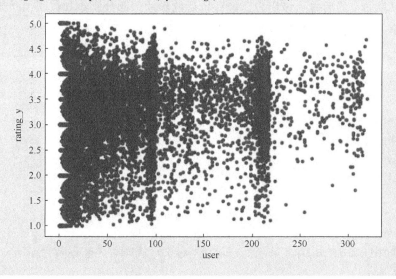

从输出的数据可以看出，有些电影如《寻龙诀》本身被评分的次数很多，但是综合评分并不高。从plot()方法输出的散点图中可以看到，总体上数据还是呈现">"分布，但是评分次数在100和200左右出现了比较分散的情况，和之前的直方图是相对应的，这也许是一种特殊现象，而是否是一种规律就需要更多的数据来分析和研究。

提示　　当前的分析结果也可以有较多用途，例如做一个观众评分量排行榜或者电影评分排行榜等，结合电影标签就可以进行用户的兴趣分析。

13.4 电影推荐

在对数据有足够的认知之后，需要继续完成我们的目标，也就是根据当前数据给用户推荐其没有看过的但是很有可能会喜欢的影片。推荐算法大致可以分为三类：协同过滤推荐算法、基于内容的推荐算法和基于知识的推荐算法。其中协同过滤算法是诞生较早且较为著名的算法，其通过对用户历史行为数据的挖掘来发现用户的偏好，基于不同的偏好对用户进行群组划分并推荐品味相似的商品。

协同过滤推荐算法分为两类，分别是基于用户的协同过滤算法（User-based CollaboratIve Filtering），和基于物品的协同过滤算法（Item-based Collaborative Filtering）。基于用户的协同过滤算法是通过用户的历史行为数据发现用户对商品或内容的喜好（如商品购买、收藏、内容评论或分享），并对这些喜好进行度量和打分。根据不同用户对相同商品或内容的态度和偏好程度计算用户之间的关系，然后在有相同喜好的用户间进行商品推荐。其中比较重要的就是距离的计算，可以使用余弦相似性、Jaccard 来实现。整体的实现思路就是：使用余弦相似性构建邻近性矩阵，然后使用 KNN 算法从邻近性矩阵中找到某用户临近的用户，并将这些临近用户点评价过的影片作为备选，然后将邻近性的值作为权重当作推荐的得分，相同的分数可以累加，最后排除该用户已经评价后的影片。部分脚本如代码清单 13-13 所示。

代码清单 13-13　电影推荐脚本

```python
#根据余弦相似性建立邻近性矩阵
ratings_pivot = ratings. pivot('user','movie_id','rating')
ratings_pivot. fillna(value = 0)
m,n = ratings_pivot. shape
userdist = np. zeros([m,m])
for i in range(m):
    for j in range(m):
        userdist[i,j] = np. dot(ratings_pivot. iloc[i,],ratings_pivot. iloc[j,]) \
        /np. sqrt(np. dot(ratings_pivot. iloc[i,],ratings_pivot. iloc[i,]) \
        * np. dot(ratings_pivot. iloc[j,],ratings_pivot. iloc[j,]))
proximity_matrix = pd. DataFrame(userdist, index = list(ratings_pivot. index), columns = list(ratings_pivot. index))


#找到临近的 k 个值
def find_user_knn(user, proximity_matrix = proximity_matrix, k = 10):
    nhbrs = userdistdf. sort(user,ascending = False)[user][1:k+1]
    #在一列中降序排序,除去第一个(自己)后为近邻
    return nhbrs


#获取推荐电影的列表
def recommend_movie(user, ratings_pivot = ratings_pivot, proximity_matrix = proximity_matrix):
    nhbrs = find_user_knn(user, proximity_matrix = proximity_matrix, k = 10)
```

```python
        recommendlist = {}
        for nhbrid in nhbrs.index：
            ratings_nhbr = ratings[ratings['user'] == nhbrid]
            for movie_id in ratings_nhbr['movie_id']：
                if movie_id not in recommendlist：
                    recommendlist[movie_id] = nhbrs[nhbrid]
                else：
                    recommendlist[movie_id] = recommendlist[movie_id] + nhbrs[nhbrid]
    # 去除用户已经评价过的电影
    ratings_user = ratings[ratings['user'] == user]
    for movie_id in ratings_user['movie_id']：
        if movie_id in recommendlist：
            recommendlist.pop(movie_id)
    output = pd.Series(recommendlist)
    recommendlistdf = pd.DataFrame(output, columns=['score'])
    recommendlistdf.index.names = ['movie_id']
    return recommendlistdf.sort('score', ascending=False)
```

提示　　建立邻近性矩阵是很消耗内存的操作，如果执行过程中出现内存错误，则需要换用内存更大的机器来运行，或者对数据进行采样处理，从而减少计算量。

代码中给出的是基于用户的协同过滤算法，可以试着写出基于影片的协同过滤算法来尝试下电影推荐，然后对比算法的优劣性。

第14章 案例3：汽车贷款违约的数据分析

本章讲述汽车金融数据从整理到分析的 Python 案例。数据分析大致可以分为五个阶段：问题定义、数据收集、数据预处理、数据建模、数据可视化。问题定义指的是进行数据分析的目的，为何要进行数据分析，需要达成什么样的目标，获取什么样的信息。数据收集主要是根据目的去收集数据，一般可以通过从统计局、网络爬虫、系统日志或购买数据等来源获取数据。数据预处理是针对已经收集好的数据进行数据整理，方便下一步的数据建模，主要手段有数据清理、数据集成、数据变换、数据归约等。其目的是为了是统一数据格式，以方便建模。数据建模是运用一种或多种数据挖掘算法对数据进行模型构建、训练与验证。数据可视化是将数据分析的结果整理出来，用合适的图表进行展示出来，方便决策人员根据分析结果进行决策。但是这些只是大致的流程，在实践中要结合生产客观条件进行调整，同时数据建模一般也是一个迭代的过程，需要反复建模，提升模型的可靠性。

本案例主要是针对一组已经收集好的贷款购买汽车的客户的金融信誉数据来进行建模，用来预测贷款购买汽车的客户可能会违约的概率，以供金融机构判断是否给予贷款。在本案例中主要展示了数据变量的分析、数据预处理的方法、使用几种数据挖掘方法进行数据建模、模型可视化与结果分析等部分。

14.1 数据分析常用的 Python 工具库

Numpy、Pandas 和 Matplotlib 是数据分析的三个核心包。Sklearn 封装了许多常用的数据挖掘算法。正是由于 Python 各种强大的数据分析和数据挖掘工具包，使 Python 成为数据分析的一种主流工具。

Numpy（Numerical Python）是 Python 数据分析的一个基础包，主要为 Python 提供了快速处理数组的能力，作为算法与库之间传递数据的容器，除此之外还包含了很多常用的运算方法。

Pandas（Python Data Analysis Library）提供了大量的能够快速便捷处理结构化数据的标准数据模型和函数，是一种能够高效操作大型数据集的工具。其提供了复杂精细的索引功能，以便更方便捷地完成重塑、切片和切块、聚合以及选取数据子集等操作，所以 Pandas 大量地应用于数据清洗中。

Matplotlib 是一个 Python 的 2D 绘图库，常用于绘制图表和其他二维数据的可视化。开发者可以仅需要几行代码，便可以生成绘图。一般可绘制折线图、散点图、柱状图、饼图、直方图、子图等，目前是最流行的一种 Python 可视化库。除此之外，还有其他如 seaborn 这样免费的 Python 可视化库，开发者可以根据需要自行选择。

Sklearn 是机器学习中一个常用的 Python 第三方模块，它对一些常用的机器学习算法进行了封装，其包含了从数据预处理到训练模型的各个方面，使数据分析时无须特别关注算法实现，从而极大地节省了编写代码的时间，将更多的精力放在分析数据上。本案例将展示使用 Sklearn 来构建模型进行数据分析。

14.2　数据样本分析

数据分析一般是要带有一定的业务目的进行的。首先来看一下本案例的分析目的，建立这样一个数据模型，根据既往申请贷款购车的客户的一些信息，判断这位客户将会违约的概率有多大，根据风险判断是否放款。根据这样的需求，就可以对样本进行变量划分了。

14.2.1　数据样本概述

首先需要分析数据样本的大致情况。数据样本是一份汽车贷款违约数据，其中各项如表 14-1 所示。

表 14-1　汽车贷款违约数据

名　　称	中　文　含　义
application_id	申请者 ID
account_number	账户号
bad_ind	是否违约
vehicle_year	汽车购买时间
vehicle_make	汽车制造商
bankruptcy_ind	曾经破产标识
tot_derog	五年内信用不良事件数量（比如手机欠费销号）
tot_tr	全部账户数量
age_oldest_tr	最久账号存续时间（月）
tot_open_tr	在使用账户数量
tot_rev_tr	在使用可循环贷款账户数量（比如信用卡）
tot_rev_debt	在使用可循环贷款账户余额（比如信用卡欠款）
tot_rev_line	可循环贷款账户限额（信用卡授权额度）
rev_util	可循环贷款账户使用比例（余额/限额）
fico_score	FICO 打分
purch_price	汽车购买金额（元）
msrp	建议售价
down_pyt	分期付款的首次交款
loan_term	贷款期限（月）
loan_amt	贷款金额
ltv	贷款金额/建议售价 * 100
tot_income	月均收入（元）
veh_mileage	行驶里程（Mile）
used_ind	是否二手车
weight	样本权重

首先看下样本的总体概况。data. shape 为（5845, 25），说明本案例的样本一共有 5845 条，其中包含了 25 条属性。接下来使用 data. describe（）. T 方法查看数据样本的概况描述，运行结果如图 14-1 所示。

```
                   count          mean           std      min          25%         50%          75%            max
application_id    5845.0  5.039359e+06  2.880450e+06   4065.0  2513980.000  5110443.00  7526973.00  10000115.00
account_number    5845.0  5.021740e+06  2.873516e+06  11613.0  2567174.000  4988152.00  7556672.00  10010219.00
bad_ind           5845.0  2.047904e-01  4.035829e-01      0.0        0.000        0.00        0.00         1.00
vehicle_year      5844.0  1.901794e+03  4.880244e+02      0.0     1997.000     1999.00     2000.00      9999.00
tot_derog         5632.0  1.910156e+00  3.274744e+00      0.0        0.000        0.00        2.00        32.00
tot_tr            5632.0  1.708469e+01  1.081406e+01      0.0        9.000       16.00       24.00        77.00
age_oldest_tr     5629.0  1.543043e+02  9.994054e+01      1.0       78.000      137.00      205.00       588.00
tot_open_tr       4426.0  5.720063e+00  3.165783e+00      0.0        3.000        5.00        7.00        26.00
tot_rev_tr        5207.0  3.093336e+00  2.401923e+00      0.0        1.000        3.00        4.00        24.00
tot_rev_debt      5367.0  6.218620e+03  8.657668e+03      0.0      791.000     3009.00     8461.50     96260.00
tot_rev_line      5367.0  1.826266e+04  2.094261e+04      0.0     3235.500    10574.00    26196.00    205395.00
rev_util          5845.0  4.344448e+01  7.528998e+01      0.0        5.000       30.00       66.00      2500.00
fico_score        5531.0  6.935287e+02  5.784152e+01    443.0      653.000      693.00      735.50       848.00
purch_price       5845.0  1.914524e+04  9.356070e+03      0.0    12684.000    18017.75    24500.00    111554.00
msrp              5844.0  1.864318e+04  1.019050e+04      0.0    12050.000    17475.00    23751.25    222415.00
down_pyt          5845.0  1.325376e+03  2.435177e+03      0.0        0.000      500.00     1750.00     35000.00
loan_term         5845.0  5.680616e+01  1.454766e+01     12.0       51.000       60.00       60.00       660.00
loan_amt          5845.0  1.766007e+04  9.095268e+03   2133.4    11023.000    16200.00    22800.00    111554.00
ltv               5844.0  9.878525e+01  1.808215e+01      0.0       90.000      100.00      109.00       176.00
tot_income        5840.0  6.206255e+03  1.073186e+05      0.0     2218.245     3400.00     5156.25   8147166.66
veh_mileage       5844.0  2.016798e+04  2.946418e+04      0.0        1.000     8000.00    34135.50    999999.00
used_ind          5845.0  5.647562e-01  4.958313e-01      0.0        0.000        1.00        1.00         1.00
weight            5845.0  3.982036e+00  1.513436e+00      1.0        4.750         .75        4.75         4.75
```

图 14-1 数据样本概况

依据本次数据分析的目的，预测用户是否会违约，可以将样本划分为这样的两部分，第一部分 bad_ind 作为目标变量，是数据样本中判断一名客户是否会违约的 Y 变量；第二部分是其他所有变量：vehicle_year, vehicle_make, bankruptcy_ind, tot_derog, tot_tr, age_oldest_tr, tot_open_tr, tot_rev_tr, tot_rev_debt, tot_rev_line, rev_util, fico_score, purch_price, msrp, down_pyt, loan_term, loan_amt, ltv, tot_income, veh_mileage, used_ind, weight，作为用于判断是否会违约的 X 变量。后面部分的数据模型就是基于这些 X 变量，来预测一名客户是否会违约。

application_id 和 account_number 作为账户 id 编号不具有统计意义，所以在下面的分析中就可以暂时忽略这两个属性，只分析其余 22 项即可。

14.2.2 变量类型分析

变量数据类型可以分为连续变量和分类变量。分类变量是类似物品的品牌这样非连续的变量，而连续变量是类似考试分数这样的值是连续数值的数据。不同的变量类型有着不同的处理方法，本数据集中的变量类型如表 14-2 所示。

表 14-2 变量类型

变 量 名	变 量 类 型
application_id	int64
account_number	int64
bad_ind	int64
vehicle_year	float64
vehicle_make	object
bankruptcy_ind	object

变 量 名	变 量 类 型
tot_derog	float64
tot_tr	float64
age_oldest_tr	float64
tot_open_tr	float64
tot_rev_tr	float64
tot_rev_debt	float64
tot_rev_line	float64
rev_util	int64
fico_score	float64
purch_price	float64
msrp	float64
down_pyt	float64
loan_term	int64
loan_amt	float64
ltv	float64
tot_income	float64
veh_mileage	float64
used_ind	int64
weight	float64

第一步可以先粗略地划分 float64 和 int64 为连续型变量，其他类型的为分类变量。第二步，在后面分析 X 变量时，针对具体的每一项属性进行数据探索分析，根据变量的实际含义再次划分。

14.2.3 Python 代码实践

如代码清单 14-1 所示，完整地展示了数据的引入与初步分析的过程。

代码清单 14-1 查看数据引入与总体描述

```python
#引入工具包
import pandas as pd
import numpy as np
import matplotlib. pyplot as plt
import seaborn as sns
import os
#读入数据
data = pd. read_csv( path_name)
#data = pd. read_csv('data. csv')
#查看样本形状,样本条数,样本属性数量
data. shape
```

```
#查看数据前 5 条数据
data. head( )
#查看数据大概情况
data. describe( ). T
#查看变量类型
data. dtypes
#观察并通过 duplicated 检查发现 application_id account_number 都是样本的唯一编号且二者同值，
取其一即可
data. loc[ : ,[ 'application_id' , 'account_number' ] ]. duplicated( ). sum( )
#分别划分 X 变量与 Y 变量
x_var_list = [ 'vehicle_year' , 'vehicle_make' , 'bankruptcy_ind' , 'tot_derog' , 'tot_tr' , 'age_oldest_tr' , 'tot_
open_tr' , 'tot_rev_tr' , 'tot_rev_debt' , 'tot_rev_line' , 'rev_util' , 'fico_score' , 'purch_price' , 'msrp' , 'down
_pyt' , 'loan_term' , 'loan_amt' , 'ltv' , 'tot_income' , 'veh_mileage' , 'used_ind' , 'weight' ]
data_x = data. loc[ : , x_var_list ]
data_y = data. loc[ : , 'bad_ind' ]
```

14.3 数据分析的预处理

样本划分好后，一般不能直接用来构建模型，因为原始数据可能会存在数据缺失、数据格式有误等。所以需要对原始数据进行清洗和标准化，以便得到想要的数据，然后进行更好的数据分析。

14.3.1 目标变量探索

首先通过代码清单 14-2 查看目标变量正负样本分布的情况。

代码清单 14-2 查看数据正负样本数量

```
data_y. value_counts( )
#可以得到这样的结果：
#bad_ind          count
#0                4648
#1                1197
```

说明有 4648 条正样本，1197 条负样本。大约有 20% 左右的违约率。但是假如正样本或者负样本数量非常小的时候，例如负样本只有几十条，是非常不利于分析的，可能需要考虑重新选定目标变量。

14.3.2 X 变量初步探索

接下来用 describe 这个方法来查看 22 项 X 变量的总体情况，如图 14-2 所示：其输出结果中的统计数据包括数量、唯一数值、频次最高的项、频次最高的数量、数学期望、标准差、最小值、25% 到 75% 分位值、最大值等。

从图中可以看出这些变量的数量很多都和数据样本总量不相等，即存在缺失值，那么接下来查看这些变量的缺失情况，如代码清单 14-3 所示。

	count	unique	top	freq	mean	std	min	25%	50%	75%	max
vehicle_year	5844	NaN	NaN	NaN	1901.79	488.024	0	1997	1999	2000	9999
vehicle_make	5546	154	FORD	1112	NaN	NaN	NaN	NaN	NaN	NaN	NaN
bankruptcy_ind	5628	2	N	5180	NaN	NaN	NaN	NaN	NaN	NaN	NaN
tot_derog	5632	NaN	NaN	NaN	1.91016	3.27474	0	0	0	2	32
tot_tr	5632	NaN	NaN	NaN	17.0847	10.8141	0	9	16	24	77
age_oldest_tr	5629	NaN	NaN	NaN	154.304	99.9405	1	78	137	205	588
tot_open_tr	4426	NaN	NaN	NaN	5.72006	3.16578	0	3	5	7	26
tot_rev_tr	5207	NaN	NaN	NaN	3.09334	2.40192	0	1	3	4	24
tot_rev_debt	5367	NaN	NaN	NaN	6218.62	8657.67	0	791	3009	8461.5	96260
tot_rev_line	5367	NaN	NaN	NaN	18262.7	20942.6	0	3235.5	10574	26196	205395
rev_util	5845	NaN	NaN	NaN	43.4445	75.29	0	5	30	66	2500
fico_score	5531	NaN	NaN	NaN	693.529	57.8415	443	653	693	735.5	848
purch_price	5845	NaN	NaN	NaN	19145.2	9356.07	0	12684	18017.8	24500	111554
msrp	5844	NaN	NaN	NaN	18643.2	10190.5	0	12050	17475	23751.2	222415
down_pyt	5845	NaN	NaN	NaN	1325.38	2435.18	0	0	500	1750	35000
loan_term	5845	NaN	NaN	NaN	56.8062	14.5477	12	51	60	60	660
loan_amt	5845	NaN	NaN	NaN	17660.1	9095.27	2133.4	11023	16200	22800	111554
ltv	5844	NaN	NaN	NaN	98.7852	18.0821	0	90	100	109	176
tot_income	5840	NaN	NaN	NaN	6206.26	107319	0	2218.24	3400	5156.25	8.14717e+06
veh_mileage	5844	NaN	NaN	NaN	20168	29464.2	0	1	8000	34135.5	999999
used_ind	5845	NaN	NaN	NaN	0.564756	0.495831	0	0	1	1	1
weight	5845	NaN	NaN	NaN	3.98204	1.51344	1	4.75	4.75	4.75	4.75

图 14-2　数据样本概况

代码清单 14-3　查看数据各个样本缺失情况

```
data_x.isnull().sum()
'''
结果如下：
vehicle_year          1
vehicle_make        299
bankruptcy_ind      217
tot_derog           213
tot_tr              213
age_oldest_tr       216
tot_open_tr        1419
tot_rev_tr          638
tot_rev_debt        478
tot_rev_line        478
rev_util              0
fico_score          314
purch_price           0
msrp                  1
down_pyt              0
loan_term             0
loan_amt              0
ltv                   1
tot_income            5
veh_mileage           1
used_ind              0
weight                0
'''
```

针对缺失值一般可以采用填充和不填充两种处理方式。采用填充时，一般可以采用中位数或者均值填充；采用不填充时，也可以把其单独当作一类来进行分析。下面将分别对分类变量和连续变量进行分析与预处理。

14.3.3 连续变量的缺失值处理

首先选择对连续变量 tot_income（月均收入）进行分析。第一步，查看 tot_income 的总体分布情况和缺失值情况，如代码清单 14-4 所示。

代码清单 14-4 查看月均收入的分布和缺失情况

```
data_x['tot_income'].value_counts(dropna=False)
#tot_income    count
#2500.00       163
#2000.00       141
#5000.00       135
#3000.00       129
#4000.00       116
#0.00          115
#3500.00       93
#3333.33       87
#...
data_x['tot_income'].isnull().sum()
# 5
```

从上面的结果可以看到，月均收入有 5 条缺失值，然后可以查看数据缺失时的客户的违约情况如何，如代码清单 14-5 所示。

代码清单 14-5 查看月均收入缺失时客户违约分布情况

```
data_y.groupby(data_x['tot_income']).agg(['count','mean'])
# unknown            5  0.200000
```

可以看到缺失时其违约率没有与 20% 的平均违约率基本一致，可以直接选择中位数进行填充，另一方面也由于缺失条数比较少，从统计意义上当其违约率与平均违约率差异较大时也不适合单独作为一类进行处理。所以面对这样的属性，可以选择该数据的中位数填充缺失值即可，如代码清单 14-6 所示。

代码清单 14-6 对月均收入进行中位数填充缺失值

```
data_x['tot_income']=data_x['tot_income'].fillna(data_x['tot_income'].median())
```

此外针对连续性数据还可以进行数据盖帽的预处理操作。所谓盖帽，是一种异常值处理手段，目的是将变量的值控制在一定的范围内，一般采用分位数来限定其范围。一般限定数据的最大值为 75% 分位值+1.5 倍的（75% 分位值-25% 分位值）。如代码清单 14-7 所示查看数据值的分布情况。

代码清单 14-7　月均收入数据值分布范围分析

```
q25 = data_x['tot_income'].quantile(0.25)
q75 = data_x['tot_income'].quantile(0.75)
max_qz = q75+1.5 * (q75-q25)
sum(data_x['tot_income']>max_qz)
#359
```

根据计算得出有 359 条数据超过了理论最大值，直接进行盖帽，用最大值替换超过最大值的样本数据值，如代码清单 14-8 所示操作。

代码清单 14-8　对超过范围的月均收入数据进行盖帽操作

```
temp_series = data_x['tot_income']>max_qz
data_x.loc[temp_series,'tot_income'] = max_qz
data_x['tot_income'].describe()
```

接下来，对另一个连续变量 tot_rev_line（信用卡授信额度）来进行数据的预处理操作。首先，如代码清单 14-9 所示查看信用卡授信额度的数据分布和缺失情况。

代码清单 14-9　查看信用卡授信额度数据分布与缺失情况

```
data_x['tot_rev_line'].value_counts(dropna = False)
data_x['tot_rev_line'].describe().T
data_x['tot_rev_line'].isnull().sum()
#478
```

发现 tot_rev_line 存在 478 条缺失数据，然后如代码清单 14-10 所示查看数据缺失时客户的违约情况。

代码清单 14-10　查看信用卡授信额度缺失时客户的违约情况

```
data_x['tot_rev_line1'] = data_x['tot_rev_line'].fillna('unknown')
data_y.groupby(data_x['tot_rev_line1']).agg(['count','mean'])
#unknown            478    0.336820
```

此时，发现缺失时其违约率明显高于平均违约率，此时就不宜采用中位数填充的方法进行处理了，并且需要尽量保留这一信息。然后如代码清单 14-11 所示，检查有无超出最大范围的异常值，若有这样的值，进行盖帽操作即可。

代码清单 14-11　信用卡授信额度数据分布情况与盖帽操作

```
q25 = data_x['tot_rev_line'].quantile(0.25)
q75 = data_x['tot_rev_line'].quantile(0.75)
max_qz = q75+1.5 * (q75-q25)
sum(data_x['tot_rev_line']>max_qz)
#259
temp_series = data_x['tot_rev_line']>max_qz
```

```
data_x. loc[ temp_series,'tot_rev_line'] = max_qz
data_x['tot_rev_line']. describe( )
```

除了这些预处理手段，针对连续变量还可以选择对数据进行分箱操作。数据分箱就是按照某种规则将数据进行分类，一般可以按照等距或等频，这样可以简化模型，方便计算和分析。且当对所有变量分箱后，可以将所有变量变换到相似的尺度上，利于分析，更可以把缺失值作为一组独立的箱带入到模型中，比如信用卡授信额度这条属性，将缺失值标记为"999999"，以作为独立的一组，将其余数据分成十箱。操作如代码清单 14-12 所示，并且展示了分箱结果。

代码清单 14-12　信用卡授信额度数据分箱操作

```
data_x['tot_rev_line_fx'] = pd. qcut( data_x['tot_rev_line'],10,labels = False,duplicates = 'drop')
data_x['tot_rev_line_fx'] = data_x['tot_rev_line_fx']. fillna( 999999)
data_y. groupby( data_x['tot_rev_line_fx']). agg( ['count','mean'])
'''

tot_rev_line_fx          count          mean
0. 0                      544            0. 351103
1. 0                      530            0. 286792
2. 0                      546            0. 271062
3. 0                      535            0. 244860
4. 0                      529            0. 219282
5. 0                      537            0. 182495
6. 0                      536            0. 128731
7. 0                      536            0. 093284
8. 0                      537            0. 093110
9. 0                      537            0. 057728
999999. 0                 478            0. 336820
'''
```

从分箱结果上可以看出，信用卡授信额度越低，其违约的可能性越高，且不填写信用卡额度的，违约率也非常高。

14. 3. 4　分类变量的缺失值处理

在前面初次划分变量时将 int 和 float 类型的变量划分成连续变量，但是有时这样分类并不准确，需要结合生产实际来进行再判断，比如 vehicle_year（汽车生产年份），虽然是数值型却是属于分类变量。

接下来对其进行预处理，如代码清单 14-13 所示查看数据分布与缺失情况。

代码清单 14-13　汽车生产年份数据分布与缺失情况

```
data_x. loc[ :,'vehicle_year']. value_counts( ). sort_index( )
data_x['vehicle_year']. isnull( ). sum( )
data_y. groupby( data_x['vehicle_year']). agg( ['count','mean'])
```

'''

vehicle_year	count
0.0	298
1977.0	1
1982.0	1
1985.0	1
1986.0	2
1988.0	1
1989.0	3
1990.0	12
1991.0	19
1992.0	32
1993.0	79
1994.0	170
1995.0	272
1996.0	454
1997.0	713
1998.0	653
1999.0	1045
2000.0	2083
2001.0	1
9999.0	4

vehicle_year	count	mean
0.0	298	0.208054
1977.0	1	0.000000
1982.0	1	1.000000
1985.0	1	0.000000
1986.0	2	0.500000
1988.0	1	0.000000
1989.0	3	0.333333
1990.0	12	0.083333
1991.0	19	0.052632
1992.0	32	0.250000
1993.0	79	0.227848
1994.0	170	0.282353
1995.0	272	0.261029
1996.0	454	0.237885
1997.0	713	0.210379
1998.0	653	0.215926
1999.0	1045	0.210526
2000.0	2083	0.175228
2001.0	1	0.000000

```
9999.0          4   0.250000
'''
```

将结果结合实际情况，可以认为0年和9999年都属于无效值，可以等同于缺失情况进行处理。另外这些无效数据的违约率并没有明显异常于平均违约率，所以采用中位数填充缺失值即可，如代码清单14-14所示。

代码清单14-14　汽车生产年份缺失处理

```
data_x.loc[:,'vehicle_year'][data_x.loc[:,'vehicle_year'].isin([0,9999])]=np.nan
data_x['vehicle_year']=data_x['vehicle_year'].fillna(data_x['vehicle_year'].median())
'''
vehicle_year     count     mean
1977.0           1         0.000000
1982.0           1         1.000000
1985.0           1         0.000000
1986.0           2         0.500000
1988.0           1         0.000000
1989.0           3         0.333333
1990.0           12        0.083333
1991.0           19        0.052632
1992.0           32        0.250000
1993.0           79        0.227848
1994.0           170       0.282353
1995.0           272       0.261029
1996.0           454       0.237885
1997.0           713       0.210379
1998.0           653       0.215926
1999.0           1348      0.209941
2000.0           2083      0.175228
2001.0           1         0.000000
'''
```

接下来继续对分类变量bankruptcy_ind（是否破产过）进行数据预处理。首先如代码清单14-15所示查看其数据分布与缺失情况。

代码清单14-15　破产标示数据分布与缺失情况

```
data_x['bankruptcy_ind'].value_counts(dropna=False)
'''
N     5180
Y     448
NaN   217
'''
```

该数据存在 217 条缺失值，然后如代码清单 14-16 所示查看当缺失时其违约率的情况。

代码清单 14-16　破产标示数据缺失时违约分析

```
data_x['bankruptcy_ind1'] = data_x['bankruptcy_ind'].fillna('unknown')
data_y.groupby(data_x['bankruptcy_ind1']).agg(['count','mean'])
'''
bankruptcy_ind    count    mean
N                 5180     0.196332
Y                 448      0.229911
unknown           217      0.354839
'''
```

此时，可以看出未破产过的客户其违约率和平均违约率相差不大，但缺失数据的客户其违约率明显高于平均违约率，这意味着缺失值是有意义的，所以最好保留这一信息，把其单独作为一类来处理。

14.4　数据分析的模型建立与模型评估

上面对数据分预处理进行了介绍，下面进入到建立模型阶段。这部分将会采用 sklearn 这个工具包中几种不同的数据挖掘模型来建立模型和分析数据。并且为了简化模型，此部分将采用数值型的连续变量类型的 X 变量建立模型，并采用中位数填充缺失值的方式进行数据的预处理。

14.4.1　数据的预处理与训练集划分

为了简化模型只采用了连续变量，并以中位数填充缺失值。并且需要将样本划分为训练集与测试集，训练集用于对模型进行训练，测试集用于建立模型后测试其准确性。一般测试集占总体的 20%~30%。所以将数据集的 75% 划分为训练集，25% 为测试集，具体操作如代码清单 14-17 所示。

代码清单 14-17　数据预处理与划分训练集

```
# 重新划分 X 与 Y 变量
x_var_list = ['tot_derog', 'tot_tr', 'age_oldest_tr', 'tot_open_tr', 'tot_rev_tr', 'tot_rev_debt', 'tot_rev_line', 'rev_util', 'fico_score', 'purch_price','msrp', 'down_pyt', 'loan_term', 'loan_amt', 'ltv', 'tot_income', 'veh_mileage', 'used_ind']
data_x = data.loc[:,x_var_list]
data_y = data.loc[:,'bad_ind']


#用中位数填充缺失值
temp = data_x.median()
temp_dict = {}
for i in range(len(list(temp.index))):
    temp_dict[list(temp.index)[i]] = list(temp.values)[i]
```

```
data_x_fill = data_x. fillna(temp_dict)
```

```
#使用 train_test_split 划分训练集与测试集
from sklearn. model_selection import train_test_split
train_x, test_x, train_y, test_y = train_test_split(data_x_fill, data_y, test_size = 0. 25, random_state =
12345)
```

14.4.2 采用回归模型进行数据分析

回归模型是一种常用的数据挖掘模型,本次采用的模型是回归模型中的线形回归模型。
线性回归是回归模型中最简单也是最常用的一种回归模型,刻画了 X 变量与 Y 变量的线性
关系,如代码清单 14-18 所示。

代码清单 14-18　使用线性回归模型进行数据分析

```
#引入线性回归工具包
from sklearn. linear_model import LinearRegression
linear = LinearRegression()
#模型训练
model = linear. fit(train_x, train_y)
#查看相关系数
linear. intercept_
linear. coef_
#排序得出权重最大的几个变量
var_coef = pd. DataFrame()
var_coef['var'] = x_var_list
var_coef['coef'] = linear. coef_
var_coef. sort_values(by = 'coef', ascending = False)
'''
         var           coef
0        tot_derog     4. 599054e-03
14       ltv           2. 893293e-03
3        tot_open_tr   2. 534583e-03
4        tot_rev_tr    2. 319716e-03
7        rev_util      1. 917781e-04
11       down_pyt      2. 219079e-06
9        purch_price   9. 165468e-07
10       msrp          7. 331697e-07
16       veh_mileage   -1. 595561e-08
15       tot_income    -8. 046111e-08
6        tot_rev_line  -3. 459463e-07
13       loan_amt      -1. 490595e-06
5        tot_rev_debt  -2. 911129e-06
```

2	age_oldest_tr	$-1.479418\text{e}-04$
12	loan_term	$-3.261733\text{e}-04$
8	fico_score	$-1.790735\text{e}-03$
1	tot_tr	$-2.394301\text{e}-03$
17	used_ind	$-4.796894\text{e}-03$

'''

经过训练，对模型的各个变量权重进行排序，得到 tot_derog（五年内信用不良事件数量），ltv（贷款金额），tot_open_tr（开户账户数量），tot_rev_tr（信用卡数量）这几个变量对 Y 变量的影响最大。接下来用测试集对模型进行一个检验，如代码清单 14-19 所示。

代码清单 14-19　使用线性模型检验分析结果

```
import sklearn. metrics as metrics
fpr, tpr, th = metrics. roc_curve(test_y, linear. predict(test_x))
metrics. auc(fpr, tpr)
```

 # 0.7692524355490755

这里采用 auc 评估标准来进行模型评估，auc 是 ROC 曲线下的面积，是判断二分类预测模型优劣的标准。而 ROC 曲线指的是横坐标是测试结果的伪阳性率，纵坐标是测试结果的真阳性率所组成的二维图像。ROC 曲线距离左上角越近，证明分类器效果越好。即（0，1）是最完美的预测结果。

针对测试集 test_x 预测 Y 变量的值为 1（违约）或为 0（未违约）的结果，结合测试集的真实结果集 test_y，判断其 auc 值为 0.7692524355490755。然后如代码清单 14-20 所示，绘制 ROC 曲线来查看预测结果，如图 14-3 所示。

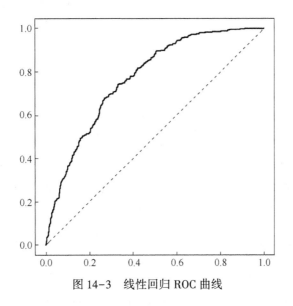

图 14-3　线性回归 ROC 曲线

代码清单 14-20　线性模型 auc 评估

```
import matplotlib.pyplot as plt
plt.figure(figsize=[8,8])
plt.plot(fpr, tpr, color='b')
plt.plot([0,1], [0,1], color='r', alpha=.5, linestyle='-')
plt.show()
```

14.4.3　采用决策树模型进行数据分析

决策树是一种常用的分类和预测数据挖掘模型，通过每阶段的计算最大信息增益，进行分支构造决策树。浅层的决策树具有视觉上比较直观、易于理解的特点。但是随着树深度增加也带来了易于过拟合、难以理解等缺点。

第一步如代码清单 14-21 所示，采用默认参数来建立模型，查看模型分析的效果。

代码清单 14-21　使用默认参数决策树模型进行数据分析

```
##使用决策树模型进行数据分析
from sklearn.tree import DecisionTreeClassifier
tree = DecisionTreeClassifier()
#模型训练
tree.fit(train_x,train_y)
#查看树的深度
len(np.unique(tree2.apply(train_x)))
#此时树的深度为649
#查看模型训练效果
fpr,tpr,th = metrics.roc_curve(test_y, tree.predict_proba(test_x.values)[:,1])
metrics.auc(fpr, tpr)
#0.5654643559325778
```

此时的 auc 评估指标为 0.5654643559325778，不是很理想，且树的深度为 649，之前介绍决策树时提到深层的决策树很容易造成过拟合等问题，所以下面需要调整参数，比如树的深度及叶节点大小来重新构建决策树，如代码清单 14-22 所示。

代码清单 14-22　调整参数进行决策树模型数据分析

```
#调整决策树参数,重新构建决策树,重新设置树的最大深度和叶节点大小
tree2 = DecisionTreeClassifier(max_depth=20,min_samples_leaf=100)
tree2.fit(train_x,train_y)
#查看树的深度
len(np.unique(tree2.apply(train_x)))
#优化后树的深度为32
#查看auc评估指标
fpr,tpr,th = metrics.roc_curve(test_y, tree2.predict_proba(test_x.values)[:,1])
```

```
metrics. auc( fpr, tpr)
#0. 746244504826916
```

此时训练结果的 auc 评估指标为 0.746244504826916，相较默认值，提升了非常多。但是为什么要选择树深为 20，叶节点大小为 100 呢？这些都是通过经验和多次调试得来的。大家可以尝试采用不同的参数组合分别构建决策树，从而选用 auc 指标最高的参数组合。

如代码清单 14-23 所示可以查看训练完成生成的决策树结构图（如图 14-4 所示）。

代码清单 14-23　查看决策树的树结构

```
#查看决策树结构,通过 plot_tree 函数,绘制决策树的整体结构
plt. figure( figsize = [ 16,10 ] )
plot_tree( tree2, filled = True )
plt. show( )
```

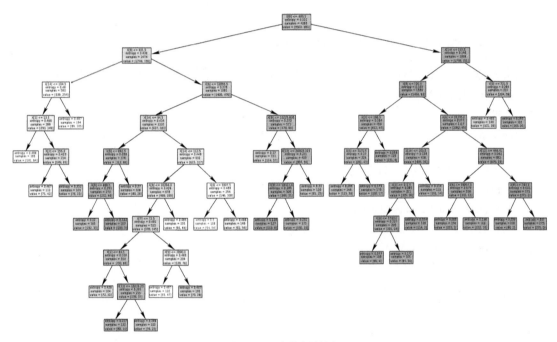

图 14-4　决策树结果

最后如代码清单 14-24 所示对决策树模型进行评估，得到 ROC 曲线（如图 14-5 所示）。

代码清单 14-24　决策树模型评估

```
#查看 ROC 曲线
plt. figure( figsize = [ 8, 8 ] )
plt. plot( fpr, tpr, color = 'b' )
plt. plot( [ 0, 1 ], [ 0, 1 ], color = 'r', alpha = .5, linestyle = '-' )
plt. show( )
```

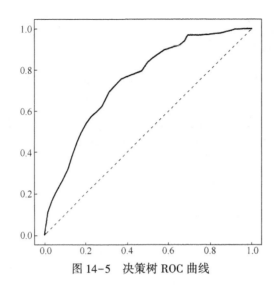

图 14-5　决策树 ROC 曲线

14.4.4　采用随机森林模型优化决策树模型

随机森林是一种包含多个决策树的分类器，分类结果一般取所有决策树输出的众数，能够减少决策树模型的误差、提高分类的精准性。如代码清单 14-25 所示，先查看默认参数下的随机森林模型。

代码清单 14-25　使用默认参数的随机森林模型进行数据分析

```
#采用随机森林模型进行分类预测
from sklearn. ensemble import RandomForestClassifier
forest =    RandomForestClassifier( )
#模型训练
forest. fit( train_x , train_y)
#查看 auc 评估指标
fpr,tpr,th=metrics. roc_curve( test_y, forest. predict_proba( test_x. values)[:,1])
metrics. auc( fpr, tpr)
#0. 7069692049395807
```

此时的 auc 指标值为 0.7069692049395807，相较默认参数下的决策树模型有了很大的提升。然后调整树深等参数，如代码清单 14-26 所示，重新构建随机森林模型。

代码清单 14-26　修改参数进行随机森林模型数据分析

```
#调参构建新的随机森林
forest1 =RandomForestClassifier( n_estimators = 100, max_depth = 20, min_samples_leaf = 100, random_
state = 11223)
#构建新的随机森林模型
forest1. fit( train_x , train_y)
#查看 auc 评估指标
fpr,tpr,th=metrics. roc_curve( test_y,forest1. predict_proba( test_x. values)[:,])
```

```
metrics. auc( fpr, tpr)
#0. 7636136700024301
```

此时的 auc 值为 0.7636136700024301，较默认参数有了显著的提升，这些参数也是需要经过不断地调整，并结合经验才确定的。最后如代码清单 14-27 所示，查看此时的 ROC 曲线如图 14-6 所示。

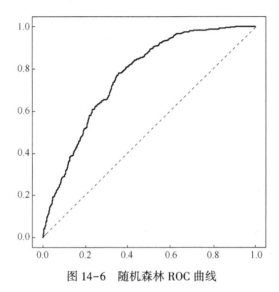

图 14-6 随机森林 ROC 曲线

代码清单 14-27 评估随机森林模型

```
#绘制 ROC 曲线
plt. figure( figsize =[ 8, 8] )
plt. plot( fpr, tpr, color ='b')
plt. plot([ 0, 1] , [ 0, 1] , color ='r', alpha =. 5, linestyle ='-')
plt. show( )
```

以上就是采用了三种数据挖掘模型来进行数据分析的过程，并且其中使用了 auc 评估指标来和 ROC 曲线图评估预测结果，但是实际项目中的数据分析往往要比这复杂得多，经常需要不断地调试模型，采用多种不同的评估指标，最终得到一个比较理想的模型，以供决策人员进行分析、决策。

本章通过一个小案例，展示了数据分析的基本流程，具体包括数据问题提出、数据的预处理、数据的模型建立与模型优化。其中使用了几个常用的数据分析工具：Pandas，Numpy，sklearn 以及一个常用的模型评估标准值 auc 评估值和 ROC 曲线。最后本案例是属于有监督学习，但是实际生产中有时没有一个明确的 Y 变量，此时就需要结合经验采用半监督和无监督学习来构造数据模型了。

第15章 案例4：基于 KNN 模型预测葡萄酒种类的数据分析与可视化

本章通过一个 KNN（k-NearestNeighbor）模型预测葡萄酒种类的案例来介绍 Python 语言在机器学习领域的应用，选择葡萄酒种类预测作为实践课题，引领读者从自行构建模型到 NumPy 等专业模块的使用，学习如何运用 Python 进行数据的分析处理与可视化，并实现 KNN 模型的构建、训练与预测。本章涉及一些机器学习相关的专业模块，比如 NumPy、SciPy、Matplotlib 等，读者学习本章时可通过案例了解机器学习的工作原理与这些专业工具的使用方法。

15.1 KNN 模型的初级构建

之所以称接下来的代码为初级构建，是因为在接下来的代码中未使用专业的工具来建模，所以代码可能看起来比较"笨"，但是这也能帮助读者更好地理解 KNN 模型的原理，为读者使用专业工具操作数据打下基础。

首先说明数据的相关信息、案例的数据来源于 UCI Machine Learning Repository，选取的数据集是在 Most Popular Date Sets 排第三位的 Wine 数据集。部分数据如图 15-1 所示。

```
1,13.16,2.36,2.67,18.6,101,2.8,3.24,.3,2.81,5.68,1.03,3.17,1185
1,14.37,1.95,2.5,16.8,113,3.85,3.49,.24,2.18,7.8,.86,3.45,1480
1,13.24,2.59,2.87,21,118,2.8,2.69,.39,1.82,4.32,1.04,2.93,735
1,14.2,1.76,2.45,15.2,112,3.27,3.39,.34,1.97,6.75,1.05,2.85,1450
1,14.39,1.87,2.45,14.6,96,2.5,2.52,.3,1.98,5.25,1.02,3.58,1290
1,14.06,2.15,2.61,17.6,121,2.6,2.51,.31,1.25,5.05,1.06,3.58,1295
1,14.83,1.64,2.17,14,97,2.8,2.98,.29,1.98,5.2,1.08,2.85,1045
1,13.86,1.35,2.27,16,98,2.98,3.15,.22,1.85,7.22,1.01,3.55,1045
1,14.1,2.16,2.3,18,105,2.95,3.32,.22,2.38,5.75,1.25,3.17,1510
1,14.12,1.48,2.32,16.8,95,2.2,2.43,.26,1.57,5,1.17,2.82,1280
1,13.75,1.73,2.41,16,89,2.6,2.76,.29,1.81,5.6,1.15,2.9,1320
```

图 15-1 数据集

每个数据单元的内容只有一行，共 178 个数据，这里只截取了一部分。数据集记录了三类葡萄酒的各种成分含量信息，第 1 到 59 个数据为第一类酒的成分信息，第 60 到 130 个为第二类酒的成分信息，第 131 到 178 个为第三类酒的成分信息。每个数据单元是 14 维的，第 0 维数据为类别，第 1 到 13 维数据的描述如图 15-2 所示。

首先编写处理源数据的函数，将文本中的数据读入，如代码清单 15-1 所示。

```
         1) Alcohol
         2) Malic acid
         3) Ash
         4) Alcalinity of ash
         5) Magnesium
         6) Total phenols
         7) Flavanoids
         8) Nonflavanoid phenols
         9) Proanthocyanins
         10)Color intensity
         11)Hue
         12)OD280/OD315 of diluted wines
         13)Proline
```

图15-2　不同维度数据的含义

代码清单 15-1　处理源数据的函数

```python
"""
函数说明:加载文本中的数据
Parameters:
    filename - 文件路径
Returns:
    lines - 二维列表,存放数据
    linesNum - 数据个数
"""
def data_generate(filename):
    #打开文件
    fr = open(filename)
    #将文件内容读入 lines
    lines = fr.readlines()
#获取文件行数
linesNum = len(lines)
#对每一行的数据进行分割,最后返回一个二维列表和数据个数
for (i,line) in enumerate(lines):
    line = line.split(',')
    tempLine = []
    for number in line:
        tempLine.append(float(number))
    lines[i] = tempLine

return lines,linesNum
```

接下来对源数据进行归一化处理,如代码清单 15-2 所示。什么是归一化呢?在解释之前请看图 15-1 中的第一个数据单元,也就是第一行。可以看到如果不对数据加以处理,按照欧氏距离公式计算,最后一维数据对计算结果的"决定程度"远远超过了其他维度的数

据，这显然是不公平的。不同评价指标往往具有不同的量纲和量纲单位，这样的情况会影响到数据分析的结果，为了消除指标之间的量纲影响，需要进行数据标准化处理，以解决数据指标之间的可比性。原始数据经过数据标准化处理后，各指标处于同一数量级，适合进行综合对比评价。将有量纲的表达式经过变换，化为无量纲的表达式，这就是数据归一化。

代码清单 15-2　数据归一化

```
"""
函数说明:数据归一化
Parameters:
    lines - 从文本文件加载的原始数据
Returns:
    lines - 归一化后的数据
"""
def data_normalization(lines):
    #max 和 min 列表存储着当前每一维的最大值与最小值
    max = lines[0][:]
    min = lines[0][:]
    #遍历所有 line 动态更新最大值与最小值
    for line in lines:
        for (i,item) in enumerate(line):
            if i > 0:
                if item > max[i]:
                    max[i] = item
                if item < min[i]:
                    min[i] = item
    #根据 max 和 min 向量,对数据进行归一化,返回归一化后的数据
    for line in lines:
        for (i,item) in enumerate(line):
            if i > 0:
                line[i] = (line[i] - min[i])/(max[i] - min[i])
    return lines
```

接下来把数据分为训练集与测试集，如代码清单 15-3 所示。机器学习算法一个很重要的工作就是评估算法的正确率，通常用已有数据的 90% 作为训练集来训练分类器，而使用其余的 10% 数据去测试分类器，检测分类器的正确率。10% 的测试集原则上是要随机选取的，但是这个数据集的数据是按照类别放置的，所以需要用随机的方法抽取其中 10% 的数据。代码清单 15-3 中采用按比例抽取样本的方法来"模拟"完全随机抽取。

代码清单 15-3　将数据分为训练集与测试集

```
"""
函数说明:将数据分为训练集与测试集
Parameters:
```

```
        lines – 归一化后的数据
Returns：
        TestingSet – 测试集
        lines – 训练集
"""
def data_classification(lines)：
        #测试集
        TestingSet = []
        #按照比例抽取数据返回测试集,剩余数据作为训练集
        #class 1 59
        #class 2 71
        #class 3 48
        for i in range(0,6)：
            TestingSet. append(lines. pop(random. randint(0,58-i)))
        for i in range(0,7)：
            TestingSet. append(lines. pop(random. randint(53,123-i)))
        for i in range(0,5)：
            TestingSet. append(lines. pop(random. randint(117,164-i)))
        return TestingSet,lines
```

最后剩下的工作就是测试分类器的正确率了，如代码清单15-4所示。

代码清单15-4　测试分类器的正确率

```
"""
函数说明:测试分类器的正确率
Parameters：
        TestingSet – 测试集
        TrainingSet – 训练集
        k – 参数,决定所取最近数据的个数
Returns：
        correctRatio – 正确率
"""
def KNN_Test(TestingSet,TrainingSet,k)：
        #分类正确的数量
        correctNum = 0
        #对测试集中的每个数据计算距离最近的 k 个数据
        for TestingUnit in TestingSet：
            #存放距离 TestingUnit 最近的 k 个数据的类别与距离
            shortest = []
            #计算出 k 个最近的数据
            for (i,TrainingUnit) in enumerate(TrainingSet)：
                if len(shortest) < k：
shortest. append([TrainingUnit[0],
```

```
get_Euclidean_distance(TestingUnit,TrainingUnit)])
            else:
                distance= \
get_Euclidean_distance(TestingUnit,TrainingUnit)
            for j in range(0,k):
                if shortest[j][1] > distance:
                    shortest.pop(j)
                    shortest.insert(j,[TrainingUnit[0],distance])
                    break
        #统计种类
        r0 = []
        for i in shortest:
            r0.append(i[0])
        r= []
        for i in range(1,4):
            r.append([i,r0.count(i)])
        #选取数量最多的类别
        result = []
        max = 0
        for item in r:
            if len(result) == 0:
                result.append(item)
                max = item[1]
            else:
                if item[1] > max:
                    result.clear()
                    result.append(item)
                elif item[1] == max:
                    result.append(item)
        #对于数量最多的种类数大于一个的情况,随机选取一个
        item = result[random.randrange(0,len(result))]
        #如果预测结果正确,correctNum 加 1
        if item[0] == TestingUnit[0]:
            correctNum+=1
    #计算正确率
    correctRatio = 100 * correctNum/len(TestingSet)
    return correctRatio
```

分类器经过测试集的检验达到了 83.33%的正确率。请读者根据欧氏距离的计算公式完成 get_Euclidean_distance(sample1,sample2)函数的编写,并尝试其他计算距离的方式(如曼哈顿距离等)对正确率有何影响。

15.2　使用专业工具包构建 KNN 模型

在实际的研究中，研究人员通常借助一些专业的工具包（如 NumPy、SciPy 等）提高对数据的处理效率，这些专业工具能帮助我们进行对矩阵、最优化、线性代数、积分、插值、特殊函数等的快速计算。请读者综合代码和官方的 API 文档来完成这部分的学习。

首先是读入数据部分的代码，如代码清单 15-5 所示。

代码清单 15-5　数据读取

```python
from matplotlib.font_manager import FontProperties
import matplotlib.lines as mlines
import matplotlib.pyplot as plt
import numpy as np


"""
函数说明:数据读取
Parameters:
    filename - 文件路径
Returns:
    Matrix - 数据矩阵
    labels - 数据标签列表
"""
def dataGenerate(filename):
    #打开文件
    file = open(filename)
    #读取数据
    lines = file.readlines()
    #获取数据个数
    linesNum = len(lines)
    #根据数据初始化矩阵
    Matrix = np.zeros((linesNum,14))
    #初始化标签列表
    labels = []
    #将数据读入矩阵
    for (i,line) in enumerate(lines):
        line = line.strip()
        line_data = line.split(',')
        Matrix[i,:] = line_data[0:14]
    #打乱数据的排列,为随机抽取测试集作准备
    np.random.shuffle(Matrix)

    labels = Matrix[:,0]
```

```
        Matrix = Matrix[ : ,1:14]

        return Matrix, labels
```

然后是归一化计算部分代码，如代码清单 15-6 所示。这里请读者注意，代码中出现了很多包内函数和数据结构，只靠注释不能很好地理解代码的工作原理，建议使用 IDE 的断点调试功能亲自实践。

代码清单 15-6　数据归一化

```
"""
函数说明:数据归一化
Parameters:
    dataMatrix - 数据矩阵
Returns:
    matNormalized - 归一化后的数据矩阵
    ranges - 每一维数据 max-min 的值
    mins - 1 * 14 矩阵,存储数据对应维的最小值
"""
def dataNormalization(dataMatrix):
    #获取列最小值(参数为1是获取行最小值)
    mins = dataMatrix.min(0)
    #获取列最大值(参数为1是获取行最大值)
    maxs = dataMatrix.max(0)
    #计算每一维数据 max-min 的值
    ranges = maxs - mins
    #根据数据矩阵行列数,初始化归一化矩阵
    matNormalized = np.zeros(np.shape(dataMatrix))
    #获取数据矩阵行数
    m = dataMatrix.shape[0]
    #归一化计算
    matNormalized = dataMatrix - np.tile(mins, (m, 1))
    matNormalized = matNormalized / np.tile(ranges, (m, 1))
    return matNormalized, ranges, mins
```

> 💡 提示　tile(matrix,(x,y))函数会将 matrix 矩阵在行方向上重复 x 次,在列方向上重复 y 次。

归一化数据完成后需要编写对单条数据分类的分类器代码，如代码清单 15-7 所示。这里统一使用矩阵处理，请读者借助调试与 NumPy 的 API 文档来帮助理解。

代码清单 15-7　对单个数据单元进行分类

```
"""
函数说明:对单个数据单元进行分类
```

Parameters：
        testUnit - 1 * 14 矩阵,单个测试数据
        traingSet - 训练集
        labels - 标签列表
        k - KNN 参数 k
Returns：
        sortedClassCountDict[0][0] - 预测分类结果
"""

```python
def unitclassify(testUnit, traingSet, labels, k)：
    #获得训练集数据个数
    traingSetSize = traingSet.shape[0]
    #初始化距离矩阵并计算与训练集的差值
    diffMatrix = np.tile(testUnit, (traingSetSize, 1)) - traingSet
    #矩阵每个数据平方
    sqMatrix = diffMatrix ** 2
    #矩阵每一行加总(axis 为 0 代表列加总)
    distanceMatrix = sqMatrix.sum(axis=1)
    #矩阵每一行开方,此时每一行数据代表测试数据与训练集每个数据的距离
    distances = distanceMatrix ** 0.5
    #距离按从小到大排序,返回排序后数据对应索引值的列表
    sortedLabels = distances.argsort()
    #根据索引取前 k 个最近数据的标签存入字典
    classCountDict = {}
    for i in range(k)：
        label = labels[sortedLabels[i]]
        classCountDict[label] = classCountDict.get(label,0) + 1
    #根据字典元素的 value 值排序
    sortedClassCountDict = sorted(classCountDict.items(), key=lambda unit:unit[1], reverse=True)
    #返回出现次数最多的类
    return sortedClassCountDict[0][0]
```

小技巧　　argsort() 函数可以使数据、索引对应起来，为标签计数提供便利。sorted() 函数的 key 参数可以接收一个排序函数来指定排序依据。

下面对整个测试集进行集中分类预测，并统计计算正确率，如代码清单 15-8 所示。函数中未把数据矩阵作分割，而是在传入时传入了数据矩阵的不同部分。

代码清单 15-8　分类检验测试集分类器的正确率

```python
def modelTest()：
    """对所有测试集数据进行分类,检验分类器正确率"""
    filename = "wine.data"
    #生成数据
```

```
Matrix, labels = dataGenerate(filename)

#showdatas(Matrix, labels)
#测试集占比,这里取10%数据作为测试集
randomRatio = 0.10
#数据归一化
matNormalized, ranges, mins = dataNormalization(Matrix)
#根据比例与数据总数,计算测试集数据量
m = matNormalized.shape[0]
numTest = int(m * randomRatio)
correctCount = 0.0
#取前 numTest 个数据依次作为测试数据单元
for i in range(numTest):
    #将下标 numTest 到 m-1 的数据作为训练集,标签取对应部分
    result = unitclassify(matNormalized[i, :],
                  matNormalized[numTest:m, :], labels[numTest:m], 5)
    print("分类结果:%s\t 真实类别:%s" % (result, labels[i]))
    if result == labels[i]:
        correctCount += 1.0
#打印正确率
print("正确率:%.2f%%" % (correctCount/float(numTest) * 100))
```

最后编写数据输入预测函数,接受用户输入的数据,返回预测结果,如代码清单 15-9 所示。

代码清单 15-9　数据输入预测函数

```
def sampleTest():
    """对所有测试集数据进行分类,检验分类器正确率"""
    #接受用户输入
    property1 = float(input("property1:"))
    property2 = float(input("property2:"))
    property3 = float(input("property3:"))
    property4 = float(input("property4:"))
    property5 = float(input("property5:"))
    property6 = float(input("property6:"))
    property7 = float(input("property7:"))
    property8 = float(input("property8:"))
    property9 = float(input("property9:"))
    property10 = float(input("property10:"))
    property11 = float(input("property11:"))
    property12 = float(input("property12:"))
    property13 = float(input("property13:"))
```

```
filename = "wine. data"
#从文本中获取数据
Matrix, labels = dataGenerate(filename)
#数据归一化
matNormalized, ranges, mins = dataNormalization(Matrix)
#构建测试数据单元
testUnit = np. array([property1, property2, property3,
                      property4, property5, property6,
                      property7, property8, property9,
                      property10, property11, property12,
                      property13])
#对测试数据归一化
testUnit_normalized = (testUnit - mins) / ranges
#获取数据分类结果
result = unitclassify(testUnit_normalized, matNormalized, labels, 5)
print("这可能是第%d 类酒" % result)
```

至此, NumPy 构建 KNN 模型工作完成, 实际分类效果如图 15-3 所示 (由于选择测试集是完全随机的, 所以模型的正确率是不固定的)。

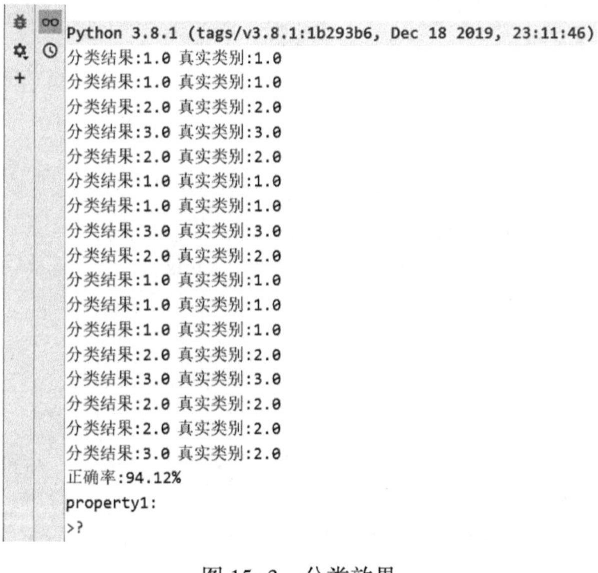

```
Python 3.8.1 (tags/v3.8.1:1b293b6, Dec 18 2019, 23:11:46)
分类结果:1.0 真实类别:1.0
分类结果:1.0 真实类别:1.0
分类结果:2.0 真实类别:2.0
分类结果:3.0 真实类别:3.0
分类结果:2.0 真实类别:2.0
分类结果:1.0 真实类别:1.0
分类结果:1.0 真实类别:1.0
分类结果:3.0 真实类别:3.0
分类结果:2.0 真实类别:2.0
分类结果:1.0 真实类别:1.0
分类结果:1.0 真实类别:1.0
分类结果:1.0 真实类别:1.0
分类结果:3.0 真实类别:3.0
分类结果:2.0 真实类别:2.0
分类结果:2.0 真实类别:2.0
分类结果:3.0 真实类别:2.0
正确率:94.12%
property1:
>?
```

图 15-3 分类效果

15.3 数据可视化

使用 Python 进行机器学习研究时, 进行数据可视化有助于更直观地观察数据特征和数据之间的关系。在本章使用 Matplotlib 包来进行数据可视化工作, 在更直观地观察数据的同时, 体会 Python 语言的灵活性与强大之处。细心的读者肯定注意到在代码清单 15-8 的 modelTest 函数中有一句注释：showdatas（Matrix，labels）。这句话实则在调用数据可视化函数对数据进行展示，其工作原理如代码清单 15-10 所示。

代码清单 15-10　数据可视化

```
"""
函数说明:数据可视化
Parameters:
    dataMatrix - 数据矩阵
    labels - 数据标签
"""
def showdatas(dataMatrix, labels):
    #设置画布为 13*8 并设置其为 2*2 布局
    fig, axs = plt.subplots(nrows=2, ncols=2, sharex=False, sharey=False, figsize=(13,8))
    #初始化颜色标签列表
    colorLabels = []
    #根据数据标签设置散点图颜色标签
    #种类 1 为蓝色,种类 2 为橙色,种类 3 为红色
    for i in labels:
        if i == 1:
            colorLabels.append('blue')
        if i == 2:
            colorLabels.append('orange')
        if i == 3:
            colorLabels.append('red')
    #画布第一部分 X 轴为所有数据的第一维,Y 轴为所有数据的第二维
    #根据颜色标签列表染色并设置散点大小和透明度
    axs[0][0].scatter(x=dataMatrix[:,0], y=dataMatrix[:,1], color=colorLabels, s=15, alpha=.5)
    #设置标题和 X、Y 轴标签
    axs0_title = axs[0][0].set_title('Alcohol and Malic acid')
    axs0_x = axs[0][0].set_xlabel('Alcohol')
    axs0_y = axs[0][0].set_ylabel('Malic acid')
    #设置标题和标签的字体大小与颜色
    plt.setp(axs0_title, size=9, weight='bold', color='black')
    plt.setp(axs0_x, size=7, color='black')
    plt.setp(axs0_y, size=7, color='black')

    axs[0][1].scatter(x=dataMatrix[:,2], y=dataMatrix[:,3], color=colorLabels, s=15, alpha=.5)
    axs1_title = axs[0][1].set_title('Ash and Alcalinity of ash')
    axs1_x = axs[0][1].set_xlabel('Ash')
    axs1_y = axs[0][1].set_ylabel('Alcalinity of ash')
```

```
plt. setp( axs1_title, size=9, weight='bold', color='black')
plt. setp( axs1_x, size=7, color='black')
plt. setp( axs1_y, size=7, color='black')

axs[1][0]. scatter(x=dataMatrix[:,4], y=dataMatrix[:,5], color=colorLabels, s=15, alpha=
.5)
axs2_title = axs[1][0]. set_title('Magnesium and Total phenols')
axs2_x = axs[1][0]. set_xlabel('Magnesium')
axs2_y = axs[1][0]. set_ylabel('Total phenols')
plt. setp( axs2_title, size=9, weight='bold', color='black')
plt. setp( axs2_x, size=7, color='black')
plt. setp( axs2_y, size=7, color='black')

axs[1][1]. scatter(x=dataMatrix[:,6], y=dataMatrix[:,7], color=colorLabels, s=15, alpha=
.5)
axs3_title = axs[1][1]. set_title('Flavanoids and Nonflavanoid phenols')
axs3_x = axs[1][1]. set_xlabel('Flavanoids')
axs3_y = axs[1][1]. set_ylabel('Nonflavanoid phenols')
plt. setp( axs3_title, size=9, weight='bold', color='black')
plt. setp( axs3_x, size=7, color='black')
plt. setp( axs3_y, size=7, color='black')
#生成图例
class1 = mlines. Line2D([ ], [ ], color='blue', marker='.', markersize=6, label='1')
class2 = mlines. Line2D([ ], [ ], color='orange', marker='.', markersize=6, label='2')
class3 = mlines. Line2D([ ], [ ], color='red', marker='.', markersize=6, label='3')
#将图例设置到四个图中
axs[0][0]. legend( handles=[class1, class2, class3])
axs[0][1]. legend( handles=[class1, class2, class3])
axs[1][0]. legend( handles=[class1, class2, class3])
axs[1][1]. legend( handles=[class1, class2, class3])
#绘图
plt. show( )
```

⭐ 试一试　　　请读者修改代码探究其他维度数据之间的关系。通过阅读 Matplotlib 的 API 文档，结合注释来理解代码中的陌生函数。

　　数据可视化函数的执行效果如图 15-4 所示。四张图分别展示了苹果酸与酒精、灰分与灰的碱性、镁与总酚、黄酮素类与非挥发性酚类的关系。可以看到，数据的可视化帮助我们更直观地观察数据，对于实际工作中的模型选择、参数调整等都有很大帮助。

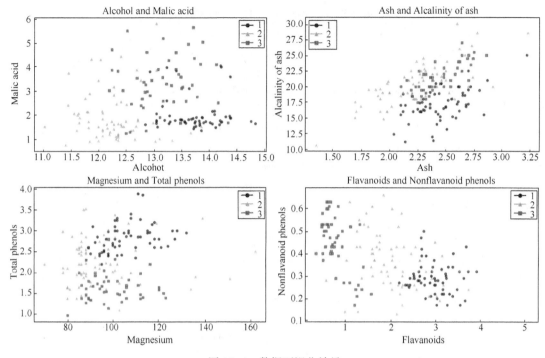

图 15-4　数据可视化效果

第 16 章　案例 5：使用 Keras 进行人脸关键点检测

人脸关键点指的是用于标定人脸五官和轮廓位置的一系列特征点，是对于人脸形状的稀疏表示。关键点的精确定位可以为后续应用提供十分丰富的信息，因此人脸关键点检测是人脸分析领域的基础技术之一。许多应用场景，例如人脸识别、人脸三维重塑、表情分析等，均将人脸关键点检测作为其前序步骤来实现。这一章将通过深度学习的方法来搭建一个人脸关键点检测模型。

16.1　深度学习模型

1995 年 Cootes 提出 ASM（Active Shape Model）模型用于人脸关键点检测，掀起了一波持续近 20 年的研究浪潮。这一阶段的检测算法常常被称为传统方法。2012 年 AlexNet 在 ILSVRC 中力压榜眼夺冠，将深度学习带入人们的视野。随后 Sun 等人在 2013 年提出了 DCNN 模型，首次将深度方法应用于人脸关键点检测。自此，深度卷积神经网络成为人脸关键点检测的主流工具。

TensorFlow 是由谷歌开源的机器学习框架，被广泛地应用于机器学习研究。Keras 是一个基于 TensorFlow 开发的高层神经网络 API，其目的是对 TensorFlow 等机器学习框架做进一步封装，从而帮助用户高效地完成神经网络的开发。在 TensorFlow 2.0 版本中，Keras 已经被收录成为其官方前端。本节主要使用 Keras 框架来搭建深度模型。

16.1.1　数据集获取

在开始搭建模型之前，首先需要下载训练所需的数据集。目前开源的人脸关键点数据集有很多，例如 AFLW、300W、MTFL/MAFL 等，关键点个数也从 5 个到上千个不等。本章中采用的是 CVPR 2018 论文《Look at Boundary：A Boundary-Aware Face Alignment Algorithm》中提出的 WFLW（Wider Facial Landmarks in-the-wild）数据集[14]。这一数据集包含了 10000 张人脸信息，其中 7500 张用于训练，剩余 2500 张用于测试。每张人脸图片被标注以 98 个关键点，关键点分布如图 16-1 所示。

由于关键点检测在人脸分析任务中的基础性地位，工业界往往拥有标注了更多关键点的数据集。但是由于其商业价值，这些信息一般不会被公开，因此目前开源的数据集还是以 5 点和 68 点为主。在本章项目中使用的 98 点数据集不仅能够

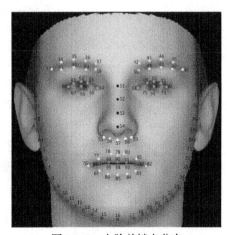

图 16-1　人脸关键点分布

更加精确地训练模型，同时还可以更加全面地对模型表现进行评估。

然而另一方面，数据集中的图片并不能直接作为模型输入。对于模型来说，输入图片应该是等尺寸且仅包含一张人脸的。但是数据集中的图片常常会包含多张人脸，这就需要首先对数据集进行预处理，使之符合模型的输入要求。

1. 人脸裁剪与缩放

数据集中已经提供了每张人脸所处于的矩形框，可以据此确定人脸在图像中的位置，如图 16-2 所示。但是直接按照框选部分进行裁剪会导致两个问题：一是矩形框的尺寸不同，裁剪后的图片还是无法直接作为模型输入；二是矩形框只能保证将关键点包含在内，耳朵、头发等其他人脸特征则排除在外，不利于训练泛化能力强的模型。

为了解决上述的第一个问题，我们将矩形框放大为方形框，因为方形图片容易进行等比例缩放而不会导致图像变形。对于第二个问题，则单纯地将方形框的边长

图 16-2　人脸矩形框示意图

延长为原来的 1.5 倍，以包含更多的脸部信息。相关代码如代码清单 16-1 所示。

代码清单 16-1　人脸矩形框裁剪

```python
def _crop(image: Image, rect: ('x_min', 'y_min', 'x_max', 'y_max')) \
        -> (Image, 'expanded rect'):
    """Crop the image w.r.t. box identified by rect."""
    x_min, y_min, x_max, y_max = rect
    x_center = (x_max + x_min) / 2
    y_center = (y_max + y_min) / 2
    side = max(x_center - x_min, y_center - y_min)
    side *= 1.5
    rect = (x_center - side, y_center - side, x_center + side, y_center + side)
    image = image.crop(rect)
    return image, rect
```

代码清单 16-1 以及本章其余的全部代码中涉及的 image 对象均为 PIL.Image 类型。PIL（Python Imaging Library）是一个第三方模块，但是由于其强大的功能与广泛的用户基础，几乎已经被认为是 Python 官方图像处理库了。PIL 不仅为用户提供了 jpg、png、gif 等多种图片类型的支持，还内置了十分强大的图片处理工具集。上面提到的 Image 类型是 PIL 最重要的核心类，除了具备裁剪（crop）功能外，还拥有创建缩略图（thumbnail）、通道分离（split）与合并（merge）、缩放（resize）、转置（transpose）等功能。下面给出一个图片缩放的例子，如代码清单 16-2 所示。

代码清单 16-2　图片缩放

```
def _resize(image: Image, pts: '98-by-2 matrix') \
        -> (Image, 'resized pts'):
    """Resize the image and landmarks simultaneously."""
    target_size = (128, 128)
    pts = pts / image.size * target_size
    image = image.resize(target_size, Image.ANTIALIAS)
    return image, pts
```

代码清单 16-2 将人脸图片和关键点坐标一并缩放至 128×128。在 Image.resize 方法的调用中，第一个参数表示缩放的目标尺寸，第二个参数表示缩放所使用的过滤器类型。默认情况下，过滤器会选用 Image.NEAREST，其特点是压缩速度快但压缩效果较差。因此 PIL 官方文档中建议：如果对于图片处理速度的要求不是那么苛刻，推荐使用 Image.ANTIALIAS 以获得更好的缩放效果。在本章项目中，由于 _resize 函数对每张人脸图片只会调用一次，因此时间复杂度并不是问题。况且图像经过缩放后还要被深度模型学习，缩放效果很可能是决定模型学习效果的关键因素，所以这里选择了 Image.ANTIALIAS 过滤器进行缩放。图 16-2 经过裁剪和缩放处理后的效果如图 16-3 所示。

图 16-3　裁剪和缩放
处理结果

2. 数据归一化处理

经过裁剪和缩放处理所得到的数据集已经可以用于模型训练了，但是训练效果并不理想。对于正常图片，模型可以以较高的准确率定位人脸关键点。但是在某些过度曝光或者经过了滤镜处理的图片面前，模型就显得力不从心了。为了提高模型的准确率，这里进一步对数据集进行归一化处理。所谓归一化，就是排除某些变量的影响。例如我们希望将所有人脸图片的平均亮度统一，从而排除图片亮度对模型的影响，如代码清单 16-3 所示。

代码清单 16-3　统一图片平均亮度

```
def _relight(image: Image) -> Image:
    """Standardize the light of an image."""
    r, g, b = ImageStat.Stat(image).mean
    brightness = math.sqrt(0.241 * r ** 2 + 0.691 * g ** 2 + 0.068 * b ** 2)
    image = ImageEnhance.Brightness(image).enhance(128 / brightness)
    return image
```

ImageStat 和 ImageEnhance 分别是 PIL 中的两个工具类。顾名思义，ImageStat 可以对图片中每个通道进行统计分析，代码清单 16-3 中就对图片的三个通道分别求得了平均值；ImageEnhance 用于图像增强，常见用法包括调整图片的亮度、对比度以及锐度等。

提示

颜色通道是一种用于保存图像基本颜色信息的数据结构。最常见的 RGB 模式图片由红绿蓝三种基本颜色组成，也就是说 RGB 图片中的每个像素都是用这三种颜色的亮度值来表示的。在一些印刷品的设计图中会经常遇到另一种称为 CYMK 的颜色模式，这种模式下的图片包含四个颜色通道，分别表示青黄红黑。PIL可以自动识别图片文件的颜色模式，因此多数情况下用户并不需要关心图像的颜色模式。但是在对图片应用统计分析或增强处理时，底层操作往往是针对不同通道分别完成的。为了避免因为颜色模式导致的图像失真，用户可以通过 PIL. Image. mode 属性查看被处理图像的颜色模式。

类似地，我们希望消除人脸朝向所带来的影响。这是因为训练集中朝向左侧的人脸明显多于朝向右侧的人脸，导致模型对于朝向右侧的人脸识别率较低。具体做法是随机地将人脸图片进行左右翻转，从而在概率上保证朝向不同方向的人脸图片具有近似平均的分布，如代码清单 16-4 所示。

代码清单 16-4　随机翻转

```
def _fliplr(image: Image, pts: '98-by-2 matrix') \
        -> (Image, 'corresponding pts'):
    """Flip the image and landmarks randomly."""
    if random. random() >= 0.5:
        pts[:, 0] = 128 - pts[:, 0]
        pts = pts[_fliplr. perm]
        image = image. transpose(Image. FLIP_LEFT_RIGHT)
    return image, pts
```

图片的翻转比较容易完成，只需要调用 PIL. Image 类的转置方法即可，但是关键点的翻转则需要一些额外的操作。举例来说，左眼 96 号关键点在翻转后会成为新图片的右眼 97 号关键点（见图 16-1），因此其在 pts 数组中的位置也需要从 96 变为 97。为了实现这样的功能，定义全排列向量 perm 来记录关键点的对应关系。为了方便程序调用，perm 被保存在文件中。但是如果每次调用 _fliplr 时都从文件中读取显然会拖慢函数的执行；而将 perm 作为全局变量加载又会污染全局变量空间，破坏函数的封装性。这里的解决方案是将 perm 作为函数对象 _fliplr 的一个属性，从外部加载并始终保存在内存中，如代码清单 16-5 所示。

代码清单 16-5　加载 perm 数组

```
_fliplr. perm = np. load('fliplr_perm. npy')
```

提示　熟悉 C/C++ 的读者可能会联想到 static 修饰的静态局部变量。很遗憾的是，Python 作为动态语言是没有这种特性的。代码清单 16-5 就是为了实现类似效果所做出的一种尝试。

3. 整体代码

前面定义了对于单张图片的全部处理函数，接下来就只需要遍历数据集并调用即可，如代码清单 16-6 所示。由于训练集和测试集在 WFLW 数据集中是分开进行存储的，但是二者的处理流程几乎相同，因此可以将其公共部分抽取出来作为 preprocess 函数进行定义。训练集和测试集共享同一个图片库，其区别仅仅在于人脸关键点的坐标以及人脸矩形框的位置，这些信息被存储在一个描述文件中。preprocess 函数接收这个描述文件流作为参数，依次处理文件中描述的人脸图片，最后将其保存到 dataset 目录下的对应位置。

代码清单 16-6　数据预处理

```python
def preprocess(dataset: 'File', name: str):
    """Preprocess input data as described in dataset.

    @param dataset: stream of the data specification file
    @param name: dataset name (either "train" or "test")
    """
    print(f"start processing {name}")
    image_dir = './WFLW/WFLW_images/'
    target_base = f'./dataset/{name}/'
    os.mkdir(target_base)

    pts_set = []
    batch = 0
    for data in dataset:
        if not pts_set:
            print("\rbatch " + str(batch), end='')
            target_dir = target_base + f'batch_{batch}/'
            os.mkdir(target_dir)
        data = data.split(' ')
        pts = np.array(data[:196], dtype=np.float32).reshape((98, 2))
        rect = [int(x) for x in data[196:200]]
        image_path = data[-1][:-1]

        with Image.open(image_dir + image_path) as image:
            img, rect = _crop(image, rect)
        pts -= rect[:2]
        img, pts = _resize(img, pts)
        img, pts = _fliplr(img, pts)
        img = _relight(img)

        img.save(target_dir + str(len(pts_set)) + '.jpg')
        pts_set.append(np.array(pts))
        if len(pts_set) == 50:
            np.save(target_dir + 'pts.npy', pts_set)
            pts_set = []
            batch += 1
    print()


if __name__ == '__main__':
```

```
annotation_dir = './WFLW/WFLW_annotations/list_98pt_rect_attr_train_test/'
train_file = 'list_98pt_rect_attr_train.txt'
test_file = 'list_98pt_rect_attr_test.txt'
_fliplr.perm = np.load('fliplr_perm.npy')


os.mkdir('./dataset/')
with open(annotation_dir + train_file, 'r') as dataset：
    preprocess(dataset, 'train')
with open(annotation_dir + test_file, 'r') as dataset：
    preprocess(dataset, 'test')
```

preprocess 函数中，将 50 个数据组成一批（batch）进行存储，这样做的目的是方便模型训练过程中的数据读取。机器学习中，模型训练往往是以批为单位的，这样不仅可以提高模型训练的效率，还能充分利用 GPU 的并行能力加快训练速度。处理后的目录结构如代码清单 16-7 所示。

代码清单 16-7　处理后的目录结构

16.1.2　卷积神经网络的搭建与训练

卷积神经网络是一种在计算机视觉领域十分常用的神经网络模型。与其他类型神经网络不同的是，卷积神经网络具有卷积层和池化层。直观上说，这两种网络层的功能是提取图片中各个区域的特征并将这些特征以图片的形式输出，输出的图片被称为特征图。卷积层和池化层的输入和输出都是图片，因此可以进行叠加。最初的特征图可能只包含基本的点和线等信息，但是随着叠加的层数越来越多，特征的抽象程度也不断提高，最终达到可以分辨图片内容的水平。如果我们把识别图片内容看作一项技能的话，提取特征的方法就是学习这项技能所需的知识，而卷积层就是这些知识的容器。

1. 迁移学习

基于上面的讨论，很自然地可以想到：是否可以将学习某项技能时获得的知识应用到与之不同但相关的领域中呢？这种技巧在机器学习中被称为迁移学习。从原理上来看，迁移学习的基础是特征的相似性。识别方桌的神经网络可以比较容易地改造成为识别圆桌的神经网络，却很难用于人脸检测，这是因为方桌和圆桌之间有大量的相同特征。但是从另一个角度来看，无论两张图片的主体多么迥异，构成它们的基本几何元素都是相同的。因此如果一个神经网络足够强大，以至于可以识别图片中出现的任何几何元素，那么这个神经网络同样很容易被迁移到各个应用领域。

ImageNet 是一个用于计算机视觉研究的大型数据库。许多研究团队使用 ImageNet 数据集对自己的神经网络进行训练，取得了斐然的成果。一些表现优异的网络模型在训练结束后由 ImageNet 发布出来，成为迁移学习的理想智库。本节采用的是 ResNet50 预训练模型，这一模型已经被 Keras 收录，可以直接在程序中引用，如代码清单 16-8 所示。

代码清单 16-8　特征提取

```python
import os
import numpy as np

from PIL import Image
from tensorflow.keras.applications.resnet50 import ResNet50
from tensorflow.keras.models import Model


def pretrain(model: Model, name: str):
    """Use a pretrained model to extract features.

    @ param model: pretrained model acting as extractors
    @ param name: dataset name (either "train" or "test")
    """
    print("predicting on " + name)
    base_path = f'./dataset/{name}/'
    for batch_path in os.listdir(base_path):
        batch_path = base_path + batch_path + '/'
        images = np.zeros((50, 128, 128, 3), dtype=np.uint8)
        for i in range(50):
            with Image.open(batch_path + f'{i}.jpg') as image:
                images[i] = np.array(image)
        result = model.predict_on_batch(images)
        np.save(batch_path + 'resnet50.npy', result)


base_model = ResNet50(include_top=False, input_shape=(128, 128, 3))
output = base_model.layers[38].output
model = Model(inputs=base_model.input, outputs=output)
pretrain(model, 'train')
pretrain(model, 'test')
```

代码清单 16-8 中截取了 ResNet50 的前 39 层作为特征提取器，输出特征图的尺寸是 32×32×256。这一尺寸表示每张特征图有 256 个通道，每个通道存储着一个 32×32 的灰度图片。特征图本身并不是图片，而是以图片形式存在的三维矩阵，因此这里的通道概念也和上文所说的颜色通道不同。特征图中的每个通道存储着不同特征在原图的分布情况，也就是单个特征的检测结果。

 迁移学习的另一种常见实现方式是"预训练+微调"。其中预训练是指被迁移模型在其领域内的训练过程，微调是指对迁移后的模型在新的应用场景中进行调整。这种方式的优点是可以使被迁移模型在经过微调后更加贴合当前任务，但是微调的过程往往耗时较长。本案例中由于被迁移部分仅仅作为最基本特征的提取器，微调的意义并不明显，因此没有选择这样的方式进行训练。有兴趣的读者可以自行实现。

2. 模型搭建

下面开始搭建基于特征图的卷积神经网络。Keras 提供了两种搭建网络模型的方法，一种是通过定义 Model 对象来实现，另一种是定义顺序（Sequential）对象来实现。前者已经在代码清单 16-8 中有所体现了，这里使用代码清单 16-9 来对后者进行说明。与 Model 对象不同，顺序对象不能描述任意的复杂网络结构，而只能是网络层的线性堆叠。因此在 Keras 框架中，顺序对象是作为 Model 的一个子类存在的，仅仅是 Model 对象的进一步封装。创建好顺序模型后，可以使用 add 方法向模型中插入网络层，新插入的网络层会默认成为模型的最后一层。尽管网络层线性堆叠的特性限制了模型中分支和循环结构的存在，但是小型的神经网络大都满足这一要求，因此顺序模型对于一般的应用场景已经足够了。

代码清单 16-9　模型搭建

```
model = Sequential()
model.add(Conv2D(256, (1, 1), input_shape = (32, 32, 256), activation = 'relu'))
model.add(Conv2D(256, (3, 3), activation = 'relu'))
model.add(MaxPooling2D())
model.add(Conv2D(512, (2, 2), activation = 'relu'))
model.add(MaxPooling2D())
model.add(Flatten())
model.add(Dropout(0.2))
model.add(Dense(196))
model.compile('adam', loss = 'mse', metrics = ['accuracy'])
model.summary()
plot_model(model, to_file = './models/model.png', show_shapes = True)
```

代码清单 16-9 中一共向顺序模型插入了八个网络层，其中的卷积层（Conv2D）、最大池化层（MaxPooling2D）以及全连接层（Dense）都是卷积神经网络中十分常用的网络层，需要好好掌握。应当指出的是，顺序模型在定义时不需要用户显式地传入每个网络层的输入尺寸，但这并不代表输入尺寸在模型中不重要。相反，模型整体的输入尺寸由模型中第一层的 input_ shape 给出，而后各层的输入尺寸就都可以被 Keras 自动推断出来。

本模型的输入取自上一小节输出的特征图，因此尺寸为 32×32×256。模型整体的最后一层常常被称为输出层。这里希望模型的输出是 98 个人脸关键点的横纵坐标，因此输出向量的长度是 196。模型的整体结构以及各层尺寸如图 16-4 所示。

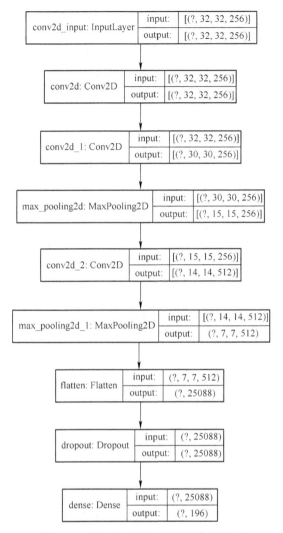

图 16-4　模型的整体结构以及各层尺寸

　　　　和模型中的其他各层不同，Dropout 层的存在不是为了从特征图中提取信息，而是随机地将一些信息抛弃。正如我们所预期的那样，Dropout 层不会使模型在训练阶段的表现变得更好，但出人意料的是模型在测试阶段的准确率却得到了显著的提升，这是因为 Dropout 层可以在一定程度上抑制模型的过拟合。从图 16-4 可以看出，Dropout 层的输入和输出都是一个长度为 25088 的向量。区别在于某些向量元素在经过 Dropout 层后会被置零，意味着这个元素所代表的特征被抛弃了。因为在训练时输出层不能提前预知哪些特征会被抛弃，所以不会完全依赖于某些特征，从而提高了模型的泛化性能。

　　与代码清单 16-8 不同，代码清单 16-9 在模型搭建完成后进行了编译（compile）操作。但事实上 compile 并不是顺序模型特有的方法，这里对模型进行编译是为了设置一系列训练相关的参数。第一个参数 Adam 指的是以默认参数使用 Adam 优化器。Adam 优化器是对于随机梯度下降（sgd）优化器的一种改进，由于其计算的高效性被广泛采用。第二个参数指

定了损失函数取均方误差的形式。由勾股定理可得

$$\sum_{i=1}^{98} (x_i - \hat{x}_i)^2 + \sum_{i=1}^{98} (y_i - \hat{y}_i)^2 = \sum_{i=1}^{98} r_i^2 \tag{16-1}$$

其中 x_i 和 y_i 分别表示关键点的横纵坐标，r_i 表示预测点到实际点之间的距离。也就是说均方误差即为关键点偏移距离的平方和，因此这种损失函数的定义是最为直观的。最后一个参数规定了模型的评价标准（Metrics）为预测准确率（Accuracy）。

3. 模型训练

模型训练需要首先将数据集加载到内存。对于数据集不大的机器学习项目，常见的训练方法是读取全部数据并保存在一个 Numpy 数组中，而后调用 Model.fit 方法。但是在本项目中，全部特征图就占用了近 10GB 空间，将其同时全部加载到内存将很容易导致 Python 内核因为没有足够的运行空间而崩溃。对于这种情况 Keras 给出了一个 fit_generator 函数。该函数可以接受一个生成器对象作为数据来源，从而允许用户以自定义的方式将数据加载到内存。本小节中使用的生成器定义如代码清单 16-10 所示。

代码清单 16-10　生成器定义

```python
def data_generator(base_path: str):
    """ Data generator for keras fitter.

    @param base_path: path to dataset
    """
    while True:
        for batch_path in os.listdir(base_path):
            batch_path = base_path + batch_path + '/'
            pts = np.load(batch_path + 'pts.npy') \
                .reshape((BATCH_SIZE, 196))
            _input = np.load(batch_path + 'resnet50.npy')
            yield _input, pts


train_generator = data_generator('./dataset/train/')
test_generator = data_generator('./dataset/test/')
```

> 迭代器模式是最常用的设计模式之一。许多现代编程语言，包括 Python、Java、C++ 等，都从语言层面提供了迭代器模式的支持。在 Python 中所有可迭代对象都属于迭代器，而生成器是迭代器的一个子类，主要用于动态地生成数据。和一般的函数执行过程不同，迭代器函数遇到 yield 关键字返回，下次调用时从返回处继续执行。代码清单 16-10 中，train_generator 和 test_generator 都是迭代器类型对象（但 data_generator 是函数对象）。

模型的训练过程常常会持续多个轮次（epoch），因此生成器在遍历完一次数据集后必须有能力回到起点继续下一次遍历。这就是代码清单 16-10 中把 data_generator 定义为一个死循环的原因。如果没有引入死循化，则 for 循环遍历结束时函数会直接退出。此时任何企图

从生成器获得数据的尝试都会触发异常，训练的第二个 epoch 也就无法正常启动了。

定义生成器的另一个作用是数据增强。在前面我们对图片的亮度进行归一化处理，以排除亮度对模型的干扰。一种更好的实现方式是在生成器中对输入图片动态地调整亮度，从而使模型适应不同亮度的图片，提升其泛化效果。本例由于预先采用了迁移学习进行特征提取，模型输入已经不再是原始图片，所以无法使用数据增强。

定义好迭代器就可以开始训练模型了，如代码清单 16-11 所示。值得一提的是 steps_per_epoch 这个参数在 fit 函数中是没有的。因为 fit 函数的输入数据是一个列表，Keras 可以根据列表长度获知数据集的大小。但是生成器没有对应的 len 函数，所以 Keras 不知道一个 epoch 会持续多少个批次，因此需要用户显式地将这一数据作为参数传递进去。

代码清单 16-11　模型训练

```
history = model. fit_generator(
    train_generator,
    steps_per_epoch = 150,
    validation_data = test_generator,
    validation_steps = 50,
    epochs = 4,
    )
model. save('./models/model. h5')
```

训练结束后，需要将模型保存到一个 h5py 文件中。这样即使 Python 进程被关闭，我们也可以随时获取到这一模型。迁移学习中使用的 ResNet50 预训练模型就是这样保存在本地的。

16.2　模型评价

模型训练结束后，往往需要对其表现进行评价。对于人脸关键点这样的视觉任务来说，最直观的评价方式就是用肉眼来判断关键点坐标是否精确。为了将关键点绘制到原始图像上，定义 visual 模块如代码清单 16-12 所示。

代码清单 16-12　visual 模块

```
import numpy as np
import functools

from PIL import Image, ImageDraw


def _preview(image: Image,
             pts:'98-by-2 matrix',
             r = 1,
             color = (255, 0, 0)):
    """Draw landmark points on image."""
    draw = ImageDraw. Draw(image)
```

```
        for x, y in pts:
            draw. ellipse((x - r, y - r, x + r, y + r), fill = color)


def _result(name: str, model):
    """Visualize model output on dataset specified by name."""
    path = f'. /dataset/{name}/batch_0/'
    _input = np. load(path + 'resnet50. npy')
    pts = model. predict(_input)
    for i in range(50):
        with Image. open(path + f'{i}. jpg') as image:
            _preview(image, pts[i]. reshape((98, 2)))
            image. save(f'. /visualization/{name}/{i}. jpg')


train_result = functools. partial(_result, "train")
test_result = functools. partial(_result, "test")
```

代码清单 16-12 的最后调用 functools. partial 创建了两个函数对象 train_result 和 test_result，这两个对象被称为偏函数。从函数名 partial 可以看出，返回的偏函数应该是_result 函数的参数被部分赋值的产物。以 train_result 为例，上述的定义和代码清单 16-13 是等价的。由于类似的封装场景较多，Python 内置了对于偏函数的支持，以减轻编程人员的负担。

代码清单 16-13 偏函数展开

```
def train_result(model): _result("train", model)
```

模型可视化的部分结果如图 16-5 所示。

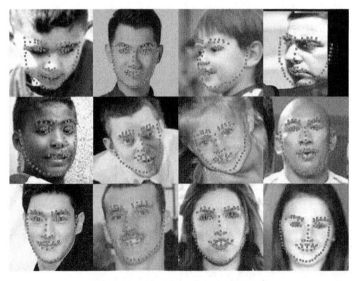

图 16-5　模型可视化的部分结果

16.3　训练历史可视化

16.1.2 节中 fit_generator 方法返回了一个 history 对象，其中的 history.history 属性记录了模型训练到不同阶段的损失函数值和准确度。使用 history 对象进行训练历史可视化的代码如代码清单 16-14 所示。机器学习研究中，损失函数值随时间变化的函数曲线是判断模型拟合程度的标准之一。一般来说，模型在训练集上的损失函数值会随时间严格下降，下降速度随时间减小，图像类似指数函数。而在测试集上，模型的表现通常是先下降后不变。如果训练结束时模型在测试集上的损失函数值已经稳定，却远高于训练集上的损失函数值，则说明模型很可能已经过拟合，需要降低模型复杂度重新训练。

代码清单 16-14　训练历史可视化

```python
import matplotlib.pyplot as plt

# Plot training & validation accuracy values
plt.plot(history.history['accuracy'])
plt.plot(history.history['val_accuracy'])
plt.title('Model accuracy')
plt.ylabel('Accuracy')
plt.xlabel('Epoch')
plt.legend(['Train', 'Test'], loc='upper left')
plt.savefig('./models/accuracy.png')
plt.show()

# Plot training & validation loss values
plt.plot(history.history['loss'])
plt.plot(history.history['val_loss'])
plt.title('Model loss')
plt.ylabel('Loss')
plt.xlabel('Epoch')
plt.legend(['Train', 'Test'], loc='upper left')
plt.savefig('./models/loss.png')
plt.show()
```

这里使用的数据可视化工具是 Matplotlib 模块。Matplotlib 是一个 Python 中的 Matlab 开源替代方案，其中的很多函数都和在 Matlab 中具有相同的使用方法。pyplot 是 Matplotlib 的一个顶层 API，其中包含了全部绘图时常用的组件和方法。代码清单 16-14 绘制得到的图像如图 16-6 所示。

从数据可以看出，模型在训练的四个 epoch 中，识别效果逐渐提升。甚至在第四个 epoch 结束后损失函数值仍有所下降，预示着模型表现还有进一步的提升空间。有意思的一点是，模型在测试集上的表现似乎优于训练集：在第一个和第三个 epoch 中，训练集上的损失函数值低于测试集上的损失函数值。这一现象主要是因为模型的准确率在不断升高，测试

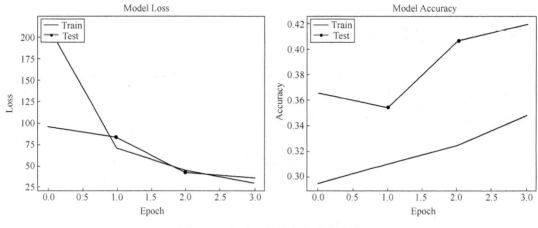

图 16-6　损失函数值与准确度曲线

集的损失函数值反映的是模型在一个 epoch 结束后的表现，而训练集的损失函数值反映的则是模型在这个 epoch 的平均表现。

第17章 案例6：股价预测

本案例数据来源于 Kaggle 数据集—股票数据，该数据集以天为单位，跨度为 1991-2015 之间的时间序列，包含股票开盘价、收盘价、交易量等信息。在特征变量较少或难于获取的情况下，我们希望通过现有的较少自变量和因变量进行维度提升，进而挖掘前滞自变量和因变量相关的时序特征。

本案例的主要目的是介绍一种升维特征工程方法，即 tsfresh，它包含超过 64 种功能函数，能够完美地挖掘时序特征的诸多信息。通过股票预测案例，以"high"最高价作为因变量，挖掘相关特征和其自身的时序特征，展现完整的数据挖掘过程和建模预测过程。

虽然 Tsfresh 能尽善尽美地挖掘时序数据的特征，但是它在运行时的性能和维度灾难却不得不去寻找解决方案加以应对。关于性能问题，tsfresh 本身进行维度扩充时，是采用分布式计算的。关于维度灾难，一般采用升维后 PCA 降维，或者在升维前进行特征选择，或者采用最小范围参数进行升维。

17.1 使用 tsfresh 进行升维和特征工程

tsfresh 是 Python 的开源包，它可以对时序特征进行升维操作，挖掘出时序特征的复杂性、相关性、滞后性、回归性、周期性、平稳性等。tsfresh 包含超过 64 个特征提取功能函数，计算过程采取分布式处理方式，堪称时序数据特征处理的"瑞士军刀"。时序特征处理的这 64 个功能函数如表 17-1 所示。

表 17-1 tsfresh 功能函数表

序号	函 数 名	函 数 描 述
1	abs_energy(x)	返回时间序列绝对值，即值平方求和
2	absolute_sum_of_changes(x)	返回时间序列连续变化量绝对值的求和
3	agg_autocorrelation(x, param)	计算聚合函数的值，比如：f_agg 函数
4	agg_linear_trend(x, param)	计算时间序列数据分块聚合后，求线性最小二乘回归趋势
5	approximate_entropy(x, m, r)	计算向量化近似熵。用来衡量一个时间序列的周期性、不可预测性和波动性
6	ar_coefficient(x, param)	计算特征变量的自回归模型系数，适用于极大似然估计的 AR(k) 模型，入参 k 是滞后项
7	augmented_dickey_fuller(x, param)	扩展的 Dickey-Fuller 检验（ADF）是一种假设检验，用于检查时间序列样本是否存在单位根
8	autocorrelation(x, lag)	根据公式计算指定参数 lag 的滞后自相关性

序号	函 数 名	函 数 描 述
9	binned_entropy(x, max_bins)	计算样本数据等距分箱 max_bins 个桶后的信息熵
10	c3(x, lag)	计算 c3 函数值，主要用于衡量时序数据的非线性
11	change_quantiles(x, ql, qh, isabs, f_agg)	先用 ql 和 qh 两个分位数在 x 中确定出一个区间，然后在这个区间里计算时序数据的均值、绝对值、连续变化值
12	cid_ce(x, normalize)	计算时间序列的复杂度，序列数据越复杂，波峰波谷越多
13	count_above_mean(x)	计算大于均值的个数
14	count_below_mean(x)	计算小于均值的个数
15	cwt_coefficients(x, param)	计算 Ricker 小波的连续小波变化，又被称为"墨西哥帽小波"
16	energy_ratio_by_chunks(x, param)	计算块 i 在 N 个块的平方和，对整个级数求平方和的比率
17	fft_aggregated(x, param)	返回光谱矩心、方差、偏度、绝对傅里叶变换频谱的峰度
18	fft_coefficient(x, param)	通过快速傅里叶变换算法计算一维离散傅里叶变换的傅里叶系数
19	first_location_of_maximum(x)	计算最大值第一次出现的位置
20	first_location_of_minimum(x)	计算最小值第一次出现的位置
21	friedrich_coefficients(x, param)	计算多项式 h(x)，已被确定性动力学中 Langevin 模型拟合出系数
22	has_duplicate(x)	计算是否有重复值
23	has_duplicate_max(x)	计算最大值是否有重复值
24	has_duplicate_min(x)	计算最小值是否有重复值
25	index_mass_quantile(x, param)	计算时间序列特征相对指数 i，其中 q% 的时间序列 x 位于 i 的左侧
26	kurtosis(x)	返回 x 的峰度（采用调整后的 Fisher-Pearson 标准化矩系数 G2 计算）
27	large_standard_deviation(x, r)	计算 x 的标准差是否大于 r 乘以最大值减最小值
28	last_location_of_maximum(x)	计算最大值最后出现的位置
29	last_location_of_minimum(x)	计算最小值最后出现的位置
30	length(x)	计算时间序列长度
31	linear_trend(x, param)	计算时间序列的值与从 0 到时间序列长度 -1 之间的序列的线性最小二乘回归，特征假设信号是均匀采样的，不会使用时间戳来匹配模型，参数控制返回哪些特性
32	longest_strike_above_mean(x)	返回大于均值的最长连续子序列长度
33	longest_strike_below_mean(x)	返回小于均值的最长连续子序列长度
34	max_langevin_fixed_point(x, r, m)	由多项式 h(x) 估计函数 $\arg\max_x\{h(x)=0\}$，得出动力学模型的最优值
35	maximum(x)	计算最大值

序号	函 数 名	函 数 描 述
36	mean(x)	计算均值
37	mean_abs_change(x)	返回时间序列绝对差值的平均值
38	mean_change(x)	返回时间序列差值的平均值
39	mean_second_derivative_central(x)	返回二阶导数近似值的平均值
40	median(x)	计算中位数
41	minimum(x)	计算最小值
42	number_crossing_m(x, m)	计算 x 与 m 的相交次数，相交被定义为：两个序列值，第一个值比 m 小，第二个值更大，反之亦然
43	number_cwt_peaks(x, n)	计算时间序列多个峰值，被 ricker 小波平滑，宽度从 1 到 n。返回的是在足够的宽度上出现峰的数量及 SNR 高信号噪声比
44	number_peaks(x, n)	计算峰值个数
45	partial_autocorrelation(x, param)	计算指定滞后系数 lag 的偏自相关函数值
46	percentage_of_reoccurring_data-points_to_all_datapoints(x)	计算出现超过 1 次的值的个数/总的取值的个数（重复值只算一个）
47	percentage_of_reoccurring_values_to_all_values(x)	计算出现超过 1 次的值的个数/总个数
48	quantile(x, q)	计算 q 分位数
49	range_count(x, min, max)	计算在入参 min 和 max 之间的值的个数
50	ratio_beyond_r_sigma(x, r)	计算值大于 r 倍标准差的比例
51	ratio_value_number_to_time_series_length(x)	计算时间序列去重后的值的个数/时间序列值个数
52	sample_entropy(x)	计算样本信息熵
53	set_property(key, value)	将关键特征设置为值
54	skewness(x)	计算偏度
55	spkt_welch_density(x, param)	计算时间序列在不同频次下的分布密度
56	standard_deviation(x)	返回标准差
57	sum_of_reoccurring_data_points(x)	返回出现过多次的点的个数
58	sum_of_reoccurring_values(x)	返回出现过多次的点的值求和
59	sum_values(x)	返回所有值求和
60	symmetry_looking(x, param)	返回均值与中位数差值的绝对值是否小于 r 倍的最大值与最小值的差
61	time_reversal_asymmetry_statistic(x, lag)	计算滞后系数 lag 与时间序列平方的函数的数学期望
62	value_count(x, value)	计算值等于 value 的个数
63	variance(x)	计算方差
64	variance_larger_than_standard_deviation(x)	返回时间序列的方差是否大于标准差

按照表17-1功能函数进行特征提取时，可以选择表中任意独立的函数进行特征衍生。比如，在计算单位根时，可以如代码清单17-1所示进行展开。

代码清单17-1　通过计算单位根判断时间序列是否平稳

```
param = [{'attr':"teststat"},
         {'attr':"pvalue"},
         {'attr':"usedlag"}]
df = df1['diff'].groupby(df1['customer']).apply(lambda x: \
f_cal.augmented_dickey_fuller(x,param)).reset_index()
```

参数解释：

● teststat 指检验统计量。

● pvalue 指显著检验指标，一般小于0.05时，可以认为时间序列平稳。

● usedlag 指滞后间隔。

根据时间序列，计算所有特征（基于feature_calculators包中64个特征计算函数，取不同参数传递进入函数，将原特征进行衍生），并过滤出对目标变量有意义相关的特征。

表17-2是自变量X数据集结构样例，在不同id、不同时间序列time下，有诸多特征数据F_x/F_y/F_z/T_x/T_y/T_z。

表17-2　自变量 X 数据集样例

id	time	F_x	F_y	F_z	T_x	T_y	T_z
1	0	−1	−1	63	−3	−1	0
1	1	0	0	62	−3	−1	0
1	2	−1	−1	61	−3	0	0
1	3	−1	−1	63	−2	−1	0
1	4	−1	−1	63	−3	−1	0
1	5	−1	−1	63	−3	−1	0
1	6	−1	−1	63	−3	0	0
1	7	−1	−1	63	−3	−1	0
1	8	−1	−1	63	−3	−1	0
1	9	−1	−1	61	−3	0	0
1	10	−1	−1	61	−3	0	0
1	11	−1	−1	64	−3	−1	0
1	12	−1	−1	64	−3	−1	0
1	13	−1	−1	60	−3	0	0
1	14	−1	0	64	−2	−1	0
2	0	−1	−1	63	−2	−1	0
2	1	−1	−1	63	−3	−1	0
2	2	−1	−1	61	−3	0	0
2	3	0	−4	63	1	0	0

id	time	F_x	F_y	F_z	T_x	T_y	T_z
2	4	0	−1	59	−2	0	−1
2	5	−3	3	57	−8	−3	−1
2	6	−1	3	70	−10	−2	−1
2	7	0	−3	61	0	0	0
2	8	0	−2	53	−1	−2	0
2	9	0	−3	66	1	4	0
2	10	−3	3	58	−10	−5	0
2	11	−1	−1	66	−4	−2	0
2	12	−1	−2	67	−3	−1	0
2	13	0	1	66	−6	−3	−1
2	14	−1	−1	59	−3	−4	0
……							

因变量 Y（每个 id 对应一个因变量值），如表 17-3 所示。在不同 index 下，Y 对应因变量结果不同。

表 17-3　因变量 Y 数据集样例

index	Y
1	1
2	0
⋮	⋮

代码实现如代码清单 17-2 所示。

代码清单 17-2　计算原理举例

```
from tsfresh.examples import load_robot_execution_failures
from tsfresh.transformers import RelevantFeatureAugmenter
df_ts, y = load_robot_execution_failures()
X = pd.DataFrame(index=y.index)
X_train, X_test, y_train, y_test = train_test_split(X, y)
augmenter = RelevantFeatureAugmenter(column_id='id', column_sort='time')
augmenter.set_timeseries_container(df_ts)
augmenter.fit(X_train, y_train)
augmenter.set_timeseries_container(df_ts)
X_test_with_features = augmenter.transform(X_test)
```

输出结果如图 17-1 所示。

根据图 17-1 可知，最终变量 column 如表 17-4 所示。

图 17-1　输出结果

id	F_x_abs_e	F_y_abs_e	T_y_stand	T_y_variar	F_x_range	F_x_fft_co	T_y_fft_co	T_y_abs_e	F_x_cid_ce	F_z_stand	F_z_variar	F_z_agg_l	F_x_stand	F_x_variar	F_z_fft_co
66	1167	1783	78.7066	6194.729	4	22.4093	494.0468	112433	5.799771	401.9477	161561.9	221889.6	8.634813	74.56	2385.641
42	1219	9232	27.96633	782.1156	4	46.29048	164.8358	15799	4.141865	412.7534	170365.4	236713.6	7.904991	62.48889	2335.456
81	342	19607	40.93844	1675.956	2	39.47655	403.5641	62141	2.712995	114.2289	13048.25	10185.81	4.202645	17.66222	1116.958
14	17	52	2.357023	5.555556	9	3.091721	10.23218	165	6.48577	4.514667	20.38222	10.56	1.01105	1.022222	17.58526
16	33	34	1.123487	1.262222	10	1.076162	5.289591	292	4.672083	4.193116	17.58222	14.89	0.771722	0.595556	20.90406
12	30	70	2.462158	6.062222	7	4.370513	12.07561	147	5.662616	5.251878	27.58222	22.84	1.356466	1.84	19.89722
86	83497	21064	52.80715	2788.596	0	312.0441	429.6977	118013	1.05235	121.4202	14742.86	2252.41	38.23518	1461.929	999.7702
72	103	166	8.492088	72.11556	2	22.15938	83.12953	3290	2.791305	8.298326	68.86222	44.24	2.293953	5.262222	63.77671
33	1100	382	26.71695	713.7956	6	36.37411	34.49901	11259	5.323131	5.555378	30.86222	41.01	8.436956	71.18222	19.2332
13	31	135	2.848781	8.115556	8	3.141958	13.31764	157	6.226306	5.148463	26.50667	19.09	1.146977	1.315556	12.30036
83	5841	1801	7.190735	51.70667	0	49.74671	29.52249	3886	1.441341	51.26645	2628.249	439	5.329165	28.4	443.9365
71	156905	44507	120.8557	14606.11	0	151.4619	962.2022	3154858	1.205427	308.4818	95161	32098.25	18.43837	339.9733	2470.5
59	912	797	39.05688	1525.44	2	43.2754	325.3946	47607	1.47442	49.82886	2482.916	563.44	5.425864	29.44	421.3295
10	14	14	0.596285	0.355556	15	1	1.864141	12	5.669467	0.679869	0.462222	0.49	0.249444	0.062222	1.014358
31	199	2781	4.096611	16.78222	1	10.82411	27.26156	256	3.696806	7.418895	55.04	69.16	2.246973	5.048889	33.35287
19	6109	3766	36.92912	1363.76	0	108.3377	214.4268	23070	4.223896	7.266361	52.8	68.96	19.0711	363.7067	20.44281
1	14	13	0.471405	0.222222	15	1	1.165352	10	5.669467	1.203698	1.448889	0.65	0.249444	0.062222	1.033838
18	17	48	2.315167	5.36	11	1.003771	2.749147	234	5.57086	3.40979	11.62667	16.81	0.879394	0.773333	11.57059
85	1683	1523	3.841296	14.75556	1	36.77003	26.63101	503	1.420319	14.50149	210.2933	44.89	4.616877	21.31556	111.1743
49	25307	127583	135.2527	18293.29	1	326.1263	1149.492	637881	3.123616	189.4633	35896.33	45926.49	38.23785	1462.133	1300.957
37	3408	67139	86.83154	7539.716	0	83.47095	619.1068	272643	3.401541	327.6814	107375.1	141508.6	13.24236	175.36	2326.017

图 17-1　输出结果

表 17-4　衍生变量样例表

序　号	衍生变量
1	F_x__abs_energy
2	F_y__abs_energy
3	T_y__standard_deviation
4	T_y__variance
5	F_x__range_count__max_1__min_−1
6	F_x__fft_coefficient__coeff_1__attr_"abs"
7	T_y__fft_coefficient__coeff_1__attr_"abs"
8	T_y__abs_energy
9	F_x__cid_ce__normalize_True
10	F_z__standard_deviation
11	F_z__variance
12	F_z__agg_linear_trend__f_agg_"var"__chunk_len_10__attr_"intercept"
13	F_x__standard_deviation
14	F_x__variance
15	F_z__fft_coefficient__coeff_1__attr_"abs"
16	F_x__ratio_value_number_to_time_series_length
17	T_y__fft_coefficient__coeff_2__attr_"abs"
18	F_x__variance_larger_than_standard_deviation
19	F_x__autocorrelation__lag_1
20	F_x__partial_autocorrelation__lag_1
⋮	⋮

函数 RelevantFeatureAugmenter 将根据 ID 进行分组（Groupby），自动计算时间序列相关特征，并过滤出对因变量有意义且相关的特征。返回的结果中，每一行表示对一个对象抽取特征后的结果，为了方便理解，以 id=1 作为说明。原来 id=1 的对象在 F_x 特征上有 15 个时序数据，将这 15 个数据平方求和，得到的一个值作为 id=1 这个对象的第一个新特征，即 F_x_abs_energy；再对这 15 个时序数据做其他操作，比如求均值、方差等，得到的结果依次

往后排开，直到计算完最后一列 T_z 的特征后，属于 id = 1 这个对象的特征向量也就生成了。id = 2、id = 3、…同理。

上面介绍了单特征如何提取，下面介绍批量特征提取。批量特征提取可采用两种方式，一种是 extract_features 根据指定的参数提取所有特征，然后使用 select_features 计算因变量与自变量相关性，选择强相关特征，另一种是直接使用 extract_relevant_features 提取相关特征，如代码清单 17-3 所示。

参数解释：
- MinimalFCParameters 是提取少量基础特征。
- EfficientFCParameters 是提取可以快速计算的特征。
- ComprehensiveFCParameters 是提取最大特征集，需要花费大量时间。

代码清单 17-3　批量特征提取举例

```
from tsfresh. examples. robot_execution_failures \
import download_robot_execution_failures, load_robot_execution_failures
from tsfresh \
import extract_features, extract_relevant_features, select_features
from tsfresh. utilities. dataframe_functions import impute
from tsfresh. feature_extraction import ComprehensiveFCParameters, \
MinimalFCParameters, EfficientFCParameters
df, y = load_robot_execution_failures()
#方法一
extraction_settings = ComprehensiveFCParameters()
X = extract_features(df,
                        column_id='id', column_sort='time',
                        default_fc_parameters=extraction_settings,
                        impute_function = impute)
X_filtered_2 = select_features(X, y)
#方法二
extraction_settings = ComprehensiveFCParameters()
X_filtered = extract_relevant_features(df, y,
                        column_id='id', column_sort='time',
                        default_fc_parameters=extraction_settings)
```

方法一和方法二功能等效，目标是提取相关特征，都是已知自变量和因变量情况下，才能使用上述方法。二者区别在于，如果因变量未知时，可采用方法一的 extract_features 展开，而方法二则无法直接使用。

17.2　程序设计思路

代码实现分为以下几个步骤：
1) 读入时间序列数据。

2）特征工程，将时间序列转成分组的移窗时间序列。

3）特征工程，将多个分组的移窗时间序列使用 tsfresh 包进行自动特征计算，具体特征请参照 17.1 节中的 tsfresh 功能函数表。

4）特征工程，将 tsfresh 生成的衍生变量进行特征过滤，案例中只使用了过滤唯一值，拼接上一个时间片的因变量。实际上这个步骤可以有很多方式，例如可以使用 17.1 节中的两种方式过滤出对目标变量重要或相关的自变量；如果自变量之间存在相关性，可以使用 PCA 做特征降维。

5）使用 AdaBoostRegressor 进行回归预测。

6）对预测结果和真实结果进行精度评估与画图展现。

17.3　程序设计步骤

17.3.1　读入数据，分析数据

通过 pd. read_csv('dataset. csv', sep =',', encoding = 'utf-8')读入股票数据，并赋值给 x，分析各个时序特征趋势线。数据类型 x. dtypes 如表 17-5 所示。

表 17-5　股票数据集数据类型

数 据 名 称	数 据 类 型
index_code	object
date	object
open	float64
close	float64
low	float64
high	float64
volume	float64
money	float64
change	float64
label	float64
time	datetime64[ns]

数据前几行 x. head( )如表 17-6 所示。

表 17-6　股票数据集前几行

index_code	date	open	close	low	high	volume	money	change	label
股票编号	日期	开盘价格	收盘价格	最低价格	最高价格	成交量	成交金额	换手率	标签
sh000001	1990/12/20	104. 3	104. 39	99. 98	104. 39	197000	85000	0. 044108822	109. 13
sh000001	1990/12/21	109. 07	109. 13	103. 73	109. 13	28000	16100	0. 045406648	114. 55
sh000001	1990/12/24	113. 57	114. 55	109. 13	114. 55	32000	31100	0. 049665537	120. 25
sh000001	1990/12/25	120. 09	120. 25	114. 55	120. 25	15000	6500	0. 04975993	125. 27

index_code	date	open	close	low	high	volume	money	change	label
股票编号	日期	开盘价格	收盘价格	最低价格	最高价格	成交量	成交金额	换手率	标签
sh000001	1990/12/26	125.27	125.27	120.25	125.27	100000	53700	0.041746362	125.28
sh000001	1990/12/27	125.27	125.28	125.27	125.28	66000	104600	7.98E-05	126.45
sh000001	1990/12/28	126.39	126.45	125.28	126.45	108000	88000	0.00933908	127.61
sh000001	1990/12/31	126.56	127.61	126.48	127.61	78000	60000	0.009173586	128.84

画出各个特征的时间序列趋势线，如代码清单 17-4 所示。

代码清单 17-4　特征的时间序列趋势线

```
x.drop(['index_code', 'date','time',"volume","money"], axis=1).plot(figsize=(15,6))
plt.show()
```

自变量特征的时间序列趋势线，如图 17-2 所示。

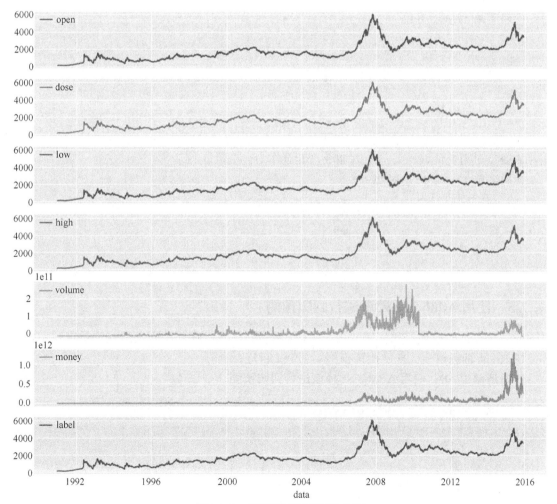

图 17-2　自变量时间序列趋势图

17.3.2 移窗

选择因变量，按照时间序列进行移窗，如代码清单 17-5 所示。

代码清单 17-5　移窗

```
df_shift, y = make_forecasting_frame(x["high"], kind="price", max_timeshift=20, rolling_direction=1)
```

参数说明：

- kind：分类，一般为字符串。
- max_timeshift：最大分组时间序列长度。
- rolling_direction：移窗步长。

17.3.3 升维

使用 tsfresh 包进行维度提升，如代码清单 17-6 所示。然后进行简单方差过滤，过滤掉方差为 0 的特征。

代码清单 17-6　升维

```
X = extract_features(df_shift, column_id="id", column_sort="time", column_value="value", impute_function=impute, show_warnings=False)
```

17.3.4 方差过滤

本案例使用简单方差过滤，如代码清单 17-7 所示，即过滤掉唯一值的变量。前一个时间片的变量对因变量强相关，所以加上该变量作为自变量。

代码清单 17-7　方差过滤

```
X = X.loc[:, X.apply(pd.Series.nunique) != 1]
X["feature_last_value"] = y.shift(1)
X = X.iloc[1:, ]
y = y.iloc[1:]
```

17.3.5 使用 Adaboost 模型进行回归预测

建立 Ada 回归模型，如代码清单 17-8 所示。循环从 100 开始到 y 的长度结束，每次循环使用前 i 行训练模型，并使用该模型对第 i+1 行进行预测。

代码清单 17-8　使用 Adaboost 模型进行回归预测

```
ada = AdaBoostRegressor(n_estimators=10)
y_pred = [np.NaN] * len(y)


isp = 100
assert isp > 0
```

```
for i in tqdm(range(isp, len(y))):

    ada.fit(X.iloc[:,i], y[:i])
    y_pred[i] = ada.predict(X.iloc[i, :].values.reshape((1, -1)))[0]

y_pred = pd.Series(data=y_pred, index=y.index)
```

17.3.6 预测结果分析

将预测结果和真实值拼接起来，如代码清单17-9所示。

代码清单17-9 预测结果分析

```
ys = pd.concat([y_pred, y], axis=1).rename(columns={0: 'pred', 'value': 'true'})
ys.index = pd.to_datetime(ys.index)
ys.plot(figsize=(15, 8))
plt.title('Predicted and True Price')
plt.show()
```

画出预测结果和真实值的时间序列趋势线，如图17-3所示。由于预测结果和真实值十分接近，所以图中的两条曲线看起来是重合的。

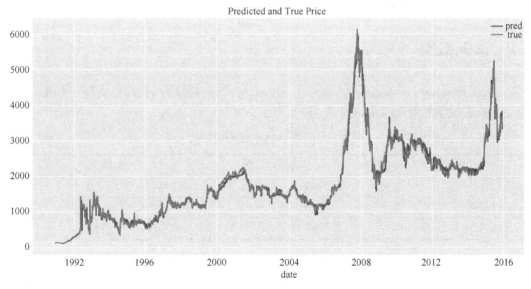

图17-3 真实值与预测值趋势线示意图

第18章 案例7：用户流失预警

本案例数据来源于美国电话公司客户数据，该数据集包括客户在不同时段的电话使用情况相关信息。用户流失分析对于各类电商平台而言十分重要，因为老用户流失会导致商品交易总额（Gross Merchandise Volume，GMV）下降，用户结构发生变化，平台投入和策略都存在潜在风险。因此，建立用户流失预警模型，预测用户流失的可能性，针对个体客户或群体客户展开精细化营销，从而降低用户流失风险。

代码实现分为以下几个步骤：

1）读入数据。

2）数据预处理。

3）自变量标准化。

4）五折交叉验证。

5）代入 SVC、随机森林以及 KNN 三种模型。

6）输出精度评估。

7）确定 prob 阈值，输出精度。

18.1 读入数据

通过 pd.read_csv('churn.csv', sep=',', encoding='utf-8') 读入美国电话用户数据，并赋值为 df。查看数据类型 df.dtypes 如表 18-1 所示。

表 18-1 用户数据集数据类型

数 据 名 称	数 据 类 型	数 据 定 义
State	object	州，国家
Account Length	int64	账户长度
Area Code	int64	地区编码
Phone	object	电话号码
Int'l Plan	object	入域计划
VMail Plan	object	邮件计划
VMail Message	int64	邮件消息数
Day Mins	float64	日通话时长
Day Calls	int64	日通话次数
Day Charge	float64	日通话费用
Eve Mins	float64	晚间通话时长
Eve Calls	int64	晚间通话次数

数 据 名 称	数 据 类 型	数 据 定 义
Eve Charge	float64	晚间通话费用
Night Mins	float64	夜间通话时长
Night Calls	int64	夜间通话次数
Night Charge	float64	夜间通话费用
Intl Mins	float64	国际通话时长
Intl Calls	int64	国际通话次数
Intl Charge	float64	国际通话费用
CustServ Calls	int64	客户服务电话次数
Churn?	object	是否流失

查看数据前几行 df. head( ) 如表 18-2 所示。

表 18-2 用户数据前几行

State	Account Length	Area Code	Phone	Int'l Plan	VMail Plan	VMail Message	Day Mins	Day Calls	Day Charge
KS	128	415	382-4657	no	yes	25	265. 1	110	45. 07
OH	107	415	371-7191	no	yes	26	161. 6	123	27. 47
NJ	137	415	358-1921	no	no	0	243. 4	114	41. 38
OH	84	408	375-9999	yes	no	0	299. 4	71	50. 9
OK	75	415	330-6626	yes	no	0	166. 7	113	28. 34
AL	118	510	391-8027	yes	no	0	223. 4	98	37. 98
MA	121	510	355-9993	no	yes	24	218. 2	88	37. 09
MO	147	415	329-9001	yes	no	0	157	79	26. 69
LA	117	408	335-4719	no	no	0	184. 5	97	31. 37

Eve Mins	Eve Calls	Eve Charge	Night Mins	Night Calls	Night Charge	Intl Mins	Intl Calls	Intl Charge	CustServ Calls	Churn?
197. 4	99	16. 78	244. 7	91	11. 01	10	3	2. 7	1	False.
195. 5	103	16. 62	254. 4	103	11. 45	13. 7	3	3. 7	1	False.
121. 2	110	10. 3	162. 6	104	7. 32	12. 2	5	3. 29	0	False.
61. 9	88	5. 26	196. 9	89	8. 86	6. 6	7	1. 78	2	False.
148. 3	122	12. 61	186. 9	121	8. 41	10. 1	3	2. 73	3	False.
220. 6	101	18. 75	203. 9	118	9. 18	6. 3	6	1. 7	0	False.
348. 5	108	29. 62	212. 6	118	9. 57	7. 5	7	2. 03	3	False.
103. 1	94	8. 76	211. 8	96	9. 53	7. 1	6	1. 92	0	False.
351. 6	80	29. 89	215. 8	90	9. 71	8. 7	4	2. 35	1	False.

通过 df['Churn? ']. value_counts( ) 查看表 18-1 的因变量分布，可以得到正负样本比例为 1:6，即 7 个用户中平均有一个用户会流失。该数据集正负样本不太平衡。

18.2　数据预处理

Churn 是因变量，需要将字符串转成二值变量（1，0）。首先删除因变量（'Churn？'）、与因变量无关的自变量（State，Area Code，Phone），而后将字符变量转成数值变量，并将自变量整理成数值类型的数组。整体代码如代码清单 18-1 所示。

代码清单 18-1　数据预处理

```
churn_result = df['Churn? ']
y = np. where(churn_result = = 'True. ',1,0)
to_drop = ['State','Area Code','Phone','Churn? ']
churn_feat_space = df. drop(to_drop,axis = 1)
yes_no_cols = ["Int'l Plan","VMail Plan"]
churn_feat_space[yes_no_cols] = churn_feat_space[yes_no_cols] = = 'yes'
X = churn_feat_space. as_matrix(). astype(np. float)
```

此外，还需要将自变量处理成符合正态分布的标准化值，如代码清单 18-2 所示。

代码清单 18-2　数据标准化

```
scaler = StandardScaler()
X = scaler. fit_transform(X)
```

18.3　五折交叉验证

KFold 函数来自 sklearn. model_selection 包，可以将数据处理成 n 等份，n-1 份作为训练集，1 份作为测试集。整体代码如代码清单 18-3 所示。

代码清单 18-3　五折交叉验证

```
def run_cv(X,y,clf_class,* * kwargs):
    kf = KFold(n_splits = 5,shuffle = True)
    y_pred = y. copy()
    for train_index, test_index in kf. split(X):
        X_train, X_test = X[train_index], X[test_index]
        y_train = y[train_index]
        clf = clf_class(* * kwargs)
        clf. fit(X_train,y_train)
        y_pred[test_index] = clf. predict(X_test)
    return y_pred
```

18.4 代入三种模型

X 为自变量，y 为因变量，分别引入 sklearn 包的三个模型 SVC、RF、KNN，调用多折交叉验证函数，训练模型，得出测试集预测结果，合并后得出所有预测结果。整体代码如代码清单 18-4 所示。

代码清单 18-4 代入三种模型

```
from sklearn. svm import SVC
from sklearn. ensemble import RandomForestClassifier as RF
from sklearn. neighbors import KNeighborsClassifier as KNN
run_cv(X,y,SVC)
run_cv(X,y,RF)
run_cv(X,y,KNN)
print ("Support vector machines:")
print ("%.3f" % accuracy(y, run_cv(X,y,SVC)))
print ("Random forest:")
print ("%.3f" % accuracy(y, run_cv(X,y,RF)))
print ("K-nearest-neighbors:")
print ("%.3f" % accuracy(y, run_cv(X,y,KNN)))
```

准确率结果如下：

1）Support vector machines：0.921。

2）Random forest：0.944。

3）K-nearest-neighbors：0.894。

在实际使用场景中，可以结合样本分布和业务需求指标，加入其他评价指标或自定义指标函数，读者可以自己尝试下。比如 TPR、FPR、recall、precision 等。

18.5 调整 prob 阈值，输出精度评估

输出预测结果是否有流失的可能性，如代码清单 18-5 所示。

代码清单 18-5 调整 prob 阈值

```
def run_prob_cv(X, y, clf_class, ** kwargs):
    kf = KFold(n_splits=5,shuffle=True)
    y_prob = np. zeros((len(y),2))
    for train_index, test_index in kf. split(X):
        X_train, X_test = X[train_index], X[test_index]
```

```
            y_train = y[train_index]
            clf = clf_class(**kwargs)
            clf.fit(X_train, y_train)


            y_prob[test_index] = clf.predict_proba(X_test)
    return y_prob
#使用 10 estimators
pred_prob = run_prob_cv(X, y, RF, n_estimators=10)


#得出流失可能性概率
pred_churn = pred_prob[:,1]
is_churn = y == 1


#统计预测结果不同流失概率对应的用户数
counts = pd.value_counts(pred_churn)


#针对预测结果不同流失概率对应的真正流失用户占比
true_prob = {}
for prob in counts.index:
    true_prob[prob] = np.mean(is_churn[pred_churn == prob])
    true_prob = pd.Series(true_prob)


#合并数据
counts = pd.concat([counts, true_prob], axis=1).reset_index()
counts.columns = ['pred_prob', 'count', 'true_prob']
```

counts 结果展示如图 18-1 和图 18-2 所示。

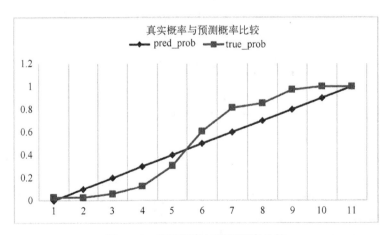

图 18-1　真实概率与预测概率比较

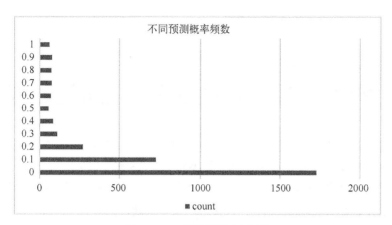

图 18-2　不同预测概率频数

　　由真实概率与预测概率比较图可知，交叉点在 0.55 左右。所以可将预测概率阈值设置为 0.55，得出的分类结果会更准确，使用默认值 0.5 也是可以的。由不同预测概率频数图可知，预测结果分布与真实结果 2850∶483（数据集全量用户数∶流失用户数）基本一致。

第19章　案例8：机器人最优路径走迷宫

本案例实现的是一个寻找最优路径的走迷宫的机器人。机器人处于地图环境某个位置，正确决策的下一个动作会获得正奖励，错误决策的下一个动作会获得负奖励，按照当前走法的路径概率、当前状态获得即时奖励，下一个动作获得衰减即时奖励，由此可决定获得最大收益的下一个动作，这样可确保机器人以最优路径走出迷宫。

19.1　关键技术

19.1.1　马尔科夫决策过程

马尔科夫决策过程由 5 个元素构成：
- S 表示状态集（States）。
- A 表示一组动作（Actions）。
- P 表示状态转移概率，表示在当前 $s \in S$ 状态下，经过 $a \in A$ 作用后，会转移到的其他状态的概率分布情况。在状态 s 下执行动作 a，转移到 s' 的概率可以表示为 $P(s' \mid s, a)$。
- R 奖励函数（Reward Function）表示智能体 Agent 采取某个动作后的即时奖励。
- $\gamma \in (0,1)$ 折扣系数意味着当下的 reward 比未来反馈的 reward 更重要。

马尔科夫决策的状态迁移过程，如图 19-1 所示。

$$S_0 \xrightarrow{a_0} S_1 \xrightarrow{a_1} S_2 \xrightarrow{a_2} S_3 \xrightarrow{a_3} \cdots$$

图 19-1　状态迁移过程

其中 $s \in S$ 表示智能体状态，$a \in A$ 表示动作。该过程的总回报如式（19-1）所示

$$\sum_{t=0}^{\infty} \gamma^t R(s_t) \tag{19-1}$$

19.1.2　Bellman 方程

策略 π 是一个状态集 S 到动作集 A 的映射。如果智能体在每个时刻，都根据 π 和当前时刻状态 s 来决定下一个动作 a，就称智能体采取了策略 π。如式（19-2）所示，策略 π 的状态价值函数定义为：以 s 为初始状态的智能体，在采取策略 π 的条件下，能获得的未来回报的期望

$$v^{\pi}(s) = E\left[\sum_{t=0}^{\infty} \gamma^t R(s_t) \mid s_0 = s; \pi \right] \tag{19-2}$$

最优价值函数定义为所有策略下的最优累计奖励期望，如式（19-3）所示

$$v^*(s) = \max_\pi v_\pi(s) \tag{19-3}$$

Bellman 方程将价值函数分解为当前的奖励和下一个动作的价值两部分，从而得到了 Bellman 最优化方程，如式（19-4）所示

$$v^*(s) = \max_a \left(R(s) + \gamma \sum_{s' \in S} P(s' \mid s, a) v^*(s') \right) \tag{19-4}$$

19.2 程序设计步骤

代码实现分为以下几个步骤：

1) 初始化迷宫地图，初始设置 4 * 4 矩阵。

2) 根据不同位置下一个动作获得即时奖励，计算不同位置对应的最优路径。

19.2.1 初始化迷宫地图

代码清单 19-1 定义了强化学习所需的仿真器，其中包括三个主要方法：reset、step 以及 render。

代码清单 19-1 仿真器定义

```python
from random import randint
class GridworldEnv:
    metadata = {'render. modes': ['human']}

    def __init__(self, height: int = 4, width: int = 4):
        self. shape = (height, width)
        self. reset()

    def reset(self, state: (int, int) = None):
        if state:
            assert len(state) == 2 and 0 <= state[0] < self. shape[0] and 0 <= state[1] <
self. shape[1], f"invalid state {state} for shape {self. shape}"
            self. state = state
        else:
            self. state = (randint(0, self. shape[0] - 1),
                            randint(0, self. shape[1] - 1))

    @property
    def is_done(self):
        max_state = (self. shape[0] - 1, self. shape[1] - 1)
        return self. state in {(0, 0), max_state}

    def is_inside(self, state: (int, int)):
        return 0 <= state[0] < self. shape[0] and 0 <= state[1] < self. shape[1]
```

```python
def step(self, action: Action) -> (
    'observation: (int, int)',
    'reward: float',
    'done: bool',
):
    if not self.is_done:
        height, width = self.shape
        y, x = self.state
        if action == Action.up:
            state = (y - 1, x)
        elif action == Action.left:
            state = (y, x - 1)
        elif action == Action.down:
            state = (y + 1, x)
        elif action == Action.right:
            state = (y, x + 1)
        else:
            raise ValueError(f"Unexpected action {action}")
        if self.is_inside(state):
            self.state = state
        else: return self.state, -float('inf'), False, {}
    return self.state, float(self.is_done) - 1, self.is_done


def render(self):
    height, width = self.shape
    grid = [["o"] * width for _ in range(height)]
    grid[0][0] = "T"
    grid[-1][-1] = "T"
    grid[self.state[0] - 1][self.state[1] - 1] = "x"
    for row in grid:
        print(" ".join(row))
```

reset 函数用于复位仿真器。如果用户指定了机器人的初始位置，reset 函数就会将机器人放置在对应的位置，否则随机选择一个位置作为初始位置。

step 函数可以修改机器人在仿真器中的位置。用户可以选择让机器人沿着上下左右四个方向之一，前进一格。这些方向被定义在枚举类中，如代码清单 19-2 所示。

代码清单 19-2　机器人可选行动

```python
from random import randint
class Action(Enum):
    up = 0
```

```
left =  1
down =  2
right =  3
```

由于仿真器模拟的地图大小有限,机器人不能沿着一个方向一直走下去。例如撞墙,仿真器不会允许机器人移动,同时会返回负无穷作为此次移动的奖励(reward)。由此可见,机器人的学习目标是在不撞墙的情况下走到终点,否则就会遭到严重的惩罚。

最后的 render 函数用于渲染地图。这里采用比较简单的方式,直接将地图打印在 console 中。代码清单 19-3 展示了 render 的使用方法。

代码清单 19-3　仿真器 API 展示

```
if __name__ == '__main__':
    env = GridworldEnv()
    env. reset()
    env. render()
```

默认迷宫为 4×4 矩阵,x 为当前所处位置,T 为迷宫出口,o 为可到达的位置。一种可能的迷宫地图如代码清单 19-4 所示。

代码清单 19-4　迷宫示例

```
T x o o
o o o o
o o o o
o o o T
```

19.2.2　计算不同位置最优路径

代码清单 19-5 展示了强化学习模型的构建与求解。其中 gridworld 包就是上文定义的 GridworldEnv 所在的脚本文件。

代码清单 19-5　强化学习算法

```
import numpy as np

import gridworld as gw


def action_value(state: (int, int), action: gw. Action) -> float:
    env. reset((row_ind, col_ind))
    ob, reward, _, _ = env. step(action)
    return reward + discount_factor * values[ob]



def best_value(state: (int, int)) -> float:
```

```
        result = None
        for action in gw. Action:
            value = action_value( state, action)
            if result is None or result < value:
                result = value
        return result


theta = 0. 0001
discount_factor = 0. 5
env = gw. GridworldEnv( )
values = np. zeros( env. shape)
while True:
    delta = 0
    for row_ind in range( env. shape[ 0 ]):
        for col_ind in range( env. shape[ 1 ]):
            state = ( row_ind, col_ind)
            cur_best_value = best_value( state)
            delta = max( delta, np. abs( cur_best_value − values[ state ]))
            values[ state ] = cur_best_value
    if delta < theta:
        break
print( "values:" )
print( values)


policy = np. zeros( env. shape)
for row_ind in range( env. shape[ 0 ]):
    for col_ind in range( env. shape[ 1 ]):
        state = ( row_ind, col_ind)
        for action in gw. Action:
            if action_value( state, action) = = values[ state ]:
                policy[ state ] = action. value
                break
print( "policy:" )
print( policy)
```

脚本的主体部分可以分为上下两部分。上半部分主要求解 Bellman 方程，得到 values 矩阵；下半部分根据 values 矩阵解析最优策略 policy。代码清单 19-6 展示了学习算法的输出。

代码清单 19-6   强化学习算法输出

```
values:
[[ 0.    0.    −1.   −1. 5]
```

```
 [ 0.   -1.   -1.5 -1. ]
 [-1.   -1.5 -1.   0. ]
 [-1.5 -1.   0.   0. ]]
policy：
[[0. 1. 1. 1. ]
 [0. 0. 0. 2. ]
 [0. 0. 2. 2. ]
 [0. 3. 3. 0. ]]
```

　　下面简要分析 policy 的含义。policy 是一个 4 维矩阵，表示机器人处于迷宫中任意位置的情况下，应该如何移动才能最快找到两个出口（左上角和右下角）。举例来说，矩阵第二行最后一个元素为 2，表示机器人需要首先向下移动至第三行。第三行的最后一个元素也是 2，表示机器人需要继续向下移动至第 4 行。这时机器人已经到达终点，所以没有必要继续移动了。

参 考 文 献

［1］ MITCHELL T. Machine learning ［M］. New York：McGraw-Hill Education，1997.

［2］ GOODFELLOW I，BENGIO Y，COURVILLE A. Deep learning ［M］. Cambridge：MIT Press，2016.

［3］ 李航. 统计学习方法 ［M］. 北京：清华大学出版社，2012.

［4］ BREIMAN L，FRIEDMAN J，STONE C，OLSHEN R. Classification and Regression Trees（CART）［M］. Boca Raton：CRC Press，1984.

［5］ SUYKENS J，VANDEWALLE J. Least Squares Support Vector Machine Classifiers ［M］. Singapore：WORLD SCIENTIFIC，2002.

［6］ ZHOU Z H. Ensemble Learning ［M］. Encyclopedia of Biometrics，Boston，MA：Springer US，2009：270-273.

［7］ FRIEDMAN J H. Greedy Function Approximation：A Gradient Boosting Machine ［J］. Annals of Statistics，2001，29（5）：1189-1232.

［8］ CHEN T，GUESTRIN C. XGBoost：A Scalable Tree Boosting System ［J］. Proceedings of the 22nd ACM SIGKDD International Conference on Knowledge Discovery and Data Mining，2016：785-794.

［9］ RUMELHART D E，HINTON G E，WILLIAMS R J. Learning Internal Representations by Error Propagation ［J］. Readings in Cognitive ence，1988，323（6088）：399-421.

［10］ LECUN Y，BOTTOU L. Gradient-based learning applied to document recognition ［J］. Proceedings of the IEEE，1998，86（11）：2278-2324.

［11］ HOCHREITER S，SCHMIDHUBER J. Long Short-Term Memory ［J］. Neural Computation，1997，9（8）：1735-1780.

［12］ GOODFELLOW I J，POUGET-ABADIE J，MIRZA M，et al. Generative Adversarial Networks ［J］. Advances in Neural Information Processing Systems，2014，3：2672-2680.

［13］ KIPF T N，WELLING M. Semi-Supervised Classification with Graph Convolutional Networks ［J/OL］. arXiv preprint arXiv：1609. 02907，2016. http：//arxiv. org/abs/1609. 02907.

［14］ WU W，QIAN C，YANG S，et al. Look at Boundary：A Boundary-Aware Face Alignment Algorithm ［C］. 2018 IEEE/CVF Conference on Computer Vision and Pattern Recognition，IEEE，2018.